Map의 헤아림을 중심으로 한

計數적 위상 그래프론

곽진호 · 이재운 지음

KM 경문사

수학을 사랑하시는 선배들과
수학의 아름다움을 찾는 동료, 후배들에게
이 책을 드립니다.

머리말

우리는 고등학교 수학에서 경우의 수를 헤아리는 계산법과 순열, 조합, 그리고 이를 바탕으로한 이산 수학을 공부한 적이 있다. 이러한 어떤 대상의 "헤아림"을 국어사전에는 수량을 세다(계수)로 정의하고, 영어사전에서는 count, calculate, compute, enumerate 등의 용어로 불린다. 본 교재에서는 군(group)에서의 rank를 의미하는 계수, 다항식에서의 계수(coefficient)와 구별하여 헤아림을 의미하는 계수를 한자를 이용하여 "計數"로 표현하기로 하였다.

이러한 計數문제는 수학에서 가장 원초적인 문제이다. 금세기의 과학의 중심지로 떠 오르는 IT(information technology)(예: network), BT(biology technology)(예: Genome 수열), NT(nano technology)(예: nano 구조) 등에서 이산적 연구 분야의 출현과 더불어 각종 새로운 "헤아림" 문제들이 대두되면서 計數문제의 연구는 새롭게 중요성이 강조되는 수학의 한 분야가 되었다. 때로는 유한개로 이루어진 대상물의 計數문제는 컴퓨터의 발전으로 쉽게 해결이 가능한 분야로 생각될 수 있지만 이는 사실이 아니다. 실제로는 너무나 많은 計數문제들이 미해결 상태이며 이들은 계산수학자들에게 중요한 연구분야의 하나로 남아있다.

본 교재에서는 수학에서 1차원 도형으로 간단하면서도 공학에서 다양한 network(회로망) 이론에 응용 가능한 그래프를 바탕으로 計數문제를 다루며, 이들의 곡면으로 매장, 즉 곡면상의 map 이론에서 나타나는 計數문제를 다루고 있다. 이는 곡면의 tiling에서 나타나는 計數문제들을 포함하고 있다.

제1장에서는 그래프의 기본 개념을 다루고, 제2장에서는 고등학교에서 다룬 순열, 조합이나 대학에서의 이산수학에서 다룬 計數수학을 확장하여 몇 가지 새로운 計數 방법을 다루었다. 곡면의 복습과 곡면에 매장된 그래프, 즉 곡면상의 map을 표현하는 조합적 밥법론을 제3장에서 다루고, 이를 바탕으로 제4장에서는 면(영역, face)을 한 개만 가지는 map의 計數를 시도하였다. 독자들은 이 문제가 고등학교 이상의 학생들이 쉽게 이해할 수 있는 간단한 計數문제로 보이지만, 이의 풀이는 군(group)에서 計數문제를 다루어야하는 예상외로 어려운 문제라는 것을 알게 될 것이다. 가장 핵심 분야라고 할 수 있는 제5장에서는 방향을 줄 수 있는 곡면으로 그래프의 매장을 몇 가지 다른 관점에서 計數하고, 더불어 이 매장들이 주어진 각 곡면으로 매장이 어떻게 분포되는지에 관심을 두었다. 제6장에서는 제4장에서 다룬, 면(영역, face)을 하나만 가지는 map의 計數 문제, 상대적으로 꼭짓점을 하나만 가지는 map의 計數 문제를 제4장에서 다룬 군론적 방법을 떠나, 해석학적 적분론을 이용하여 접근하였다. 이 적분론적 방법론은 수학자들보다는 양자론과 끈 이론을 다루는 물리학자들에게 더 익숙한 적분법으로 알려져 있다. 마지막으로 제7장에서는 곡면으로 그래프의 매장 연구를 시작하게 된 역사적 동기 중 하나인 지도 채색문제를 간단히 기술하였다.

본 교재는 저자들의 앞 저서인 “아름다움을 만날 수 있는 수학 ≪조합적 곡면위상론, 4판≫ ”(경문사, 2010)의 연속선상에서 읽어도 좋다. 이 교재의 초판 발행시(경문사 2002) 저자는 앞으로 제2권이 출판될 것이라고 독자들과 약속한 적이 있다. 당시 거의 완성되었다고 생각한 원고를 마지막 정리하는데, 그리고 이 약속을 지키는데 훌쩍 8년이란 세월이 흘러버렸다. 좀 더 완벽한 책을 만들고자 하는 저자들의 바람이 너무 긴 시간을 빼앗아 가 버렸다. 독자들의 기다림에 고마울 뿐이다.

저자는 상기의 ≪조합적 곡면위상론≫에서와 같이 고유명사는 원어를 그대로 쓰고, 강의실에서 흔히 쓰는 원어는 영어와 한글을 혼용하여 쓰기로 하였다. 한글 용어 선택의 어려움도 있지만 독자들이 쉽게 개념을 이해하는 데 도움이 되기를 바라기 때문이기도 하다. 또한 교과서적 내용 외에 독자들에게 전하고 싶은 이야기를 곳곳에 각주(footnote)로 남겨 두었다. 독자들에게 '헤아림을 공부하는' 저서가 되기를 기대하면서 독자들과 기탄없는 대화를 위하여 e-mail 주소를 남긴다.

2011년 1월, 팔공산 자락에서

곽진호(jinkwak@postech.ac.kr)

이재운(julee@yu.ac.kr)

차례

1 그래프와 이에 따르는 군들

1.1 단순 그래프; 루프나 다중변이 없는 그래프

자연 현상을 탐구하는 기초과학에서 헤아리는 문제를 다루는 연구, 즉 計數적 연구는 중요한 연구도구 중 하나이다. 수학에서 다루는 그래프는 전기회로, 컴퓨터 망, 통신망, 화학 분자, 단백질의 구조, 신경망 등의 다양한 모델을 표현하는 데 쓰인다. 조합론자들은 흔히 수학적 計數문제를 그래프로부터 시작하기도 한다. 우선 그래프의 정의부터 알아보자.

정의 1.1 (*단순그래프의 정의*) 유한개의 점을 유한개의 선으로 맺은 도형을 **그래프(graph)**라고 부른다. 다만 선의 가장자리는 점으로 되어 있다고 하자. 이들 점을 그래프의 **꼭짓점(vertex)**, 선을 그래프의 **변(edge; 邊)** 혹은 **선분(線分)**이라고 부른다. 변은 직선이든 곡선이든 상관하지 않는다.

집합론적 정의로, 임의의 유한집합 V와 V에서 2개의 원소(이를 줄여 2-원소(2-element)라 부른다)들로 이루어진 집합 E의 쌍 (V, E)를 **그래프(graph)**라고 하고, V의 원소를 **꼭짓점(vertex)**, E의 원소를 **변(edge)**이라고 한다.

변 e가 꼭짓점 u를 가장자리로 가질 때, 즉 꼭짓점 u가 변 e를 표현하는 2개의 원소에 속할 때, 이들은 서로 **incident하다**고 한다. 이제 꼭짓점 u에 incident한 모든 변의 집합을 $N(u)$로 쓰고 이를 u의 근방(neighbourhood)이라고 한다. 그리고 이들의 개수를 꼭짓점 u의 **차수**(degree 혹은 valency)라 부른다.

예제 1.1 (1) 집합 $V = \{1, 2, \ldots, n\}$에서 모든 가능한 2개의 원소들로 이루어진 집합

$$E = \{\{i, j\} \mid i, j \in V, i \neq j\}$$

를 생각하자. 그러면 그래프 (V, E)는 $n = 1, 2, \ldots$에 대하여 각각 그림 1.1의 그래프와 같다. 이들 그래프를 **완전그래프** (complete graph)라 부르며, 특히 꼭짓점의 수가 n인 완전그래프를 K_n으로 표기한다. 완전그래프 K_n에서는 모든 꼭짓점의 차수가 $n - 1$이다. 일반적으로 모든 꼭짓점의 차수가 n인 그래프를 n**-regular** 그래프라고 부른다.

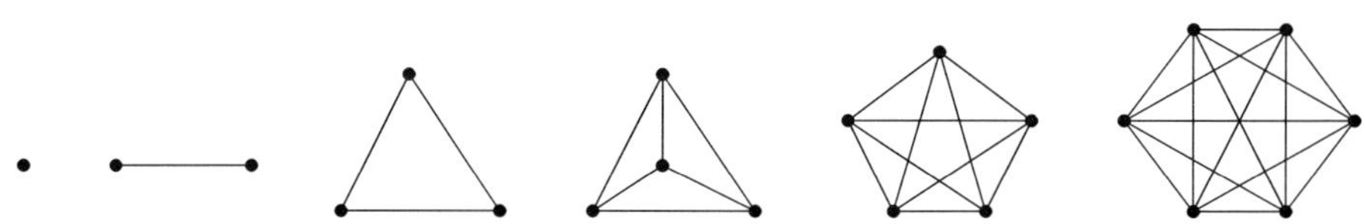

K_1 K_2 K_3 K_4 K_5 K_6

그림 1.1 완전그래프 K_n

(2) 집합 $V = \{1, 2, \ldots, 7\}$에서 2개의 원소들로 이루어진 집합

$$E = \{\{i, j\} \mid |i - j| = 1 \text{ 또는 } 2 \text{ mod } 7\}$$

를 생각하자. 그러면 그래프 (V, E)는 그림 1.2의 그래프 G, 혹은 H와 같다.

(3) 꼭짓점의 집합이 두 개의 서로 만나지 않는 집합 U와 V로 분리되어서 U안의 원소들끼리는 변으로 연결됨이 없고, V안의 원소들끼리도 변으로 연결

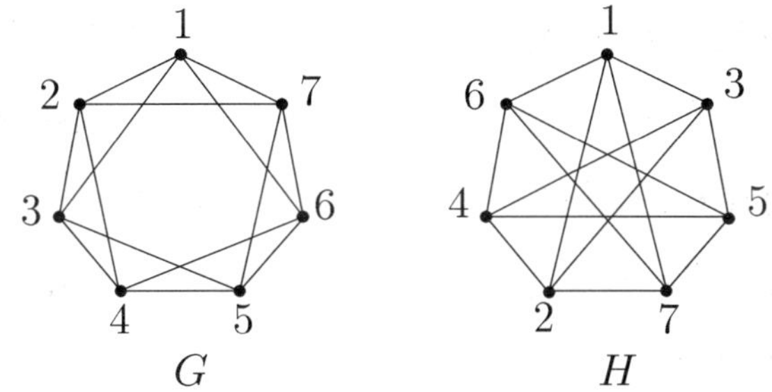

그림 1.2 그래프 G와 H

됨이 없을 때, 주어진 그래프를 **이분그래프**(bipartite graph)라 부른다. 이분그래프 가운데 U안의 각 꼭짓점이 V안의 모든 꼭짓점들과 변으로 연결되어 있는 (따라서 V안의 각 꼭짓점도 U안의 모든 꼭짓점들과 변으로 연결되는) 그래프를 **완전이분그래프**(complete bipartite graph)라 부른다. U의 원소의 개수가 m이고 V의 원소의 개수가 n인 완전이분그래프를 $K_{m,n}$으로 표기한다. 그림 1.3은 이분그래프의 예를 보여준다.

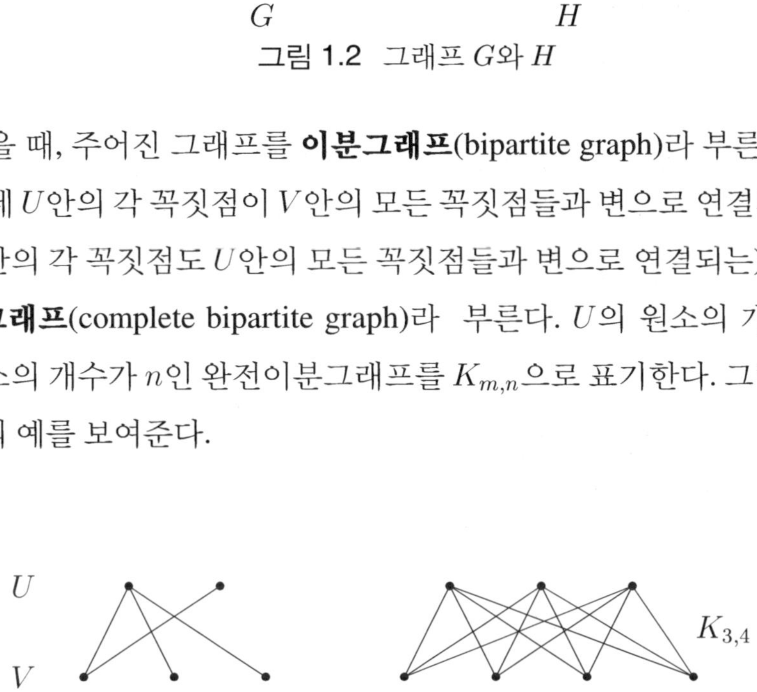

그림 1.3 이분그래프의 예

편의상, 변 $\{i, j\}$를 종종 변 ij라고 표기한다.

정의 1.2 두 그래프 G와 H를 생각해 보자. 그래프 G의 꼭짓점에 H의 꼭짓점을 대응시키는 함수 $f : G \to H$에 대하여, xy가 G의 변일 때 $f(x)f(y)$가 H의 변이 된다면, f를 **그래프 함수**(graph map)라고 부른다. 그래프 함수 $f : G \to H$가 전단사이고 이의 역함수 f^{-1}도 그래프 함수일 때 f를 **그래프 동형함수**(graph isomorphism)라고 부르며, 이런 동형함수가 존재할 때, G와 H는 **동**

형 (isomorphic, 同型)이라고 하고, $G \cong H$로 표기한다. 특히 $G = H$일 때, 그래프 함수와 그래프 동형함수를 각각 그래프 G의 **endomorphism**과 **automorphism(자기동형함수)**라고 부른다. 그래프 자기동형함수들의 집합은 합성연산 하에서 군(group)을 이루며, 이 군을 **자기동형군**(automorphism group, 自己同型群)이라 부르고 $\mathrm{Aut}(G)$로 표기한다.

예제 1.2 (*동형함수 구하기*) 그림 1.2의 그래프 G와 H에 대하여 같은 번호를 붙인 곳으로 꼭짓점을 대응시키면 동형이라는 것을 알 수 있다. 같은 방법으로 그림 1.4의 G와 H도 동형이다.

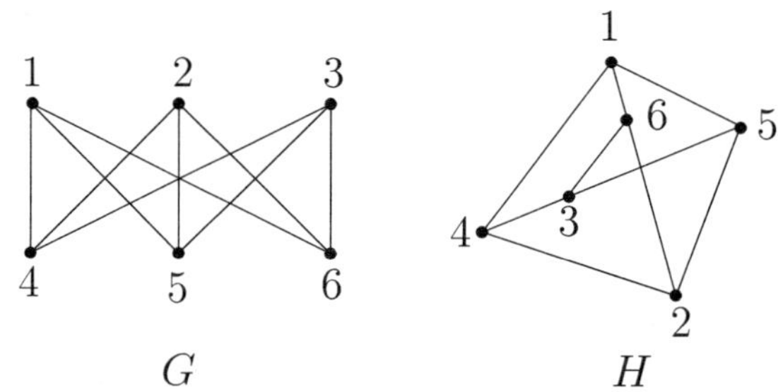

그림 1.4 G와 H는 동형

이제부터 동형인 그래프는 모두 같은 것으로 취급하기로 하자.

예제 1.3 (1) 그림 1.5의 그래프 G의 자기동형함수는 항등함수(identity)뿐임을 쉽게 알 수 있다. 즉, $\mathrm{Aut}(G)$는 자명한 군(trivial group)이다.

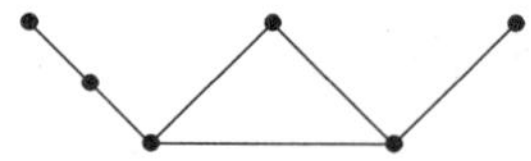

그림 1.5 $\mathrm{Aut}(G) = \{1\}$

(2) 완전그래프 K_n의 자기동형군 Aut(K_n)은 대칭군 $\mathbb{S}_n$이다[1]. n개의 꼭짓점과 n개의 변을 가지는 그래프로서 각 꼭짓점의 차수가 2가 되도록 변으로 이어진 그래프를 **순환길**(cycle)이라고 정의하고 C_n으로 표기한다. (정의 1.3 참조). 이는 정n각형의 울타리와 동형이다. 순환길 그래프 C_n의 자기동형군은 Aut$(C_n) \cong \mathbb{D}_n$, 위수(order) $2n$의 정이면체군(Dihedral group; 正二面體群)이다. 여기서,

$$\mathbb{D}_n = \langle a, b \mid a^2 = b^n = (ab)^2 = 1 \rangle$$

이고, a는 C_n의 reflection, b는 C_n의 rotation을 표현한다.

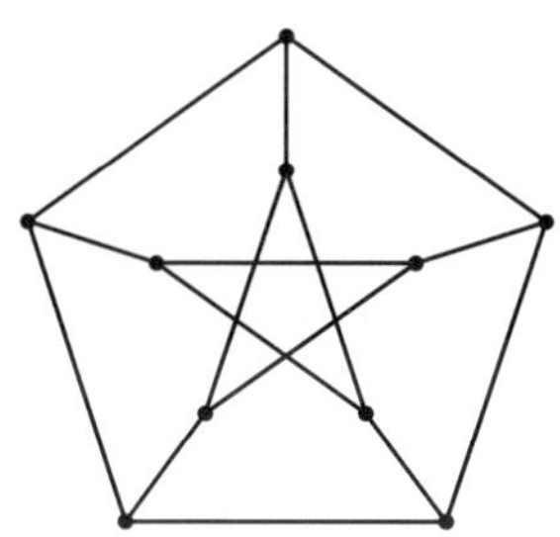

그림 1.6 Petersen 그래프

(3) **Odd 그래프 O_n과 Petersen 그래프:** $X = \{1, 2, 3, 4, 5\}$라 하자. 꼭짓점 집합으로

$$V = \{A \subset X \ : \ |A| = 2\}$$

을 가지고, 두 꼭짓점 A, A'에 대하여 $A \cap A' = \emptyset$일 때 변으로 연결한 그래프를 생각하자. 꼭짓점의 수는 $\binom{5}{2} = 10$이고 차수는 3이다. 이 그래프를

[1]대칭군 $\mathbb{S}_n$의 두 치환 σ, τ에 대하여 이들의 곱 $\sigma \cdot \tau$를 합성 $\sigma \circ \tau$ 또는 $\tau \circ \sigma$로 정의가 가능하다. 여기서 $(\sigma \circ \tau)(x) = \sigma(\tau(x))$. 전자의 경우는 $(\sigma \cdot \tau)(x) = (\sigma \circ \tau)(x)$가 되어 보통의 합성함수와 같고, 후자는 보통의 함수 기호 $\sigma(x)$ 대신에 x^σ를 이용한다. 따라서 곱 $\sigma \cdot \tau$는 $x^{\sigma \cdot \tau} = (x^\sigma)^\tau$로 이해된다. 본 교재에서는 대부분의 군론에서와 같이 후자의 경우를 이용하고, 이는 대칭군이 우측에서 작용하는 것으로 이해함을 의미한다.

Petersen 그래프라 하고 이를 그림으로 표현하면, 그림 1.6과 같다. 이를 일반화 하여 odd 그래프를 정의할 수 있다. 이를 위하여 $X = \{1, 2, \ldots, 2n - 1\}$라 하자. odd 그래프 O_n은 꼭짓점 집합으로

$$V(O_n) = \{A \subset X \;:\; |A| = n - 1\}$$

을 가지고, 두 꼭짓점 A, A'에 대하여 $A \cap A' = \emptyset$일 때 변으로 연결한 그래프이다. 꼭짓점의 수는 $\binom{2n-1}{n-1}$이고 차수는 n이다. O_2는 삼각형 K_3와 동형이고 O_3는 Petersen 그래프와 동형이다. Odd 그래프 O_n의 자기동형군은 대칭군 $\mathbb{S}_{2n-1}$이다. 특히, Petersen 그래프의 자기동형군은 대칭군 $\mathbb{S}_5$이다.

문제 1.1 완전그래프 K_n과 완전이분그래프 $K_{m,n}$의 변의 개수를 구하여라.

문제 1.2 그림 1.6의 Petersen 그래프와 그림 1.7의 그래프가 서로 동형임을 보여라.

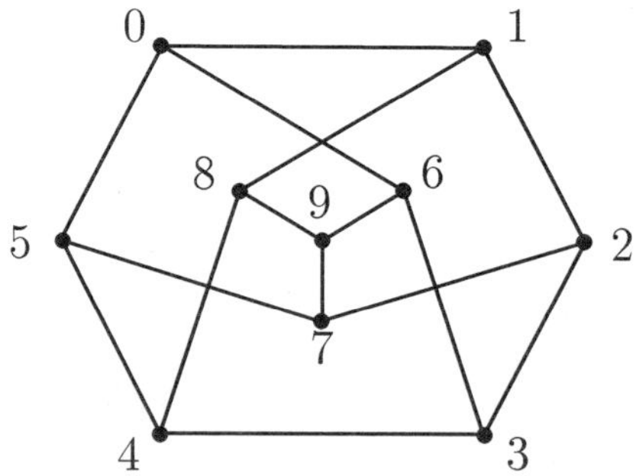

그림 1.7 Petersen 그래프와 동형인 그래프

정의 1.3 (1) 그래프에서 서로 이어져 있는 꼭짓점과 변들의 나열(sequence), 즉

$$x_0 e_0 x_1 e_1 x_2 e_2 x_3 \cdots x_{n-1} e_{n-1} x_n$$

(여기서 e_i는 꼭짓점 x_i와 x_{i+1}을 연결하는 변이다)을 꼭짓점 x_0과 x_n을 연결하는 **이음길**(walk) 혹은 단순히 **길**(walk)이라고 부르고 n을 이 이음길의 **길이**(length)라고 한다. 때로는 이를 단순히

$$x_0x_1,\ x_1x_2,\ x_2x_3,\ \ldots,\ x_{n-1}x_n$$

로 쓰기도 한다. 이때, $x_0 = x_n$이고 나머지 x_i가 전부 다른 꼭짓점일 때 이 길은 순환길(cycle) C_n이 된다. 길이가 0인 길을 자명한 길(trivial walk)이라 한다.

(2) 그래프 G의 임의의 꼭짓점 x, y에 대해서 x와 y 사이에 이음길(walk)이 있을 때 G는 **연결**(connected, 連結)이라고 한다. 또 그래프 G가

$$G = G_1 \cup G_2 \cup \cdots \cup G_s$$

로 나뉘어 각 G_i가 연결이고 또 G_i와 G_j 사이에 이음길(walk)이 없을 때, 다시 말하자면

$$G_i \cap G_j = \emptyset \ \ (i \neq j)$$

일 때, G는 s개의 연결성분을 가진다고 하고, 각 G_i를 **연결성분**(connected component, 連結成分)이라고 부른다.

(3) 연결그래프 G에 대하여, 연결성을 상실하지 않고 제거할 수 있는 열린 변의 최대수를 G의 **절단수**(cutting number, 切斷數), 혹은 G의 **(1차원) 베티수**라고 부르고, $\beta(G)$라고 쓴다. 그래프가 연결이 아닌 경우도 1차원 베티수를 다음과 같은 방법으로 정의한다. (연결이거나 혹은 연결이 아닌) 그래프 G에 대해서

연결성분의 수를 증가시키지 않고 제거할 수 있는 열린 변의 최대수를 G의 **(1차원) 베티수**라고 하고, $\beta(G)$라고 쓴다.

(4) 연결된 그래프 G에 대하여

$$\beta(G) = 0$$

일 때, G를 **나무(tree)**라고 한다. 즉, 나무는 순환길(cycle)이 존재하지 않는 연결된 그래프이다. 각 연결성분이 나무가 되는 그래프를 **숲(forest)**이라고 부른다.

1차원 베티수 $\beta(G)$는 G의 연결성의 정도를 측정한다.

예제 1.4 그림 1.8은 그래프의 1차원 베티수를 계산한 것이다.

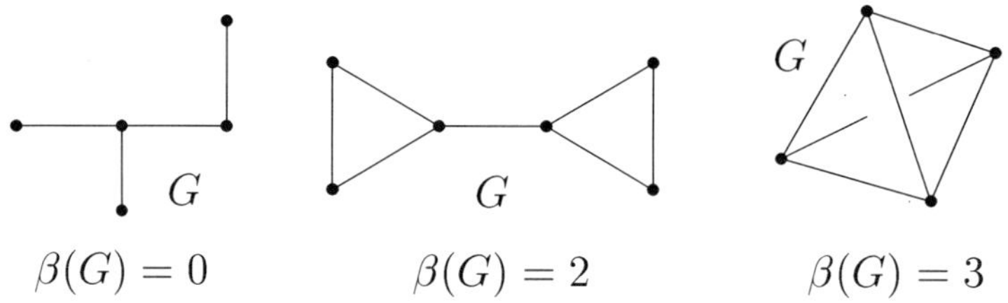

그림 1.8 1차원 베티수 $\beta(G)$

예제 1.5 그래프 G가 서로 동형인 n개의 연결성분 $G_1, G_2, \ldots, G_n$으로 이루어져 있다고 가정하자. 서로 동형인 각 G_i를 모두 동일시하여 이를 그래프 H라 하고 이의 자기동형군을 $\mathcal{A} = \mathrm{Aut}(H)$라 하자. 그러면, G의 자기동형군은 각 연결성분의 자기동형함수와 연결성분들의 치환(자리바꿈) $\alpha \in \mathbb{S}_n$에 의하여 생성된다. 실제로 그래프 G의 모든 자기동형함수는 각 연결성분에서 동형치환을 취한 후에 연결성분들의 치환(자리바꿈)을 취하는 함수로 나타난다. 이를 보이기 위하여, $\mathcal{A}$의 direct product:

$$N = \underbrace{\mathcal{A} \times \cdots \times \mathcal{A}}_{n}$$

를

$$\mathrm{Aut}(G_1) \times \mathrm{Aut}(G_2) \times \cdots \times \mathrm{Aut}(G_n)$$

으로 동일시 하자. 그러면 N의 원소 $(h_1, h_2, \ldots, h_n)$은 그래프 G의 자기동형함수가 된다. 하지만 $h_i \in \mathrm{Aut}(G_i)$와 연결성분들의 치환(자리바꿈) $\alpha \in \mathbb{S}_n$은 일반적으로 교환되지 않는다: 즉, 일반적으로 $h_i\alpha \neq \alpha h_i$이다. 이제 군 준동형함수(group homomorphism) $\Phi : \mathbb{S}_n \to \mathrm{Aut}(N)$를 정의하기 위하여 각 $\alpha \in \mathbb{S}_n$에 대하여 $\Phi(\alpha) : N \to N$를

$$(g_1, \ldots, g_n)^{\Phi(\alpha)} = (g_{1^{\alpha^{-1}}}, \ldots, g_{n^{\alpha^{-1}}}), \quad g_i \in \mathcal{A},\ i = 1, \ldots, n$$

로 정의하면 이는 군 N의 자기동형함수가 된다. 이제 군 준동형함수 Φ에 의한 군 N과 $\mathbb{S}_n$의 semidirect product는 집합

$$\mathcal{A} \wr \mathbb{S}_n = \{(g_1, \ldots, g_n; \alpha) \mid g_i \in \mathcal{A}, \alpha \in \mathbb{S}_n\}$$

에서 곱 $(g_1, \ldots, g_n; \alpha)(g'_1, \ldots, g'_n; \alpha') = (g_1 g'_{1^\alpha}, \ldots, g_n g'_{n^\alpha}; \alpha\alpha')$에 의하여 정의된 군이고, 이는 곧 그래프 G의 자기동형군이 된다.[2]

---

[2]군의 wreath product 정의는 다음과 같다. **정의:** $\mathcal{A}$를 유한군이라 하고 $\mathcal{B}$는 집합 $\Omega = \{1, 2, \ldots, n\}$에 작용하는 치환군이라 하자. 그리고 N을 군 $\mathcal{A}$의 direct product:

$$N = \underbrace{\mathcal{A} \times \cdots \times \mathcal{A}}_{n}$$

이라 하자. 각 $\alpha \in \mathcal{B}$에 대하여 함수 $\Phi(\alpha) : N \to N$를

$$(g_1, \ldots, g_n)^{\Phi(\alpha)} = (g_{1^{\alpha^{-1}}}, \ldots, g_{n^{\alpha^{-1}}}), \quad g_i \in \mathcal{A},\ i = 1, \ldots, n$$

문제 1.3 나무 G의 꼭짓점의 개수를 v, 변의 개수를 e라 하면 $v - e = 1$이다. 이를 보여라. Hint: 그래프 G의 변의 개수 e에 대한 귀납법으로 증명이 가능하다.

문제 1.4 예제 1.5에서 다룬 wreath product $\mathcal{A} \wr \mathbb{S}_n$의 정의에서 소개된 함수 $\Phi : \mathbb{S}_n \to \mathrm{Aut}(N)$가 실제로 군 준동형함수(group homomorphism)가 됨을 보여라.

문제 1.5 완전이분그래프 $K_{m,n}$에 대하여

$$\mathrm{Aut}(K_{m,n}) = \begin{cases} \mathbb{S}_n \wr \mathbb{S}_2 & m = n\text{일 때}, \\ \mathbb{S}_m \times \mathbb{S}_n & m \neq n\text{일 때} \end{cases}$$

를 보여라.

문제 1.6 그래프 G와 H의 **lexicographical product** $G[H]$는 꼭짓점 집합으로 $V(G) \times V(H)$를 가지고, 변의 집합으로

$$\{(u,h),(v,k) \mid uv \in E(G),\ \text{혹은}\ u = v\text{이고}\ hk \in E(H)\}$$

인 그래프이다. 이제 $\mathrm{Aut}(K_n[\bar{K}_m]) = \mathbb{S}_m \wr \mathbb{S}_n$임을 보이고, $\mathrm{Aut}(G[H]) \neq \mathrm{Aut}(H) \wr \mathrm{Aut}(G)$인 예를 들어라.

로 정의하면 이는 군 N의 자기동형함수가 된다. 이제 군 준동형함수(group homomorphism) $\Phi : \mathcal{B} \to \mathrm{Aut}(N)$에 의한 N과 $\mathcal{B}$의 semidirect product $N \rtimes_\Phi \mathcal{B}$를 군 $\mathcal{A}$와 $\mathcal{B}$의 **wreath product**라 부르고 $\mathcal{A} \wr \mathcal{B}$ 또는 $\mathcal{A}\,\mathrm{wr}\,\mathcal{B}$로 표기한다. 즉,

$$\mathcal{A} \wr \mathcal{B} = \{(g_1, \ldots, g_n; \alpha) \mid g_i \in \mathcal{A}, \alpha \in \mathcal{B}\}$$

상에서 곱 $(g_1, \ldots, g_n; \alpha)(g_1', \ldots, g_n'; \alpha') = (g_1 g'_{1^\alpha}, \ldots, g_n g'_{n^\alpha}; \alpha\alpha')$에 의한 군이다. 이 군의 위수는 $|\mathcal{A} \wr \mathcal{B}| = |\mathcal{A}|^n |\mathcal{B}|$이다.

1.2 Pseudo 그래프; 루프, 다중변을 가지는 그래프

앞 절에서 다룬 그래프의 개념을 확장하여 그래프가 다음과 같은 루프나 다중변을 가지는 것을 허용하기로 하자(그림 1.9 참조).

(1) 루프(loop) : 한 꼭짓점에서 시작하여 자기자신에게 되돌아가는 변.

(2) 다중변(multiple edge, 多重邊): 두 개의 꼭짓점을 맺는 두 개 이상의 변.

앞 절에서 다룬 루프와 다중변을 가지지 않는 그래프를 **단순그래프**(simplicial 혹은 simple graph)라고 하고 루프와 다중변(multiple edge)을 허용하는 그래프를 **pseudo 그래프**라고 부른다. 앞으로는 이들의 경우를 때로는 구별하여 다루기로 하자.

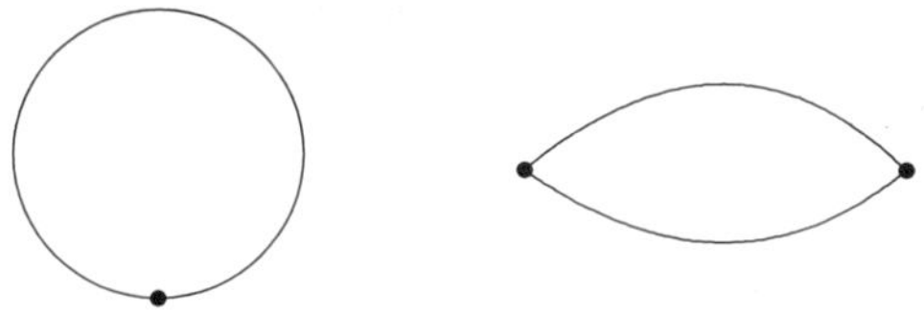

그림 1.9 루프와 다중변

이제 그래프 G가 반드시 단순그래프일 필요는 없는, 즉 루프나 다중변도 가질 수 있는 (undirected) pseudo 그래프를 생각해 보자.

주어진 (undirected) 그래프 G의 각 변 uv상에는 u에서 v로 가는 방향과 v에서 u로 가는 두 가지 방향의 유향변(directed edge, arc 혹은 dart라고 부름)이 대응된다. u에서 v로 가는 방향을 가진 유향변을 (u, v)로, v에서 u로 가는 방향을 가진 유향변을 (v, u)로 표기하고, $(u, v)^{-1} = (v, u)$라 하자. 이러한 유향변들의 집합을

$$D(G) = \{(u, v), (v, u) \mid uv \in E(G)\}$$

로 표기하자.[3] 그리고 L을 각 변에 대응하는 두 유향변들의 호환(transposition; 互換)의 곱

$$L = (a^+\ a^-)(b^+\ b^-)(c^+\ c^-)\cdots(e^+\ e^-)$$

이라 하자. 이때, L은 집합 $D(G)$상의 순열(permutation)이 된다. 이런 L을 **arc-reversing involution** 혹은 **dart-reversing involution**이라고 부른다.

이제 꼭짓점 집합 대신에 유향변의 집합을 이용하여 pseudo 그래프를 다음과 같이 정의한다.

정의 1.4 (*pseudo 그래프의 정의*) 서로 공통부분이 없는(disjoint) 유한 집합 D와 V를 생각하고 이들의 원소를 각각 유향선분과 꼭짓점이라고 하자. 함수 $I : D \to V$와 집합 D상에서 $L^2 = id$(항등함수)인 순열(permutation) L을 생각하자. 이를 만족하는 D, V, I, L의 quadruple $(D, V; I, L)$을 **그래프**라고 한다. 그리고 I를 incidence 함수, L을 arc-reversing involution 혹은 dart-reversing involution이라고 부른다. L의 궤도를 그래프의 변(edge)라고 한다. 만약 $L(x) = x$이면 x를 **semiedge**, $L(x) \neq x$이지만 $I(L(x)) = I(x)$이면 x를 **루프(loop)**, 나머지 x를 **link**라 하자.[4]

$L(x)$를 유향선분 x에서 방향을 바꾼 유향선분이라 하고 x^{-1}로 표기하자. 여기서, $I(x)$를 유향선분 x가 출발하는 꼭짓점이라 하면, $I(L(x))$는 유향선분 x가 끝나는 꼭짓점이 된다.

유향선분 x와 x^{-1} 중에서 단 하나만 취하는 것을 그래프에서 방향을 준다고 하고 방향이 주어진 그래프를 **유향그래프**(directed graph)라고 부른다. 그리고 유향그래프의 그래프 함수나 그래프 동형함수는 방향을 유지하는 경우를 말한다.

주어진 꼭짓점 u를 시작점으로 하는 모든 유향변의 집합을 D_u로 쓰고 이를

[3]그래프 G는 방향이 주어지지 않은 undirected 그래프이지만, 이로부터 유향변의 집합 $L(G)$를 정의하였음에 유의하자.

[4]link는 루프나 다중변이 없는 그래프의 변(edge)에 해당한다.

u의 근방(neighbourhood)이라고 한다. 이들의 개수를 꼭짓점 u의 **차수(valency)**라고 한다. 그리고 L의 궤도(orbit)는 **변(edge; 邊)**이 된다.

정의 1.4에서의 그래프 정의는 때로는 편리함을 준다. 예를 들어, 루프나 다중변을 가지는 일반적인 (undirected) 그래프 G의 자기동형함수를 생각해 보자. 이 경우 자기동형함수 $f : G \to G$를 꼭짓점집합의 치환 $f : V(G) \to V(G)$로 정의하기는 곤란하다. 구체적으로 두 개의 꼭짓점과 이들 사이에 n개의 다중변을 가지는 dipole[5] D_n에서는 꼭짓점집합의 치환은 $\mathbb{S}_2$이지만 변집합의 치환은 $\mathbb{S}_n$이며 이 변집합의 치환도 자기동형함수가 될 수 있기 때문이다.

정의 1.5 그래프 $G = (D, V, I, L)$와 $H = (D', V'; I', L')$를 루프나 다중변도 가질수 있는 그래프라고 하자.

(1) **그래프 함수(graph map)** $f : G \to H$는 함수 $f : D \cup V \to D' \cup V'$로서 $f(D) \subset D'$, $f(V) \subset V'$, $fI = I'f$, $fL = L'f$를 만족하는 경우를 말한다. 특히 함수 $f : D \cup V \to D' \cup V'$가 전단사 함수이고 f^{-1}도 그래프 함수일 때, 이를 **그래프 동형함수**(isomorphism, 同型)라고 한다.

(2) 특히 $G = (D, V; I, L) = (D', V'; I', L')$일 때, 그래프 함수와 그래프 동형함수를 각각 그래프 G의 **endomorphism**과 **automorphism**(자기동형함수)라고 부른다.

(3) 그래프 G의 자기동형함수들의 치환군을 **자기동형군**(automorphism group, 自己同型群)이라 부르고, Aut(G)로 표기한다. 정의로부터 Aut(G)는 꼭짓점 집합 $V(G)$뿐 아니라 변(edge)의 집합 $E(G)$ 또는 유향변의 집합 $D(G)$의 치환군임을 알 수 있다.

유향그래프(directed graph)에서도 유사하게 정의된다.

[5] 두 개의 꼭짓점과 n개의 다중변을 가지는 그래프를 Dipole D_n이라고 부른다.

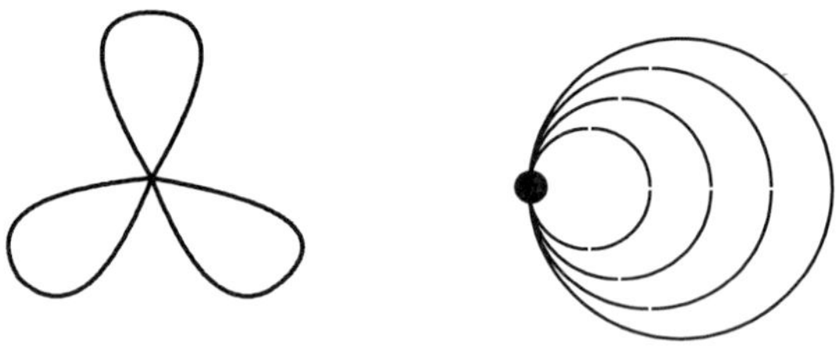

그림 1.10 3잎 bouquet B_3와 4잎 bouquet B_4

유향변집합상의 함수 $f : D \to D'$은 같은 꼭짓점에서 시작하는 임의의 두 유향변은 같은 꼭짓점에서 시작하는 두 유향변으로 보내고, 같은 꼭짓점에서 끝나는 임의의 두 유향변은 같은 꼭짓점에서 끝나는 두 유향변으로 보낸다. 따라서 그래프 함수는 꼭짓점은 꼭짓점으로, 변은 변으로 보내는 함수로서 incidence-preserving 함수이다.[6] 또한, link의 image는 link, loop, 혹은 semiedge가 될 수 있고, 루프의 image는 루프 혹은 semiedge, semiedge의 image는 semiedge가 된다.

주의: 조건식 $fI = I'f$는 그래프 함수 f가 유향변상의 함수 $f|_D$에 의하여 완전히 결정됨을 보여준다.

이제 그래프 G가 반드시 단순그래프일 필요는 없는, 즉 루프나 다중변도 가질 수 있는 일반적인 (undirected) pseudo 그래프의 자기동형군을 계산할 수 있다. n잎 bouquet B_n은 한 개의 꼭짓점에 n개의 루프만 가지는 그래프이고, Dipole D_n은 두 개의 꼭짓점에 n개의 다중변을 가지는 그래프이다. 이들의 자기동형군을 계산해 보자.

예제 1.6 (1) **Bouquet B_n:** $\mathrm{Aut}(B_1)$은 루프의 돌림(flip)에 의해서 생성되는 군 $\mathbb{Z}_2$이고, $\mathrm{Aut}(B_2)$는 두 루프의 돌림(flip)과 자리바꿈에서 생성되는 군 $(\mathbb{Z}_2 \times \mathbb{Z}_2) \rtimes \mathbb{Z}_2$이다. (이는 direct product $\mathbb{Z}_2 \times \mathbb{Z}_2 \times \mathbb{Z}_2$와 동형이고 또

[6] incidence란 꼭짓점과 변 사이의 관계로서 주어진 꼭짓점이 변의 끝점이 되면 incedent하다고 하고, 끝점이 아니면 incedent하지 않다고 한다.

한 wreath product $\mathbb{Z}_2 \wr \mathbb{S}_2$이다.) 하지만 Aut$(B_3)$은 direct product $\mathbb{Z}_2 \times \mathbb{Z}_2 \times \mathbb{Z}_2 \times \mathbb{Z}_2$와 동형이 아님에 유의하자.[7] 일반적으로 Aut(B_n)은 wreath product $\mathbb{Z}_2 \wr \mathbb{S}_n$이다.

(2) **Dipole D_n:** Aut(D_1) = Aut(K_2) = $\mathbb{Z}_2$이고, Aut(D_2)은 두 꼭짓점과 두 다중변의 자리바꿈에서 생성되는 군 $\mathbb{Z}_2 \times \mathbb{Z}_2$이다. 일반적으로 Aut$(D_n)$은 direct product $\mathbb{Z}_2 \times \mathbb{S}_n$이다.

(3) **n-semistar st_n:** 한 개의 꼭짓점과 이에 incident한 n개의 semi-edge로 이루어진 n-semistar st_n의 자기동형군 Aut(st_n)은 $\mathbb{S}_n$이다. □

1.3 그래프의 기본군

이제 연결인 그래프의 기본군(fundamental group)을 소개해 보자. 위상수학에서 기본군은 경로적 연결(pathwise connected)인 위상공간에서 닫힌 곡선(loop)를 이용하여 정의 된다. 하지만 그래프의 경우에는 아래와 같이 조합적으로 정의가 가능하다.

기본군을 정의하기 위하여 연결인 그래프 G에서 한 꼭짓점 u를 고정하고 u에서 닫힌 길의 집합을 생각하자. 주어진 꼭짓점 u에서 두 닫힌 길 W와 W'에 대하여 이들의 곱 WW'는 u에서 W를 따라서 움직인 다음에 W'를 따라서 계속 움직인 닫힌 길로 정의하자. 닫힌 길 W에서 변 e와 e^{-1} (또는 e^{-1}와 e)가 인접하여 나타나지 않을 때 W를 **축약된 길**(reduced walk)이라 부른다. u에서 닫힌 길 W에서 유한 번의 ee^{-1}(또는 $e^{-1}e$)를 삽입하거나 삭제하여 W'를 얻을 수 있을 때 W와 W'은 **동치**라고 부른다.

꼭짓점 u에 바탕을 둔 닫힌 길은 단 하나의 축약된 길과 동치이다. $[W]$를 닫힌 길 W의 동치류라 두자.

---

[7] 군의 semidirect product와 direct product의 개념을 구별해 주는 좋은 사례이다.

pseudo 그래프에서 **길**(walk)은 단순그래프에서와 같이 incident한 유향변의 수열 $W = x_1x_2\cdots x_n$으로 정의된다. 즉, 수열에서 $IL(x_i) = I(x_{i+1})$이다. 길에서 x_i는 semiedge가 될 수도 있다. 그리고 x가 semiedge이면 xx는 길이가 0인 길(trivial walk)로 축약된다. 그리고 W의 **inverse**는 $W^{-1} = x_n^{-1}x_{n-1}^{-1}\cdots x_1^{-1}$로 정의된다.

정의 1.6 그래프 G에서의 모든 축약된 길들의 집합을 $\pi(G)$로 쓰자. 임의의 두 축약된 길 W_1, W_2에 대하여 W_1의 끝점(terminal vertex)이 W_2의 시작점(initial vertex)이 되면 이들의 곱 $W_1 \cdot W_2$ (단순히, W_1W_2)가 정의가 가능하다. 이러한 부분적인 경우에 곱이 정의된 $\pi(G)$를 그래프 G의 **fundamental groupoid**라고 부른다.

꼭짓점 $u \in G$에 바탕을 둔 모든 축약된 길은 부분집합 $\pi(G, u) \subseteq \pi(G)$를 이루고 이는 군이 된다. 이때 $\pi^u(G) := \pi(G, u)$는 바로 u에 바탕을 둔 그래프 G의 **기본군**(fundamental group)이다. 그리고 길이가 0인 길(trivial walk)은 기본군의 항등원이 된다.

정리 1.1 연결인 단순그래프 G에 대하여 $\pi^u(G)$는 $\beta(G)$개의 원소에 의하여 생성되는 자유군이다. 여기서 $\beta(G)$는 G에서 연결성을 상실하지 않고 제거할 수 있는 열린 변의 최대수, 즉 G의 1차원 베티수(betti number)이다.

증명: 먼저 기본군을 계산하기 위한 바탕점 u를 G의 꼭짓점으로 두고, 그래프 G의 각 꼭짓점을 가지는 나무 T를 임의로 고정하자. 그러면, $G - T$에는 $\beta(G)$개의 변이 있다. 이 변들을 $e_1 = u_1v_1$, $e_2 = u_2v_2$, $\ldots$, $e_\beta = u_\beta v_\beta$로 두고 이들을 유향변(directed edge)으로 생각하자. (여기서 , $\beta = \beta(G)$.) 그러면, 각 $T + e_i$는 u에 바탕을 둔 하나의 닫힌 길의 동치류 $[W_i]$를 결정하며, $[W_{e_i}] \neq [W_{e_j}]$ $(i \neq j)$ 이다. 더욱이 $[W_{e_1}], [W_{e_2}], \ldots, [W_{e_\beta}]$가 $\pi_1(G, u)$를 생성한다. 이를 보이

기 위하여, 먼저, G의 각 점 x에 대하여, T내에서 u에서 x로 가는 유일한 길을 T_x로 표기하자. 다음으로, 임의의 변 $f = xy$를 생각하여, f를 포함하는 u에서 닫힌 길 W_f를 $T_x f T_y^{-1}$로 정의하자. 만약 xy가 T내의 변이면 $[W_{xy}] = [u]$이다. 이제 $W = f_1 f_2 \cdots f_m$을 주어진 u에서 임의의 닫힌 길이라 하면, $[W] = [W_{f_1}][W_{f_2}] \cdots [W_{f_m}]$의 곱으로 표현된다. 이는 주어진 연결그래프 G를 경로적 연결인 위상공간으로 볼 때, 주어진 나무 T를 축약하여 얻어지는 bouquet B_β와 호모토피 동치(homotopically equivalent)라는 사실에서 자명하다. 더욱이 기본군에서 $[W_{e_1}], [W_{e_2}], \ldots, [W_{e_\beta}]$는 어떠한 서로의 관계식도 가지지 않으며, 따라서, $\pi_1(G, u)$는 $\beta(G)$개의 원소에 의하여 생성되는 자유군임이 증명된다 □

보조정리 1.2 만약 G가 연결이면, 임의의 두 꼭짓점 u, v에 대하여 군 $\pi_1(G, u)$와 $\pi_1(G, v)$는 동형이다. 즉, 연결 그래프의 기본군은 바탕점의 선택에 무관하다. 이를 $\pi_1(G)$로 표기하자.

증명: G가 연결이므로, 두 꼭짓점 u, v를 연결하는 길이 존재하고, 이를 $W : u \to v$라 하자. 그러면 $\sigma \mapsto W^{-1}\sigma W$로 정의된 함수 $\pi_1(G, u) \to \pi_1(G, v)$는 잘 정의된 군 동형함수가 되고, 이의 역함수는 $\tau \mapsto W\tau W^{-1}$에 의하여 정의된다. 따라서 $\pi^u(G) \cong \pi^v(G)$이다. □

Semiedge가 없는 단순그래프의 기본군은 자유군이지만, semiedge가 있는 pseudo 그래프의 기본군은 자유군이 아니다. 특별한 경우로 한 개의 꼭짓점과 한 개의 semiedge로 이루어진 그래프의 기본군은 $\mathbb{Z}_2$이다. 일반적으로 기본군은 유한개의 $\mathbb{Z}$와 유한개의 $\mathbb{Z}_2$의 free product가 된다. 정리 1.1에서 보여준 단순그래프의 기본군 계산은 pseudo 그래프에 대하여 다음과 같이 확장된다.

정리 **1.3** G를 e개의 변, s개의 semiedge, v개의 꼭짓점을 가지는 연결인 그래프라고 하자. 그러면 G의 기본군 $\pi_1(G, u)$는 $e - s - v + 1$개의 $\mathbb{Z}$와 s개의 $\mathbb{Z}_2$의 free product이다.

Pseudo 그래프 G에 대하여 이의 기본군의 cyclic factor의 개수 $\beta(G) = e - v + 1$를 G의 **betti 수**라고 부른다.

증명: 정리 1.1의 증명을 따라 기본군 $\pi_1(G, u)$가 semiedge의 개수 s개의 $\mathbb{Z}_2$를 free factor로 가지는 것을 보이는 것으로 충분하다. 각 semiedge e에 대하여 $T + e$에서 바탕점 u에 바탕을 둔 닫힌 길의 동치류를 $[W]$라 하면 $[W][W]$는 길이가 0인 길(trivial walk)가 된다. ($ee = 1$이므로.) 따라서 정리는 자명하다. □

따름정리 **1.4** 루프나 다중변은 있지만 semiedge는 없는 연결그래프 G의 기본군 $\pi_1(G)$는 $\beta(G)$개의 원소에 의해서 생성된 자유군이다.

1.4 연습문제

(1) 기본군이 abelian인 그래프를 구성해 보아라.

(2) 그래프 함수(graph map) $f : G \to H$는 기본군 사이에 군 준동형함수(group homomorphism) $f_* : \pi_1(G, u) \to \pi_1(H, f(u)); W \mapsto fW$를 유도한다. 더욱이 $identity_* = identity$, $(g \circ f)_* = g_* \circ f_*$이다. 이를 보여라.

(3) n-**차원 cube** 혹은 n-**차원 Hypercube** Q_n은 꼭짓점 집합으로 field GF(2) $= \mathbb{F}_2$상에서의 n-차원 (row) 벡터공간 $V = V(n, 2)$를 가지고, 두 벡터가 오직 한 개의 좌표에서 틀린 값을 가질 때 변으로 연결한 그래프이다. 즉, $X = \{\mathbf{e}_0, \mathbf{e}_1, \ldots,$

$\mathbf{e}_{n-1}\}$를 벡터공간 $V = V(n, 2)$의 표준기저(standard basis)라 할 때, 변의 집합은 $\{\{\mathbf{v}, \mathbf{v} + \mathbf{e}_j\} \mid \mathbf{v} \in V, j = 1, \ldots, n\}$이다. 예를 들면, 1-차원 cube Q_1은 한 개의 변을 가지는 K_2, 2-차원 cube Q_2는 4각형인 cycle C_4, 3-차원 cube Q_3는 정6면체의 바탕그래프이다.(그림 1.11 참조). 3-차원 cube Q_3의 자기동형군을 구하여라. (Hint: $\mathrm{Aut}(Q_1) = \mathrm{Aut}(K_2) \cong \mathbb{Z}_2$, $\mathrm{Aut}(Q_2) \cong \mathbb{Z}_2 \wr \mathbb{S}_2 = (\mathbb{Z}_2 \times \mathbb{Z}_2) \rtimes \mathbb{S}_2 = \mathbb{D}_4$이다.)

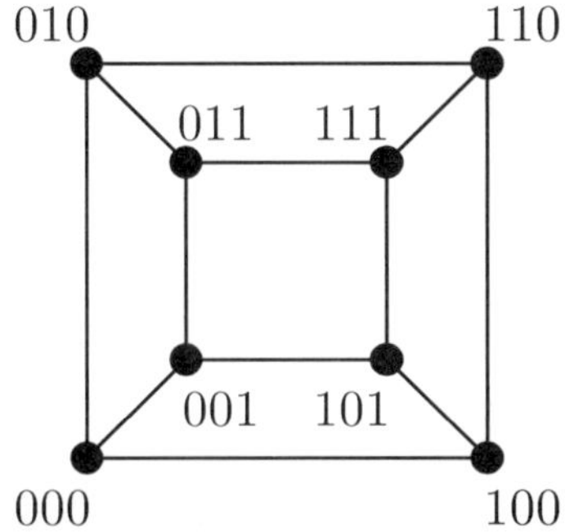

그림 1.11 3-차원 cube Q_3

답: (Q_3**의 자기동형군**) $\mathrm{Aut}(Q_3) \cong \mathbb{Z}_2 \wr \mathbb{S}_3 = t(V) \rtimes \mathbb{S}_3$: 우선 벡터공간 V에서의 모든 왼쪽(평행이동)변환(left translation)이 이루는 군 $t(V)$는 자기동형군 $\mathrm{Aut}(Q_3)$의 부분군임을 쉽게 알 수 있다. 이제 $\mathbb{S}_3$을 degree 3의 대칭군이라 하고, V상에서의 이의 군 작용을, $\mathbf{x} = (x_0, x_1, x_2) \in V$와 $h \in \mathbb{S}_3$에 대하여

$$\mathbf{x}^h = (x_{0^{h^{-1}}}, x_{1^{h^{-1}}}, x_{2^{h^{-1}}})$$

로 정의하자. 이 군 작용은 대칭군 $\mathbb{S}_3$에서 행렬군 $\mathrm{GL}(3, 2)$로 monomorphism을 만들고, 따라서 대칭군 $\mathbb{S}_3$을 행렬군 $\mathrm{GL}(3, 2)$의 부분군으로 볼 수 있다. 한편, 평행이동군 $t(V)$는 affine 군 $\mathrm{AGL}(3, 2)$의 정규부분군이다. 따라서, 군 $\mathrm{AGL}(3, 2)$의 부분군으로서 $t(V) \rtimes \mathbb{S}_3 \leq \mathrm{Aut}(Q_3)$임을 알 수 있다. 이는 자기동형군 $\mathrm{Aut}(Q_3)$이 (꼭짓점)집합 V상에 추이적(transitively)으로 작용하고 꼭짓점 $\mathbf{0} = (0, 0, 0) \in V$에

서의 stabilizer는 $\mathbb{S}_3$임을 보여준다. Orbit-Stabilizer 정리를 이용하여

$$|\mathrm{Aut}(Q_3)| = |V| \cdot |\mathbb{S}_3| = 2^3 3!$$

이고 한편 $|t(V) \rtimes \mathbb{S}_3| = 2^3 3!$이므로 $t(V) \rtimes \mathbb{S}_3 = \mathrm{Aut}(Q_3)$이다.

(4) 꼭짓점(vertex)의 집합 $V(G)$와 변(edge)의 집합 $E(G)$를 가지는 연결인 단순그래프 G를 생각하자. 임의의 한 꼭짓점 $v \in V(G)$에 대해 v에 인접한 꼭짓점의 집합을 **v의 근방**(neighborhood)이라 정의하고, $N(v)$로 쓴다. 즉, $N(v) = \{u \mid uv \in E(G)\}$. 그러면, 그래프 사이의 피복 구조를 다음과 같이 정의한다.

정의 1.7 $\widetilde{G}$와 G를 단순그래프라고 하자. 그래프 함수 $p : \widetilde{G} \to G$에 대하여, $p : V(\widetilde{G}) \to V(G)$가 전사함수(surjection)이고, 임의의 $v \in V(G)$와 $\tilde{v} \in p^{-1}(v)$에 대하여 $p|_{N(\tilde{v})} : N(\tilde{v}) \to N(v)$가 전단사함수(bijection)일 때 $p : \widetilde{G} \to G$를 **그래프 피복(graph covering)**, 혹은 단순히 **피복(covering)**이라고 부른다. 그리고 G를 피복의 **바탕그래프(base graph)**, $\widetilde{G}$를 피복의 **피복그래프(covering graph)**라고 부른다.

(a) 3-cube Q_3와 완전그래프 K_4에 대하여 피복 $p : Q_3 \to K_4$를 구성하여라.

(b) G를 단순그래프, Γ는 자기동형군 $\mathrm{Aut}(G)$의 부분군으로 그래프 G에 고정되는 꼭짓점이나 고정되는 변이 없이 작용한다고 하자. 그러면 사영함수(quotient map) $p : G \to G/\Gamma$는 피복이 됨을 보여라.

(c) 두 피복 $p_1 : \widetilde{G}_1 \to G$와 $p_2 : \widetilde{G}_2 \to G$에 대하여 만약 그래프 동형함수 $\varphi : \widetilde{G}_1 \to \widetilde{G}_2$가 있어서 $p_2 \circ \varphi = p_1$를 만족할 때, 두 피복은 **동형**이라고 하고 φ를 **피복동형함수**라고 부른다. 특별히, $\widetilde{G}_1 = \widetilde{G}_2$ $(:= \widetilde{G})$이고 $p_1 = p_2$ $(:= p)$일 때, φ를 **피복변환(covering transformation)**이라고 하고, 모든 피복변환의 집합은 함수의 합성작용에 의하여 군이 된다. 이를 피복 $p : \widetilde{G} \to G$의 **피복변환군(covering transformation group)**이라고 부른다. 앞 (a), (b)에서 주어진 피복에 대하여 피복변환군을 각각 구하여라.

2 計數문제를 다루는 방법과 조합적 수

수학 공부는 흔히 주어진 대상물의 헤아리거나 나열하기, 혹은 경우의 수를 구하는 계수(counting, enumeration; 計數) 문제로부터 시작한다. 이는 지난 세기의 컴퓨터와 이산 수학의 발전으로 다시 수학자들에게 관심의 대상이 되고 있는 연구분야이다. 고등학교에서 배운 바와 같이 간단한 計數문제의 답은 순열이나 조합에 의하여 나타낼 수 있다. 하지만 주어진 자연수 n에 대하여 n보다 작거나 같으면서 n과 서로 소(coprime)인 자연수의 개수는 Euler phi 함수[1] $\varphi(n)$으로 나타난다. 이와 같이 計數문제를 다룰 때, 여러 가지 새로운 함수와 Stirling 수, Catalan 수와 같은 다양한 새로운 이름을 가진 수들이 나타난다.

2.1 計數문제를 다루는 관점 들

우선 다각형을 삼각분할 할 수 있는 경우의 수를 구하면서 計數문제를 다루는 관점들을 살펴보자.

경우의 수를 구하는 計數문제에서는 항상 計數할 대상물을 언제 같은 것으로 보고 또한 언제 다른 것으로 보고 計數할 것인지를 분명히 하여야 한다. 이때, 정다각형이나 정다면체와 같이 대상물이 대칭성을 많이 가지고 있으면, 동일하

[1]Euler totient 함수라고도 부른다.

다고 보는 관점이 더욱 다양해진다. 실제로 이러한 대칭성이 대부분의 計數문제에서 어려움을 야기한다.

예를 들어, 평면에 그려진 두 개의 정6각형을 언제 같은 것으로 볼 수 있을까? 정6각형을 $\pi/3 = 60^o$씩 회전하여 새로운 5개의 정6각형을 얻을 때, 이들을 같은 것으로 볼 것인가 아니면 다른 것으로 볼 것인가? 같은 것으로 보는 예에는 정6각형 탁자에 6명이 앉을 수 있는 경우의 수(즉, 원순열)가 있다. 정6각형 탁자를 $\pi/3$씩 회전할 때, 이들을 다르게 보는 예에는 정6각형의 꼭짓점 (혹은 변에) 1,2,3,4,5,6의 이름을 붙이는 경우의 수가 있다. 후자에서 경우의 수는 $6! = 6\cdot5\cdot4\cdot3\cdot2\cdot1$이고, 전자의 경우의 수는 $5! = 5\cdot4\cdot3\cdot2\cdot1$이다. 만약 정6각형의 회전과 더불어 앞뒤로 뒤집어 만들어지는 새로운 6개의 정6각형을 얻을 때, 이들을 같은 것으로 볼 것인가(염주나 목걸이의 경우가 그러하다.) 아니면 다르게 볼 것인가? 독자의 판단에 따라 "예", "아니오"를 답할 수 있을 것이다. 각자의 판단에 따라 計數 문제의 답은 다를 것이다. 지금까지 다룬 동일한 시도를 임의의 정다각형에서도 할 수 있다.

이야기를 바꾸어 평면에 그려진 정6각형의 꼭짓점에 (시계에서 시간을 표현하는 자리수와 같이) $1, 2, 3, 4, 5, 6$의 이름이 붙여 있다고 하자. 이제 정6각형을 $\pi/3$씩 회전하면 붙여진 이름도 따라서 움직이게 되고, 이런 이유에서 꼭짓점에 이름이 붙여지면 회전에서 얻어지는 새로운 정6각형은 모두 서로 다르게 보아야 한다. 다시 말하여, 꼭짓점을 시계에서 시간을 표현하는 자리수로 이름을 붙이고 6각형을 $\pi/3$ 회전하면 시간의 자리수 $1, 2, 3, 4, 5, 6$이 각각 $6, 1, 2, 3, 4, 5$로 바뀌어 서로 다른 시계가 된다.

이제 꼭짓점에 $1, 2, 3, 4, 5, 6$의 이름이 붙여진 정6각형에 (서로 만나지 않도록) 대각선을 추가하여 삼각형으로 분할하는 경우의 수를 計數해 보자. 그림 2.1는 서로 다른 모양의 4가지 분할을 보여준다. 또한 그림 2.1 (a)를 바탕 그래프로 하는 삼각 분할은 6가지가 있다. 이는 각 꼭짓점의 이름은 그대로 두고 삼각 분할 (a)를 회전하여 얻을 수 있다. 같은 방법으로 그림 2.1 (b), (c), (d)를 회전하면 각각 2가지, 2가지, 1가지의 새로운 분할이 추가로 생긴다. 이제 독자들은 총 14가지의 경우가 있음을 확인할 수 있을 것이다. 이 문제를 정7각형, 정8각형 등의 정다각형으로 확장할 때, 計數문제는 상당히 흥미로운 문제로 발전한다.

만약 문제의 정다각형의 꼭짓점에 1,2,3,4,5,6 등의 이름을 붙이지 않는다면, 따라서 정6각형을 $\pi/3$씩 회전하여 얻어지는 정6각형을 모두 동일시 할 때 위의 삼각 분할 計數문제는 어떻게 바뀌는가?

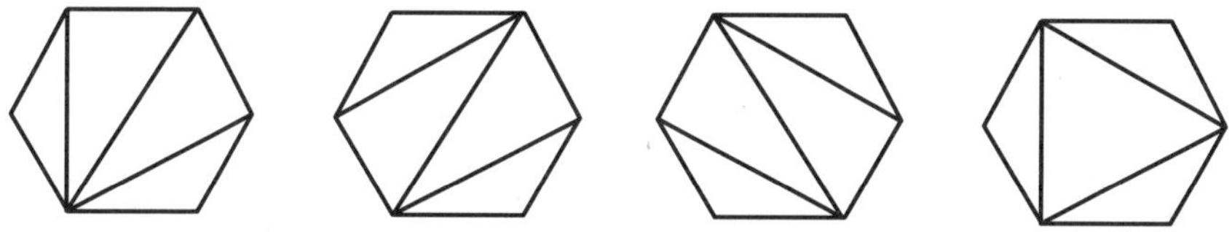

(a) (b) (c) (d)

그림 2.1 정6각형의 삼각분할

상기의 計數문제에서 정다각형 꼭짓점에 1,2,3,4,5,6등의 이름을 붙인 경우와 이름을 붙이지 않은 두 가지 경우에서 어느 쪽의 計數문제가 더 쉽다고 생각하는가? 독자는 각자의 시도에 따라 쉬운 쪽을 골라보기 바란다.

일반적인 計數문제에서 計數하고자 하는 대상물을 보는 관점에는 위에서와 같이 이름을 붙인 *labelled* 경우와 이름을 붙이지 않은 *unlabelled* 경우가 있고, 그 사이에 특히 위에서 다룬 꼭짓점에서와 같이 특정한 한 개만 labellng하여 이를 root라고 부르는 *rooted*의 경우가 있다. 이를 다각형의 삼각분할을 예로 들어 설명하면 다음과 같다.

(1) labelled의 경우: 시계방향을 따라 꼭짓점에 1,2,3,4,5,6등의 이름이 붙여진 labelled 정$(n+1)$-각형의 삼각분할의 개수를 ℓ_n이라 하고 $\ell_1 = 1$이라고 정의

하자. 우리는 위에서 $\ell_5 = 14$임을 보았다. 초기의 ℓ_n 값은 그림 2.2에 나타나 있다. 이들의 일반항 ℓ_n을 구할 수 있겠는가?

$\ell_2 = 1$

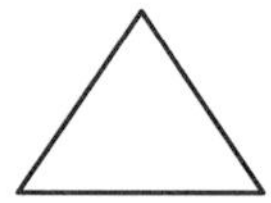

$\ell_3 = 2$

$\ell_4 = \ell_1\ell_3 + \ell_2\ell_2 + \ell_3\ell_1 = 5$

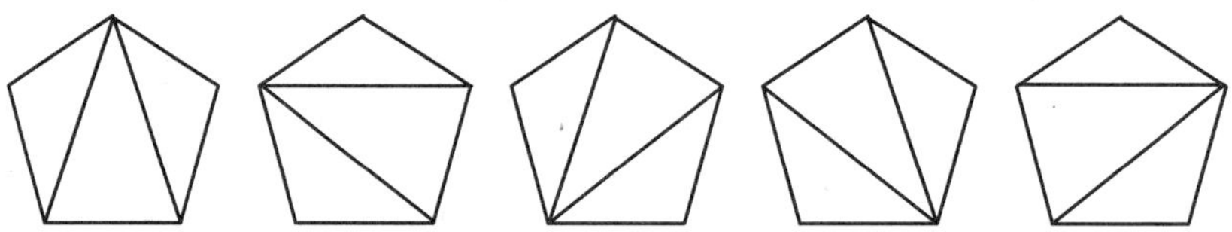

$\ell_5 = 14$ (그림 2.1을 이용하여 이를 보여라.)

그림 2.2 초기의 삼각분할 가지수

위의 관계식 $\ell_4 = \ell_1\ell_3 + \ell_2\ell_2 + \ell_3\ell_1 = 5$를 유도할 수 있겠는가? 정리 2.1 참조하여라.

(2) unlabelled의 경우: 꼭짓점에 이름이 붙여지지 않은 unlabelled 정$(n+1)$-각형의 삼각분할을 생각해 보자. 이는 한 분할을 (시계방향으로) 회전하여 다른 분할을 만들 때, 이들을 같은 분할로 본다는 뜻을 포함하고 있다. 이때 정$(n+1)$-각형의 삼각분할의 개수를 u_n이라 하고 $u_1 = 1$이라고 정의하자. 그러면 $u_2 = u_3 = u_4 = 1, u_5 = 4$이다. 일반항 u_n을 구할 수 있겠는가?

만약 한 분할을 (시계방향으로) 회전하거나 앞뒤로 뒤집어 만들어지는 분할을 같은 분할로 생각한다면 얼마나 서로 다른 분할이 가능한가? $3, 4, 5, 6$각형에서 서로 다른 경우의 수는 각각 $1, 1, 1, 3$이다. 일반항을 구할 수 있겠는가?

(3) rooted의 경우: 꼭짓점에 이름이 붙여지지 않은 unlabelled 정다각형에서 꼭짓점 한 개를 특히 지정하여 이를 root라 하자. 이렇게 root를 가지는 정다각형의 삼각분할을 생각해 보자. 이러한 분할에서는 root를 고정한 reflection(앞뒤 뒤집기)에 의하여 다른 분할을 만들 때, 이들을 같은 분할로 생각한다. 예를 들어 그림 2.2의 5각형 분할에서 제일 위 꼭짓점을 root로 할 때, 세 번째와 네 번째 분할은 같은 분할이 된다. 이제 root를 가지는 정다각형에서 삼각분할의 경우의 수를 구하는 計數문제를 생각할 수 있다.

2.2 Catalan 수

우리는 꼭짓점에 이름이 붙여진 labelled 다각형의 삼각분할 개수에만 관심을 가지고 나머지 경우는 독자들의 연구문제로 남겨 두기로 한다.

정리 2.1 꼭짓점에 시계방향을 따라 $1, 2, 3, 4, 5, 6, \ldots$ 등의 이름이 붙여진 (labelled) 정$(n+1)$-각형에서 삼각분할의 개수 ℓ_n은 다음의 점화식에 의하여 주어진다. $n = 2, 3, \ldots$에 대하여

$$\ell_n = \sum_{k=1}^{n-1} \ell_k \ell_{n-k} = \ell_1 \ell_{n-1} + \ell_2 \ell_{n-2} + \cdots + \ell_{n-1}\ell_1.$$

편의상 $\ell_1 = 1$로 정의하면,

$$\ell_n = \frac{1}{n}\binom{2n-2}{n-1}, \quad n = 0, 1, 2, \ldots$$

이다. 여기서 $\binom{n}{k} = \frac{n!}{(n-k)!k!}$는 n개에서 k개를 택하는 조합의 수를 나타내는 기호이다.

ℓ_n을 C_{n-1}로 표기하고 다음을 정의하자.

정의 2.1 Eugene Catalan (1814–1894)의 이름을 따라서, 수

$$C_n = \ell_{n+1} = \frac{1}{n+1}\binom{2n}{n} = \frac{(2n)!}{(n+1)!\,n!}, \quad n = 0, 1, 2, \ldots$$

를 n 번째 **Catalan 수**라고 부른다. 초기의 Catalan 수들은 다음과 같다[2].

$$\begin{aligned} &C_0 = C_1 = 1, \quad C_2 = 2, \quad C_3 = 5, \quad C_4 = 14, \quad C_5 = 42, \\ &C_6 = 132, \quad C_7 = 429, \quad C_8 = 1430, \quad C_9 = 4862, \quad \ldots. \end{aligned}$$

증명: $n \geq 3$에 대하여 귀납법을 이용하자. R을 $(n+1)$각형이라 하자. 그리고 꼭짓점 $1, 2$를 잇는 울타리 선분을 바탕선분으로 하여 그림 2.3과 같이 바탕선분 $1, 2$를 가지는 삼각형을 T, 이의 나머지 꼭짓점을 w라 하고, 이를 경계로 다각형 R을 다각형 R_1, R_2로 분할 할 수 있다. R_1을 $(k+1)$각형이라고 하면 R_2는

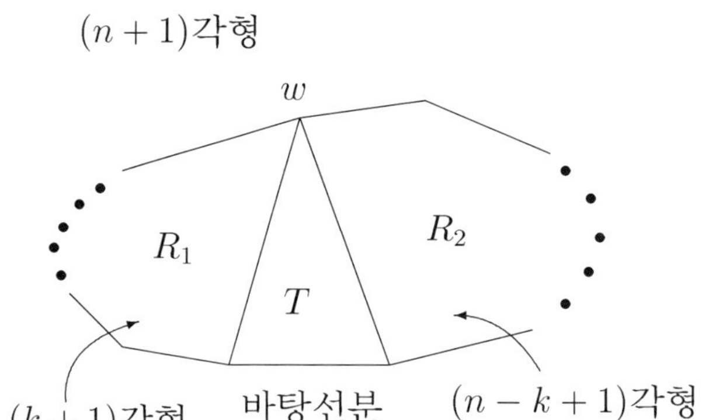

그림 2.3 바탕선분을 이용한 삼각분할

$(n-k+1)$각형이 된다. 따라서 R_1에는 ℓ_k개의 서로 다른 삼각분할이 있고, R_2에는 ℓ_{n-k}개의 서로 다른 삼각분할이 있다. 이제 꼭짓점 w를 다각형 R의 모든 꼭

[2] 각종 계수문제(計數問題)의 답은 종종 수열(sequence)로 나타난다. 수학에서 나타나는 각종 수열은 AT&T Research에서 관리하는 database인 The On-Line Encyclopedia of Integer Sequences: http://www.research.att.com/~njas/sequences/를 방문하여 누구나 조사해 볼 수 있다. Catalan 수가 이루는 수열은 Sloane's A000108이란 이름으로 알려져 있다.

짓점으로 움직이면 R은

$$\sum_{k=1}^{n-1} \ell_k \ell_{n-k}$$

개의 서로 다른 삼각분할을 가진다. 즉, 점화식

$$\ell_n = \ell_1\ell_{n-1} + \ell_2\ell_{n-2} + \cdots + \ell_{n-1}\ell_1, \text{ 단 } \ell_1 = 1 \tag{2.1}$$

을 만족한다. ℓ_n을 계수로 가지는 다항식

$$G(x) = \ell_1 x + \ell_2 x^2 + \cdots + \ell_n x^n + \cdots$$

를 수열 $\ell_1, \ell_2, \ldots$의 **생성함수**(generating function)라 부른다. 이 생성함수는 미적분학의 Tayler 급수와 같이 한 개의 무한 급수이지만 수렴반경 등을 생각하는 해석학적 함수라기보다 형식적으로 표현한 무한수열이다. 우리는 생성함수가 비록 형식적 함수이긴 하지만 해석학적 함수와 같이 합, 곱, 미분, 적분 등의 연산을 허용하고, 이를 이용하여 주어진 생성함수를 이미 잘 알려진 지수함수나 삼각함수 분수함수 등으로 나타낼 수 있는지에 관심을 가진다. 이를 위하여 무한 급수 $G(x)$의 제곱을 구해보자.

$\ell_1 = \ell_2 = 1$라는 초기값과 위의 점화식 (2.1)을 이용하면 $G(x)$는 다음의 방정식을 만족한다.

$$\begin{aligned}
G(x)^2 &= \ell_1^2 x^2 + [\ell_1\ell_2 + \ell_2\ell_1]x^3 + [\ell_1\ell_3 + \ell_2\ell_2 + \ell_3\ell_1]x^4 \\
&\quad + \cdots \\
&\quad + [\ell_1\ell_{n-1} + \ell_2\ell_{n-2} + \cdots + \ell_{n-1}\ell_1]x^n + \cdots \\
&= G(x) - \ell_1 x = G(x) - x.
\end{aligned}$$

따라서 $G(x)$는 2차 함수방정식 $G(x)^2 - G(x) + x = 0$의 근이다:

$$G(x) = \frac{1+\sqrt{1-4x}}{2} \quad \text{또는} \quad G(x) = \frac{1-\sqrt{1-4x}}{2}.$$

하지만 $G(0) = 0$이므로 후자를 택하여 Newton의 이항전개식을 이용하면[3]

$$\begin{aligned} G(x) = \frac{1-\sqrt{1-4x}}{2} &= \frac{1}{2}\left[1-(1-4x)^{1/2}\right] \\ &= \frac{1}{2}\left[1-\sum_{n=0}^{\infty}\binom{\frac{1}{2}}{n}(-4x)^n\right] \end{aligned} \tag{2.2}$$

이다.[4] 하지만 $n \geq 1$에 대하여

$$\begin{aligned} \binom{\frac{1}{2}}{n}(-4)^n &= \frac{(\frac{1}{2})(-\frac{1}{2})(-\frac{3}{2})\cdots(\frac{1}{2}-n+1)}{n!}(-4)^n \\ &= \frac{(\frac{1}{2})(-1)^{n-1}(\frac{1}{2})(\frac{3}{2})\cdots\left(\frac{2n-3}{2}\right)(-1)^n4^n}{n!} \\ &= \frac{\left(\frac{-1}{2^n}\right)[1\cdot3\cdot5\cdots(2n-3)]4^n}{n!} \\ &= \frac{-2}{n}\frac{2^{n-1}}{(n-1)!}[1\cdot3\cdot5\cdots(2n-3)] \\ &= \frac{-2}{n}\frac{[1\cdot3\cdot5\cdots(2n-3)][2\cdot4\cdot6\cdots(2n-2)]}{(n-1)!(n-1)!} \\ &= \frac{-2}{n}\binom{2n-2}{n-1}. \end{aligned}$$

---

[3]만약 전자를 택하여 전개하면 $\ell_n = -\frac{1}{n+1}\binom{2n}{n}$은 음수이다. 하지만 ℓ_n은 음수가 될 수 없다.

[4]따라서 Catalan 수 $C_0 = C_1 = 1, C_2 = 2, C_3 = 5, C_4 = 14, \ldots$의 생성함수는

$$\sum_{n\geq0} C_n x^n = 1 + x + 2x^2 + 5x^3 + 14x^4 + \cdots = \frac{1-\sqrt{1-4x}}{2x}$$

로 무한 급수가 아닌 구체적 함수로 표현이 가능하다. 이 생성함수는 무리함수임에 유의하자.

따라서

$$
\begin{aligned}
G(x) &= \frac{1}{2}\left[1-\sum_{n=0}^{\infty}\binom{\frac{1}{2}}{n}(-4x)^n\right] \\
&= \frac{1}{2}\left[1-1-\sum_{n=1}^{\infty}\binom{\frac{1}{2}}{n}(-4x)^n\right] \\
&= \frac{1}{2}\left[1-1-\sum_{n=1}^{\infty}\frac{-2}{n}\binom{2n-2}{n-1}x^n\right] \\
&= \sum_{n=1}^{\infty}\frac{1}{n}\binom{2n-2}{n-1}x^n
\end{aligned}
$$

이다. 그리하여

$$\ell_n = \frac{1}{n}\binom{2n-2}{n-1}, \quad n = 1, 2, \ldots$$

또는

$$C_n = \ell_{n+1} = \frac{1}{n+1}\binom{2n}{n}, \ n = 0, 1, 2, \ldots$$

을 얻게 된다. □

다각형의 꼭짓점에 번호를 붙이는 것은 다각형의 대칭성을 잃게 하고 따라서 자기동형군이 자명한 군이 되게 하여 이의 計數문제를 상당히 쉽게 만든다. 이와 같이 labelling, 즉 표시를 다는 것은 다수의 다른 경우에도 (표시를 달지 않는 unlabelled의 경우와 비교하여) 計數문제를 쉽게 만든다.

Catalan 수로 표현되는 몇 가지 計數문제를 추가로 찾아보자.

예제 2.1 n개의 수의 곱

$$\omega_1 \times \omega_2 \times \omega_3 \times \omega_4 \times \cdots \times \omega_n$$

에서 얼마나 많은 곱의 순서가 있는가? 이 수를 a_n이라고 표기하자. 이는 곱의 순서를 결정하기 위하여 n개의 괄호 "("와 ")"를 취하는 경우의 수와 동일하다. 이 수는

$$a_n = \frac{1}{n}\binom{2n-2}{n-1}, \; n \geq 2,$$

즉, $(n-1)$ 번째 Catalan 수임을 보여라.

풀이: 초기의 수는 쉽게 알 수 있다.

- $a_1 = 1$; 단 한 가지 경우의 곱 (ω_1)이 있다.
- $a_2 = 1$; 단 한 가지 경우의 곱 $(\omega_1 \times \omega_2)$가 있다.
- $a_3 = 2$; 단 두 가지 경우의 곱 $[(\omega_1 \times \omega_2) \times \omega_3]$와 $[\omega_1 \times (\omega_2 \times \omega_3)]$이 있다.
- $a_4 = 5$; 단 5 가지 경우의 곱 $(\omega_1\omega_2)(\omega_3\omega_4)$, $[(\omega_1\omega_2)\omega_3]\omega_4$, $[\omega_1(\omega_2\omega_3)]\omega_4$, $\omega_1[(\omega_2\omega_3)\omega_4]$, 그리고 $\omega_1[\omega_2(\omega_3\omega_4)]$가 있다.

a_n이 만족하는 점화식을 찾기 위하여 제일 마지막으로 취하는 곱을 생각해 보자. 이 마지막 곱은 다음과 같은 식이 될 것이다.

$$(\omega_1 \times \omega_2 \times \cdots \times \omega_i) \times (\omega_{i+1} \times \omega_{i+2} \times \cdots \times \omega_n),$$

여기서 i는 $1 \leq i \leq n-1$에 있다. 이때 앞쪽 i개의 항에서 곱의 순서를 취하는 경우의 수는 a_i, 뒤쪽 $n-i$개의 항에서 곱의 순서를 취하는 경우의 수는 a_{n-i}이다. 따라서 전체의 수는 $a_i a_{n-i}$이다. 이제 모든 i에 대하여 합치면 점화식(recurrence relation)

$$a_n = a_1 a_{n-1} + a_2 a_{n-2} + \cdots + a_i a_{n-i} + \cdots + a_{n-1} a_1, \quad (n \geq 2)$$

을 얻는다. 따라서 수열 a_n은 labelled 정$(n+1)$-각형에서 삼각분할의 개수 ℓ_n이 이루는 수열과 동일한 초기수와 동일한 점화식을 가진다(점화식 (2.1) 참조). 따라서

$$a_{n+1} = \ell_{n+1} = \frac{1}{n+1}\binom{2n}{n}, \quad n \geq 0,$$

즉, n 번째 Catalan 수 C_n이다. □

곱의 순서를 보여주는 n개의 괄호 "("와 ")"만 남기고 식의 모든 요소를 지울 때, 이를 **규칙적 괄호 구조**라고 부르기로 하자. 규칙적인 괄호 구조는 다음 두 조건을 만족한다:

1) 왼쪽 괄호의 개수는 오른쪽 괄호의 개수와 같다.
2) 처음 부분부터 임의의 k 번째 까지의 왼쪽 괄호의 개수는 오른쪽 괄호의 개수보다 항상 크거나 같다.

역으로, 위의 특성 1)과 2)를 만족하는 왼쪽 괄호와 오른쪽 괄호의 유한 수열은 항상 규칙적인 괄호 구조이다.

문제 2.1 xy-좌표평면의 제1상한에 그려진 $n \times n$ 바둑판을 생각해 보자. $n = 5$이면 그림 2.4와 같다. 바둑판의 왼쪽-아래 꼭짓점(좌표 $(0,0)$)에서 오른쪽-위 꼭짓점(좌표 (n,n))으로 움직이는 꺾음길을 計數해 보자. 이때 꺾음길은 오른쪽으로 한 칸 움직이든지 혹은 위쪽으로 한 칸 움직이는 것을 계속한다. 즉, 꺾음길의 단위벡터는 $(1,0)$ 또는 $(0,1)$이다. 하지만 대각선($y = x$인 직선)을 만날 수는 있지만 그 위로 올라가는 것은 허용하지 않는다. 이러한 꺾음길의 개수는 Catalan 수 $C_n = \frac{1}{n+1}\binom{2n}{n}$이다. 이를 보여라.

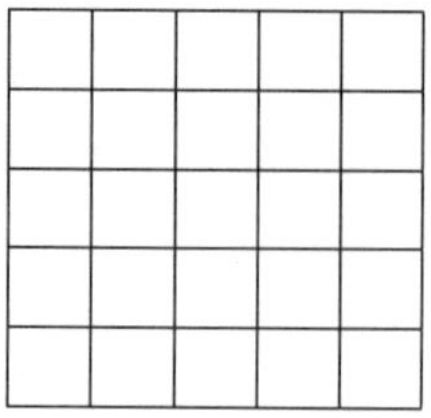

그림 2.4 5×5 바둑판

문제 2.2 (복소)평면의 단위원상에 $z^{2n} = 1$의 근이 주어져 있다고 하고, 이 근들을 시계방향으로 $1, 2, 3, \ldots, 2n$으로 이름을 붙이자. 이들 점을 서로 만나지 않는 n개의 현(chord)으로 짝지우는 경우의 수는 Catalan 수 $C_n = \frac{1}{n+1}\binom{2n}{n}$이다. 이를 보여라. ($n = 3$인 경우 그림 2.5 참조.)

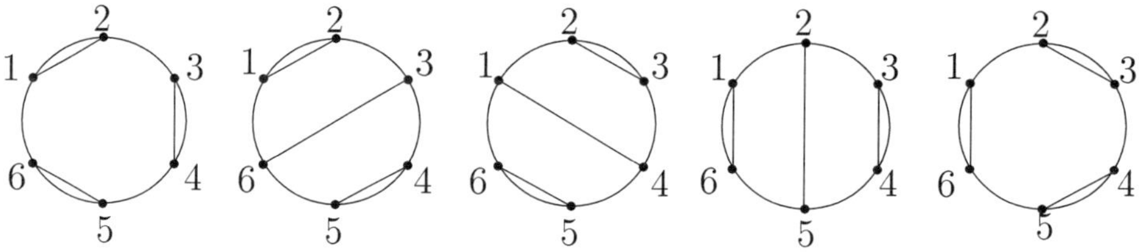

그림 2.5 만나는 현이 없는 6-cycle

2.3 Stirling 수

Catalan 수와 같이 Stirling 수도 計數문제에서 종종 나타나는 중요한 수이다. 하지만 Catalan 수와는 달리 Stirling 수에는 제1종의 Stirling 수와 제2종의 Stirling 수 등 여러 가지의 Stirling 수가 있다.

2.3.1 치환(permutation)과 제1종 Stirling 수

제1종의 Stirling 수에는 다음의 두 가지가 있다.

정의 2.2 (1) **제1종의 signed Stirling 수** $\underline{s}(n,k)$(소문자 "s" 로 표기)는 *내림 곱(falling factorial)*

$$x^{\underline{n}} = x(x-1)(x-2)\cdots(x-n+1) = \sum_{k=0}^{n} \underline{s}(n,k)x^k$$

의 전개에서 계수로 정의되고,

(2) **제1종의 unsigned Stirling 수** $\overline{s}(n,k)$(소문자 "s" 로 표기)는 *올림 곱(rising factorial)*

$$x^{\bar{n}} = x(x+1)(x+2)\cdots(x+n-1) = \sum_{k=0}^{n} \overline{s}(n,k)x^k$$

의 전개에서 계수로 정의된다.

예를 들면,

$$\begin{aligned} x^{\underline{3}} &= x(x-1)(x-2) = x(x^2-3x+2) \\ &= x^3 - 3x^2 + 2x \end{aligned}$$

이므로, $\underline{s}(3,0)=0,\ \underline{s}(3,1)=2,\ \underline{s}(3,2)=-3,\ \underline{s}(3,3)=1$이다. 일반적으로

$$\underline{s}(n,0) = 0 \text{ 이고 } \underline{s}(n,n) = 1$$

이다. 한편

$$\begin{aligned} x^{\overline{3}} &= x(x+1)(x+2) = x(x^2+3x+2) \\ &= x^3 + 3x^2 + 2x \end{aligned}$$

이므로, $\overline{s}(3,0) = 0,\ \overline{s}(3,1) = 2,\ \overline{s}(3,2) = 3,\ \overline{s}(3,3) = 1$이다. 여기서도

$$\overline{s}(n,0) = 0 \text{ 이고 } \overline{s}(n,n) = 1$$

이다.

내림 곱(falling factorial)과 올림 곱(rising factorial)의 관계식

$$\begin{aligned} x^{\underline{n}} &= x(x-1)(x-2)\cdots(x-n+1) \\ &= (-1)^n(-x)(-x+1)(-x+2)\cdots(-x+n-1) \\ &= (-1)^n(-x)^{\overline{n}} \end{aligned}$$

에서 signed Stirling 수와 unsigned Stirling 수의 관계식

$$\underline{s}(n,k) = (-1)^{n-k}\overline{s}(n,k) \tag{2.3}$$

를 찾을 수 있다.

주의: $\underline{s}(3,2) = -3$에서 보다시피 제1종 signed Stirling 수 $\underline{s}(n,k)$는 때로는 음수가 된다. 따라서 $\underline{s}(n,k)$는 어떤 計數문제의 답으로 나타나지 않는다. 하지만 unsigned Stirling 수 $\overline{s}(n,k) = (-1)^{n-k}\underline{s}(n,k)$는 항상 0이거나 자연수이다.

제1종 Stirling 수는 다음의 점화식을 만족한다.

정리 2.2

$$\underline{s}(n,k) = \underline{s}(n-1,k-1) - (n-1)\underline{s}(n-1,k). \tag{2.4}$$

$$\overline{s}(n,k) = \overline{s}(n-1,k-1) + (n-1)\overline{s}(n-1,k). \tag{2.5}$$

증명: 제1종 signed Stirling 수에 대해서만 증명해 보자.

$$\begin{aligned}\sum_{k=0}^{n} \underline{s}(n,k)x^k &= x^{\underline{n}} = x^{\underline{n-1}}(x-n+1) \\ &= \left(\sum_{i=0}^{n-1} \underline{s}(n-1,i)x^i\right)(x-n+1).\end{aligned}$$

$1 < k < n$인 각 k에 대하여, 오른쪽 식에는 x^k를 포함하는 항이 두 개가 있다: 즉,

$$\underline{s}(n-1,k-1)x^k \text{ 와 } \quad (-n+1)\underline{s}(n-1,k)x^k$$

이다. 이제 양변에서 x^k의 계수를 비교하면 정리가 증명된다. □

문제 2.3 $n = 5, 6, 7$에 대하여 모든 $\underline{s}(n,k)$와 $\overline{s}(n,k)$를 구하여라.

정리 2.3 제1종의 unsigned Stirling 수

$$\overline{s}(n,k)$$

는 정확히 k개의 서로 공통부분이 없는 순환순열(disjoint cycle)로 분해되는 n-순열 (대칭군 $\mathbb{S}_n$의 원소)의 개수와 일치한다.

표 2.1 제1종 Stirling 수 $\underline{s}(n,k)$의 Stirling 삼각형

$n\backslash k$	0	1	2	3	4	5	6	7
0	0							
1	0	1						
2	0	−1	1					
3	0	2	−3	1				
4	0	−6	11	−6	1			
5	0	24	−50	35	−10	1		
6	0	−120	274	−225	85	−15	1	
7	0	720	−1764	1624	−735	175	−21	1

증명: 초기의 수 $n = 1, 2$에서는 쉽게 확인된다. 한편 두 수 모두 정리 2.2에서 주어진 점화식 (2.5)를 만족함을 보일 수 있다. 임의의 n-순열 $\sigma \in \mathbb{S}_n$에 대하여 $\sigma(n) = n$이 되어 (n)이 한 개의 cycle이 되든지 $\sigma(n) \neq n$이 되어 n이 길이 2 이상의 cycle에 포함되는 경우로 나누어 짐에 유의하자. □

2.3.2 집합의 분할(partition)과 제2종 Stirling 수

n개의 원소로 구성된 집합을 n-집합이라 부르고, 이런 집합을 대표하여

$$[n] = \{1, 2, \ldots, n\}$$

이라 하자. 어떤 n-집합을 빈 집합(empty set)이 아닌 k개의 부분집합으로 하지만 공통부분이 없는 합집합(disjoint union)으로 표현하는 것을 **집합의 분할(partition)**이라고 부른다[5]. 때로는 이를 줄여 k-**분할**이라고 하고 분할된 부분집합을 block 혹은 cell이라 부른다.

[5]이는 n개의 서로 다른 공을 동일시되는 k개의 cell에 넣는 경우의 수와 일치한다.

표 2.2 제1종 Stirling 수 $\overline{s}(n,k)$의 Stirling 삼각형

$n\backslash k$	0	1	2	3	4	5	6	7
0	0							
1	0	1						
2	0	1	1					
3	0	2	3	1				
4	0	6	11	6	1			
5	0	24	50	35	10	1		
6	0	120	274	225	85	15	1	
7	0	720	1764	1624	735	175	21	1

정의 2.3 제2종의 Stirling 수 $S(n,k)$(대문자 "S"로 표기)는 집합 $[n]$을 k-분할하는 경우의 수이다.

예를 들면, 집합 [5]를 2-분할하는 경우에 두 block중에 한 개의 block이 원소 한 개를 가지던지 아니면 두 개의 원소를 가져야 한다. 따라서 $S(5,2) = \binom{5}{1} + \binom{5}{2} = 15$이고 $S(n,n)$은 항상 1이다.

정리 2.4 제2종 Stirling 수 $S(n,k)$는 다음의 점화식을 만족한다.

$$S(n,k) = S(n-1,k-1) + kS(n-1,k).$$

증명: 집합 $[n]$에서 한 수를 고정하자. 이를 n이라 하자. 그러면 n 혼자서 한 개의 cell을 만들던지 ($S(n-1,k-1)$가지가 있다), 아니면 다른 원소와 같이 하나의 cell을 ($kS(n-1,k)$가지가 있다) 만든다. 따라서 증명은 자명하다. □

정리 2.4에 주어진 제2종 Stirling 수 $S(n,k)$의 점화식을 반복하면 다음의 새로운 점화식을 얻을 수 있다.

정리 2.5 $k \geq 1$에 대하여

$$
\begin{aligned}
S(n,k) &= \sum_{j=0}^{n-1} \binom{n-1}{j} S(j,k-1) \\
&= \sum_{j=k-1}^{n-1} \binom{n-1}{j} S(j,k-1).
\end{aligned}
$$

증명: 집합 $[n]$의 어떤 k-분할을 P라고 하자. 이제 P에서 수 n을 포함하는 block을 제거하면 $[n]$의 어떤 부분집합 J의 $(k-1)$-분할을 얻게 된다. 한편 집합 $[n]$의 부분집합 J의 모든 $(k-1)$-분할은 이런 형태로 꼭 한 번 일어난다. 따라서 정리의 점화식이 증명된다. □

표 2.3 제2종 Stirling 수 $S(n,k)$의 Stirling 삼각형

$n\backslash k$	0	1	2	3	4	5	6	7
0	1							
1	0	1						
2	0	1	1					
3	0	1	3	1				
4	0	1	7	6	1			
5	0	1	15	25	10	1		
6	0	1	31	90	65	15	1	
7	0	1	63	301	350	140	21	1

주의: 표 2.3의 Stirling 삼각형에서 대각선상의 모든 수는 1이다(즉, $S(n,n)$은 항상 1이다). 그리고 점화식 $S(3,2) = S(2,1) + 2S(2,2) = 3$은 수 $S(3,2)$는 이의 윗줄에서 바로 위의 수 $S(2,2)$에 가중치 $k = 2$를 곱한 수에 이의 왼쪽항 $S(2,1)$을 합한 것임을 보여준다. 일반적으로 모든 $S(n,k)$는 Stirling 삼각형에서

동일한 수순에 의하여 구하여 진다. 더욱이 정리 2.5는 표 2.3의 Stirling 삼각형에서 (n,k) 번째 항 $S(n,k)$는 이의 윗줄 까지의 $(k-1)$ 번째 열(column)에 있는 수들에 가중치를 준 합으로 나타남을 보여준다. 예를 들면,

$$S(4,3) = \sum_{j=2}^{3} \binom{3}{j} S(j,2) = \binom{3}{2} S(2,2) + \binom{3}{3} S(3,2) = 3 + 3 = 6.$$

문제 2.4 $n = 5, 6, 7$에 대하여 모든 $S(n,k)$를 구하여라.

2.3.3 동치관계의 計數와 Bell 수

집합 $[n]$을 k-분할하는 모든 경우의 수로 정의된 제2종 Stirling 수 $S(n,k)$는 n개의 원소의 집합에서 k개의 동치류(equivalence classes)를 가지는 모든 동치관계(equivalence relation)의 개수로 설명될 수 있음은 쉽게 알 수 있다.

정의 2.4 집합 $[n]$ 상에서의 모든 분할의 개수, 즉 가능한 모든 동치관계의 개수

$$B_n = \sum_{k=0}^{n} S(n,k)$$

를 n **번째 Bell 수**라고 부른다. (여기서 $S(0,0) = 1$이고 $n \neq 1$에서는 항상 $S(n,0) = 0$임을 유의하자.)

이는 (labelled되어) 구별되는 n개의 공을 동일시되는 n개의 상자에, 하지만 빈 상자도 허용하는, 배치 방법의 수와 일치한다. 이들의 초기수를 구해보면, $B_0 = B_1 = 1$, $B_2 = 2$, $B_3 = 5$, $B_4 = 15$, $B_5 = 52$, $B_6 = 203$이다.

정리 **2.6** Bell 수는 다음의 점화식(recurrence relation)을 만족한다:

$$B_n = \sum_{j=0}^{n-1} \binom{n-1}{j} B_j.$$

증명: 정리 2.5를 이용하여 증명이 가능하다. 실제로, 임의로 주어진 $[n]$의 분할에서 수 n을 포함하는 block을 제거하면 집합 $[n-1]$의 부분집합(j개의 원소를 가진다고 하자.)의 분할이 되기 때문이다. □

마지막으로 집합 X에서 집합 Y로의 함수들을 計數하는 문제를 생각해 보자. 편의상 $X = [n]$, $Y = [\ell]$이라 하고, **Map**$([n], [\ell])$, **Inj**$([n], [\ell])$, **Surj**$([n], [\ell])$를 각각 집합 $[n]$에서 집합 $[\ell]$으로의 모든 함수, 모든 단사함수, 모든 전사함수의 집합이라고 하자. 그러면,

$$|\mathbf{Map}([n], [\ell])| = \ell^n, \quad |\mathbf{Inj}([n], [\ell])| = \ell^{\underline{n}}, \quad |\mathbf{Surj}([n], [\ell])| = \ell! S(n, \ell)$$

이다. 여기서, 마지막 식은 **Surj**$([n], [\ell])$에 있는 전사함수 f는 $f^{-1}(1), f^{-1}(2), \ldots, f^{-1}(\ell)$에 의한 집합 $[n]$의 (ordered) 분할에 대응되기 때문이다.

한편

$$\mathbf{Map}([n], [\ell]) = \bigcup_{A \subseteq [\ell]} \mathrm{Surj}([n], A), \quad \text{공통부분이 없는 합집합(disjoint union)}$$

이기 때문에

$$\begin{aligned}\ell^n &= |\mathbf{Map}([n],[\ell])| = \sum_{A\subseteq[\ell]} |\mathbf{Surj}([n],A)| = \sum_{k=0}^{\ell}\sum_{A;|A|=k} |\mathbf{Surj}([n],A)| \\ &= \sum_{k=0}^{\ell}\binom{\ell}{k} k!S(n,k) = \sum_{k=0}^{\ell} S(n,k)\ell^{\underline{k}}\end{aligned}$$

이다. 따라서 다음의 다항식을 얻게 된다.

$$x^n = \sum_{k=1}^{n} S(n,k)x^{\underline{k}}. \tag{2.6}$$

$n < k$이면 $S(n,k) = 0$이기 때문에 다항식의 합은 $k = n$에서 멈춤에 유의하자. (여기서 주어진 다항식은 제1종 signed Stirling 수의 정의에서 내림 곱으로 표현한 다항식과 유사함에 유의하자.)

문제 2.5 식 (2.6)을 보여라.

문제 2.6 다음을 보여라.

$$\binom{x}{n} = \frac{1}{n!}\sum_{k=0}^{n} \underline{s}(n,k)x^k.$$

2.4 計數문제와 생성함수

우리는 식 (2.2)에서 Catalan 수 $C_0 = C_1 = 1, C_2 = 2, C_3 = 5, C_4 = 14, \ldots$의 생성함수가 $G(x) = \frac{1-\sqrt{1-4x}}{2}$로 주어지는 것을 보았다. 이 절에서는 앞으로의 計數 문제에 응용하기 위하여 생성함수를 좀 더 알아 보기로 한다.

2.4.1 일반생성함수

일반생성함수의 공식적인 정의는 다음과 같다.

정의 2.5 유한 혹은 무한수열 $a_0, a_1, a_2, \ldots$의 **생성함수(생성하는 멱급수)**는 형식적인 무한합

$$a_0 + a_1 s + a_2 s^2 + \cdots$$

을 말한다[6]. 간단하게 표현하면,

$$\sum_{n=0}^{\infty} a_n s^n.$$

수열의 원소가 어떤 원소 이후부터 모두 0이면(유한 수열이면), 그 수열의 생성함수를 **생성다항식**이라고 한다.

수열 a_n의 원소는 다양한 수학적 성질을 가질 수 있다. 예를 들어 자연수, 정수, 유리수, 복소수의 수열을 각각 생각할 수 있다. 함수의 표기와 마찬가지로, 생성함수를 $A(s)$, 즉 다음과 같이 표기한다:

$$A(s) = a_0 + a_1 s + a_2 s^2 + \cdots$$

우리는 "함수"라는 용어를 사용하지만, 실제로 일반적인 함수는 아니다. 생성함수는 수열을 형식적 변수의 멱급수로 나타낸 것이다. 따라서, 우리는 "생성함수"를 "**형식적 멱급수**"라고 부르기도 한다. 우리는 생성함수가 비록 형식적 함수이긴 하지만 일반 함수와 같이 합, 곱, 미분, 적분 등의 연산을 허용하고, 이를 이용하여 주어진 생성함수를 이미 잘 알려진 지수함수나 삼각함수 분수함수

[6]일반적으로 수열의 무한합 $\sum_{n=0}^{\infty} a_n$을 (무한)급수(series)라 부르고, 독립변수 s의 power s^n을 포함하는 (무한)급수 $\sum_{n=0}^{\infty} a_n s^n$을 멱급수(power series)라 부른다.

등으로 나타낼 수 있는지에 관심을 가진다. 예를 들어 형식적 멱급수의 합과 곱의 정의는 다음과 같다.

정의 2.6 두 생성함수

$$\begin{aligned} A(s) &= a_0 + a_1 s + a_2 s^2 + \cdots \\ B(s) &= b_0 + b_1 s + b_2 s^2 + \cdots \end{aligned}$$

의 **합**은

$$A(s) + B(s) = (a_0 + b_0) + (a_1 + b_1)s + (a_2 + b_2)s^2 + \cdots$$

이고, 이들의 **곱**은

$$A(s)B(s) = a_0 b_0 + (a_0 b_1 + a_1 b_0)s + (a_0 b_2 + a_1 b_1 + a_2 b_0)s^2 + \cdots$$

이다.

생성함수의 합과 곱도 역시 생성함수이고, 생성함수의 덧셈과 곱셈에서 교환법칙과 결합법칙이 성립함은 쉽게 알 수 있다.

생성함수의 미분과 적분의 정의는 다음과 같다.

정의 2.7 생성함수 $A(s) = a_0 + a_1 s + a_2 s^2 + \cdots$의 **미분**은

$$A'(s) = a_1 + 2a_2 s + 3a_3 s^2 + \cdots + n a_n s^{n-1} + \cdots$$

로 정의되고, 이의 **적분**은

$$\int A(s) = a_0 s + a_1 \frac{s^2}{2} + a_2 \frac{s^3}{3} + \cdots + a_n \frac{s^{n+1}}{(n+1)} + \cdots$$

이다. 따라서, 미분은 적분의 역연산이다:

$$\left(\int A(s)\right)' = A(s).$$

반면에, 도함수를 적분하면 상수항이 0인 함수가 도출된다 (즉, 적분값에서 상수는 항상 0으로 취한다). 따라서, 일반적으로 도함수의 적분 결과는 원래 함수와 상수항만이 다를 수 있다. 따라서, 적분을 미분의 역연산으로 보지는 않는다.

이를 이용하여 다양한 수열에 대한 생성함수의 계산(다시 말해서, 초등함수들로 나타내는 것)을 가능하게 한다.

예제 2.2 (1) 수열

$$1,\ 1,\ 1,\ \ldots$$

의 생성함수는

$$1 + x + x^2 + \cdots + x^n + \cdots = \frac{1}{1-x}.$$

이를 해석학에서 다룬 함수로 보면 기하급수이고 이의 수렴반경은 $|x| < 1$이다.

(2) (1)의 양변을 (형식적으로) 미분하면, 수열 1, 2, 3, 4, ...의 생성함수를 얻는다.

$$1 + 2x + 3x^2 + 4x^3 + \cdots = \left(\frac{1}{1-x}\right)' = \frac{1}{(1-x)^2}.$$

이를 해석학에서의 함수로 보면 수렴반경은 역시 $|x| < 1$이다.

(3) (1)의 양변을 (형식적으로) 적분하면,

$$0 + \frac{1}{1}x + \frac{1}{2}x^2 + \frac{1}{3}x^3 + \cdots + \frac{1}{n}x^n + \cdots = \ln\left(\frac{1}{1-x}\right) = \ln(1-x)^{-1}$$

이고, 이는 수열 0, 1, 1/2, 1/3, 1/4, ...의 생성함수이다. 이를 해석학에서 다룬 함수로 보면 수렴반경은 역시 $|x| < 1$이다.

(4) 고정된 자연수 n의 k-조합의 개수가 이루는 수열

$$1,\ \binom{n}{1},\ \binom{n}{2},\ \ldots,\ \binom{n}{n},\ 0,\ 0, \ldots,$$

를 생각하자. 이의 생성함수는 이항전개

$$(1+x)^n = \binom{n}{0} + \binom{n}{1}x + \cdots + \binom{n}{n}x^n = \sum_{k=0}^{\infty}\binom{n}{k}x^k$$

이다.

우리는 위의 예들에서 생성함수를 해석학에서 다룬 함수로 보고 수렴반경은 구하였지만, 이는 計數문제를 다루는 조합론에서는 관심사가 아니다.

때로는 이미 잘 알려진 해석적 함수들이 생성함수로 정의되기도 한다. 예를 들면,

정의 2.8

(1) $(1+s)^\alpha = 1 + \frac{\alpha}{1!}s + \frac{\alpha(\alpha-1)}{2!}s^2 + \frac{\alpha(\alpha-1)(\alpha-2)}{3!}s_3 + \cdots$, 여기서 $n! = 1 \cdot 2 \cdot 3 \cdot \cdots \cdot n$이고 α는 임의의 복소수이다. 이 생성함수의 계수를 **이항계수**라고 하고, n 번째 이항계수는

$$\binom{\alpha}{n} = \frac{\alpha(\alpha-1)\ldots(\alpha-n+1)}{n!}$$

로 나타낸다.

(2) $e^s = \exp s = 1 + \frac{1}{1!}s + \frac{1}{2!}s^2 + \frac{1}{3!}s^3 + \cdots;$

(3) $\sin s = s - \frac{1}{3!}s^3 + \frac{1}{5!}s^5 - \cdots;$

(4) $\cos s = 1 - \frac{1}{2!}s^2 + \frac{1}{4!}s^4 - \cdots$

위 정의 2.8에서 나온 전개 (1)은 Newton이 소개한 것으로 **Newton 이항식**이라고 부른다. α가 자연수이면 이것은 일반 이항전개와 일치한다. 이 사실을 이용하여 조합론의 기본적인 항등식을 유도할 수도 있다. 이를테면, $s = 1$과 $s = -1$을 대입하여 임의의 자연수 α에 대하여 만족하는 다음의 항등식을 각각 유도할 수 있다:

$$\binom{\alpha}{0} + \binom{\alpha}{1} + \cdots + \binom{\alpha}{\alpha} = 1 + \frac{\alpha}{1!} + \frac{\alpha(\alpha-1)}{2!} + \cdots + \frac{\alpha!}{\alpha!} = 2^\alpha \tag{2.7}$$

$$\binom{\alpha}{0} - \binom{\alpha}{1} + \cdots + (-1)^\alpha \binom{\alpha}{\alpha} = 0 \tag{2.8}$$

때로는, 위에서 소개한 함수들은 조합적 의미를 가지는 자연스러운 관계식을 유도하기도 한다. 예를 들어, 항등식

$$e^s e^{-s} = 1$$

을 다음과 같이 증명할 수 있다. 좌변에 있는 곱의 상수항은 1이고 $n > 0$일 때 s^n의 계수는

$$\frac{1}{n!\,0!} - \frac{1}{(n-1)!\,1!} + \frac{1}{(n-2)!\,2!} - \cdots + \frac{(-1)^n}{0!\,n!}$$

이다. 이 식에 $n!$를 곱하면 $\alpha = n$인 식 (2.8)의 좌측식이 도출된다. 따라서 우리가 구하는 증명이 된다.

문제 2.7 다음 수열에 대한 생성함수를 구하여라

(1) $1, 2, 3, 4, 5, 6, \ldots,$

(2) $1 \cdot 2,\ 2 \cdot 3,\ 3 \cdot 4, \ldots,$

(3) $1^2, 2^2, 3^2, 4^2, \ldots$

문제 2.8 $A(s) = a_0 + a_1 s + a_2 s^2 + \cdots$가 수열 $a_0, a_1, a_2, \ldots$에 관한 생성함수라고 가정하자. 다음 수열들의 생성함수를 $A(s)$로 나타내어라:

(1) $a_0 + a_1, a_1 + a_2, a_2 + a_3, \ldots,$

(2) $a_0, a_0 + a_1, a_0 + a_1 + a_2, \ldots.$

예제 2.3 [등비급수의 생성함수] 등비수열 $a, ar, ar^2, ar^3, \ldots$에 관한 (일반)생성함수는

$$G_{a,r}(s) = a + ars + ar^2s^2 + ar^3s^3 + \cdots$$

이다. 이로부터

$$G_{a,r}(s) - a = ars + ar^2s^2 + ar^3s^3 + \cdots = rsG_{a,r}(s)$$

를 얻게 되고, 따라서

$$G_{a,r}(s) = \frac{a}{1 - rs}$$

이다. 생성함수를 구체적 함수로 표현한 위의 계산은 등비급수의 합의 공식을 유도하는 방법이다.

이제 생성함수를 이용하여 몇 개의 計數문제를 생각해보자.

우선 n개의 원소를 가지는 집합을 대표하여 $[n] = \{1, 2, \ldots, n\}$으로 쓰기로 하자. 그러면 집합 $[n]$상에서의 전단사함수 $f : [n] \to [n]$의 개수는 $n! =$

$n(n-1)\cdots 3\ 2\ 1$이고 이들은 대칭군 $\mathbb{S}_n$을 이루고 이들의 부분군은 치환군(置換群)이 된다.

$k \leq n$일 때, 모든 단사함수 $f : [k] \to [n]$의 개수는 k-순열(順列) $P(n,k) = n(n-1)\cdots(n-k+1)$이다. 하지만 $[k]$에서 $[n]$으로 가능한 모든 함수 $f : [k] \to [n]$의 개수는 n^k이다. 이는 n의 k-중복순열(重複順列)이다. 특히 $n = 2$이면 k개의 원소를 가지는 집합 $X = \{x_1, x_2, \ldots, x_k\}$의 모든 부분집합의 개수 2^k가 된다.

k개의 원소를 가지는 $[n]$의 부분집합의 개수는 무엇인가? 이는 $P(n,k)/k! = \frac{n!}{(n-k)!k!}$이고, 바로 n의 k-조합(組合)이다. 이를 $C(n,k)$ 또는 $\binom{n}{k}$로 표기한다.

정리 **2.7** [무제한으로 중복을 허용하는 k-순열과 k-조합의 計數 공식]
$P^R(n,k)$를 k-중복순열의 수, $C^R(n,k)$를 k-중복조합의 수라 하면

(1) $P^R(n,k) = n^k$

(2) $C^R(n,k) = C(n+k-1,k)$.

이다.

증명은 연습문제로 남긴다.

예제 **2.4** [표본 추출하기] 집합 $\{a,b,c\}$에서 k-조합을 $k = 0,1,2,3$일 때, 각각 計數해보자.

풀이: c_k를 집합 $\{a,b,c\}$에서 k-조합의 수라 하고 $G(s) = \sum_{k=0}^{\infty} c_k s^k$라 하면

$$G(s) = \binom{3}{0} + \binom{3}{1}s + \binom{3}{2}s^2 + \binom{3}{3}s^3$$

이다. 좀 더 구체적으로 살펴보면, k-조합에서 원소 a를 뽑거나 또는 뽑지 않는 두 경우가 있다. 이를 $(as)^0 + (as)^1$로 표기하자. 같은 방법으로 원소 b, c에 대해서도 각각 $(bs)^0 + (bs)^1$와 $(cs)^0 + (cs)^1$가 대응된다. 따라서, 모든 가능한 경우는

$$
\begin{aligned}
&[(as)^0 + (as)^1][(bs)^0 + (bs)^1][(cs)^0 + (cs)^1] \\
&\qquad = (1 + as)(1 + bs)(1 + cs) \\
&\qquad = 1 + (a + b + c)s + (ab + bc + ca)s^2 + abcs^3
\end{aligned}
$$

로 표현이 가능하다. 우리는 합과 곱의 원리; (addition) ↔ (or); (multiplication) ↔ (and)를 쓰고 있다. s^k의 계수는 모든 k-조합을 보여주고 있다. 여기서 $a = b = c = 1$로 두면 s^k의 계수는 우리가 구하는 k-조합의 경우의 수가 된다:

$$G(s) = (1 + s)^3 = 1 + 3s + 3s^2 + s^3.$$

이것이 바로 집합 [3]에서 k-조합을 計數하는 생성함수이다. □

위 예제를 확장하면, n개의 원소 $a_1, a_2, \ldots, a_n$의 집합에서 k-조합을 計數하기 위하여 식

$$
\begin{aligned}
&[(a_1s)^0 + (a_1s)^1][(a_2s)^0 + (a_2s)^1] \cdots [(a_ns)^0 + (a_ns)^1] \\
&\qquad = (1 + a_1s)(1 + a_2s) \cdots (1 + a_ns) \\
&\qquad = 1 + (a_1 + a_2 + \cdots + a_n)s + (a_1a_2 + a_1a_3 + \cdots + a_{n-1}a_n)s^2 \\
&\qquad\qquad + \cdots + a_1a_2 \cdots a_ns^n
\end{aligned}
$$

을 가질 수 있고, 이를

$$\prod_{i=1}^{n}(1+a_i s) = \sum_{k=0}^{n} c_k(a_1, a_2, \ldots, a_n)s^k$$

로 쓰면 계수 $c_k(a_1, \ldots, a_n)$는 모든 k-조합의 형식적 합이 된다. 특별한 경우로 $c_k(1, 1, \ldots, 1) = \binom{n}{k}$는 n의 k-조합의 수가 된다.

예제 2.5 (*제한된 중복조합*) 주어진 범위 $a \geq 4,\ \ b \geq 2,\ \ 5 \geq c \geq 2$에서 방정식 $a + b + c = 12$의 정수해의 개수를 구하여라.

풀이: 주어진 문제는 범위

$$\begin{aligned} 4 \ &\leq\ a\ \leq\ 8 \\ 2 \ &\leq\ b\ \leq\ 6 \\ 2 \ &\leq\ c\ \leq\ 5 \end{aligned}$$

에서 방정식 $a + b + c = 12$의 정수해의 개수를 구하는 문제이고, 구하는 답은 (일반)생성함수

$$G(s) = (s^4 + s^5 + \cdots + s^8)(s^2 + s^3 + \cdots + s^6)(s^2 + s^3 + \cdots + s^5)$$

에서 s^{12}의 계수이다. □

문제 2.9 다음 점화식으로 정의된 수열에 대한 생성함수를 잘 알려진 구체적인 함수(explicit formula)로 표현하여라.

(1) $a_{n+2} = 4a_{n+1} - 4a_n,\ a_0 = a_1 = 1,$

(2) $a_{n+3} = -3a_{n+2} - 3a_{n+1} - a_n,\ a_0 = 1, a_1 = a_2 = 0.$

2.4.2 지수생성함수

임의의 수열 $\{a_n\}$을 고정하자. 이제 수열 $\{a_n\}$에 대응되는 새로운 생성함수

$$\{a_n\} \mapsto \sum_{n=0}^{\infty} a_n \frac{s^n}{n!}$$

을 **지수생성함수**라고 부른다. 구별하기 위하여 지금까지 다루었던 생성함수를 일반생성함수라고 부른다.

지수생성함수와 일반생성함수의 차이는 무엇인가? 지수생성함수들 사이에서의 연산은 어떻게 되는지 알아보자. 합은 일반생성함수의 경우와 비슷하다:

$$\sum_{n=0}^{\infty} \frac{a_n}{n!} s^n + \sum_{n=0}^{\infty} \frac{b_n}{n!} s^n = \sum_{n=0}^{\infty} \frac{(a_n + b_n)}{n!} s^n,$$

하지만, 곱의 경우는 다르다. 일반생성함수의 곱은

$$\sum_{i=0}^{\infty} a_i s^i \cdot \sum_{j=0}^{\infty} b_j s^j = \sum_{n=0}^{\infty} \left(\sum_{i+j=n} a_i b_j \right) s^n$$

이지만, 지수생성함수에서는

$$\left(\frac{a_0}{0!} + \frac{a_1}{1!}s + \frac{a_2}{2!}s^2 + \cdots\right)\left(\frac{b_0}{0!} + \frac{b_1}{1!}s + \frac{b_2}{2!}s^2 + \cdots\right)$$
$$= \frac{a_0}{0!}\frac{b_0}{0!} + \left(\frac{a_0}{0!}\frac{b_1}{1!} + \frac{a_1}{1!}\frac{b_0}{0!}\right)s + \left(\frac{a_0}{0!}\frac{b_2}{2!} + \frac{a_1}{1!}\frac{b_1}{1!} + \frac{a_2}{2!}\frac{b_0}{0!}\right)s^2 + \cdots$$

곱에서 s^n의 계수인 $\frac{c_n}{n!}$을 나타내는 식은

$$c_n = \binom{n}{0} a_0 b_n + \binom{n}{1} a_1 b_{n-1} + \cdots + \binom{n}{n} a_n b_0$$

이다[7].

지수생성함수와 일반생성함수의 또 하나의 본질적 차이는 미분과 적분에 대한 특성이다. 지수생성함수의 미분이나 적분은 다음과 같이 계수를 변하지 않고 평행이동시킨다:

$$\left(\frac{a_0}{0!}+\frac{a_1}{1!}s+\frac{a_2}{2!}s^2+\cdots\right)'=\frac{a_1}{0!}+\frac{a_2}{1!}s+\frac{a_3}{2!}s^2+\cdots;$$
$$\int\left(\frac{a_0}{0!}+\frac{a_1}{1!}s+\frac{a_2}{2!}s^2+\cdots\right)=\frac{a_0}{1!}s+\frac{a_1}{2!}s^2+\frac{a_2}{3!}s^3+\frac{a_3}{4!}s^4+\cdots$$

일반생성함수는 제한된 중복조합(重複組合)을 計數하는 데 편리하고 지수생성함수는 제한된 중복순열(重複順列)을 計數하는 데 편리하다.

이를 보이기 전에 중복을 허용하는 조합이나 순열을 위하여 다중집합(多重集合)이라는 개념을 이용하자. 다중집합(multiset)은 집합과 유사하지만 단, 동일한 원소가 중복적으로 나타나는 것을 허용한다. 예를 들면, $X=\{1,2,2,3\}$는 4개의 원소를 가지는 다중집합이고, $\{1,2,3\}$는 원소 3개를 가지는 집합이다. 일반적으로

$$X=\{n_1\cdot 1, n_2\cdot 2,\ldots,n_\ell\cdot \ell\}$$

는 원소 1이 n_1-번 , 원소 2가 n_2-번, 나아가 원소 ℓ이 n_ℓ-번 나타나는 다중집합을 의미한다. 또한 $n_j=\infty$도 허용한다.

정의 2.9 다중집합 $X=\{n_1\cdot 1,\ n_2\cdot 2,\ \ldots,\ n_\ell\cdot\ell\}$에서 $|X|=n_1+n_2+\cdots+n_\ell=n$은 원소의 개수라 하자.

(1) 다중집합 X에서 k개의 원소를 택하여 순서를 주어 나열한 k-tuple $(a_1, a_2, \ldots, a_k)$를 다중집합 X의 k-**순열**이라고 한다. 특히 다중집합 X의 n-순열을 다중집합 X의 **순열(permutation)**이라고 한다.

[7] 이를 두 수열의 Cauchy product라고 부른다.

(2) 다중집합 X에서 k개의 원소를 택하여 순서를 무시한 부분집합 $\{a_1, a_2, \ldots, a_k\}$를 다중집합 X의 k-**조합**이라고 한다. 특히 다중집합 X의 n-조합을 다중집합 X의 **조합(combination)**이라고 한다.

예를 들면, $X = \{1 \cdot a,\ 2 \cdot b,\ 3 \cdot c\}$이면, $acbc$와 $bacc$는 다중집합 X의 4-순열이고, $\{a, b, c, c\} = \{1 \cdot a,\ 1 \cdot b,\ 2 \cdot c\}$ 는 다중집합 X의 4-조합이다.

특히 모든 n_j가 ∞일 때, 다중집합 $X = \{\infty \cdot 1, \infty \cdot 2, \ldots, \infty \cdot \ell\}$의 k-순열과 k-조합은 집합 $Y = \{1, 2, \ldots, \ell\}$ 에서 무제한으로 중복을 허용하는 k-중복순열과 k-중복조합이다.

예제 2.6 p개의 a와 q개의 b, 한 개씩의 x, y, z

$$a, a, \ldots, a, b, b, \ldots, b, x, y, z$$

로 이루어지는 순열의 수는

$$\frac{(p+q+3)!}{p!\, q!}$$

이다. 이는 다중집합 $X = \{p \cdot a,\ q \cdot b,\ 1 \cdot x,\ 1 \cdot y,\ 1 \cdot z\}$의 순열이다. 즉 제한된 중복순열이다. □

일반적으로 (제한된) 다중집합의 순열의 수는 조합론에서 다음 정리로 알려져 있다. (증명은 연습문제로 남긴다.)

정리 2.8 다중집합 $X = \{n_1 \cdot 1, n_2 \cdot 2, \ldots, n_\ell \cdot \ell\}$의 순열의 수는

$$C(n; n_1, n_2, \ldots, n_\ell) = \frac{n!}{n_1! n_2! \cdots n_\ell!}$$

이다. 여기서, $n = n_1 + n_2 + \cdots + n_\ell$이다.

마지막으로 다중집합에서 제한된 중복순열(重複順列)을 計數하는 데 지수 생성함수를 어떻게 이용하는지 예를 들어 설명해 보자.

예제 2.7 (1) 세 개의 알파벳 a, b, c로 이루어지는 길이가 ≤ 5인 단어의 개수를 구하여라. 단 b, c는 기껏해야 한 번, a는 3번까지 쓰일 수 있다.
(2) a, b, c가 제한 없이 쓰일 때, 길이가 k인 단어의 개수를 구하여라.

풀이: 단어로서 aac와 aca는 틀린다. 따라서 이는 중복조합이 아닌 중복순열의 문제이다.

(1) 무식하게 나열해 보면 공 단어(empty word)까지 포함하여 64개가 있다. 하지만 우선 일반생성함수를 이용하여 b, c는 기껏해야 한 번, a는 3번까지 나타되는 길이가 k인 중복조합부터 구해보자. 이는 함수

$$(1 + as + a^2s^2 + a^3s^3)(1 + bs)(1 + cs)$$

에서 보여지며, 이를 전개하면

$$1 + (a + b + c)s + (bc + a^2 + ab + ac)s^2 + (a^3 + abc + a^2b + a^2c)s^3$$
$$+(a^2bc + a^3b + a^3c)s^4 + a^3bcs^5$$

로 표현된다. 여기에서 s^k의 계수는 k-중복조합을 보여준다. 길이가 k인 단어를 위하여 순서가 주어진 이들의 순열을 생각해 보자. 예를 들어, s^3의 계수에 나타난 abc에 대응되는 순열은 $abc, acb, bac, bca, cab, cba$의 3!개가 있다. s^3의 계수에 나타난 a^2b에 대응되는 순열은 aab, aba, baa의 $\frac{3!}{2!1!} = 3$개가 있다. 우리는 n_1개의 a, n_2개의 b, n_3개의 c로 이루어지는 순열의 수는 $\frac{n!}{n_1!n_2!n_3!}$임을 쓰고 있다. 따라서 모든 순열의 수, 즉, 길이가 ≤ 5인 단어의 개수를 구할 수 있다.

위의 단계들은 중복순열(重複順列)문제는 지수생성함수를 이용하여 풀 수 있음을 보여준다. 위의 계산법은 s^3의 계수에 나타나는 각 항에 대응되는 순열의 개수, 즉, 대응되는 단어의 개수를 각 항에 곱하면 다음식을 얻게 된다.

$$\frac{3!}{3!}a^3 + \frac{3!}{1!1!1!}abc + \frac{3!}{2!1!}a^2b + \frac{3!}{2!1!}a^2c.$$

여기서 $a = b = c = 1$를 취하면 길이가 3인 단어의 개수가 된다. 이는 나머지 차수 s^k에서도 마찬가지이다. 즉,

$$1 + \left(\frac{1!}{1!}a + \frac{1!}{1!}b + \frac{1!}{1!}c\right)\frac{s}{1!} + \left(\frac{2!}{1!1!}bc + \frac{2!}{2!}a^2 + \frac{2!}{1!1!}ab + \frac{2!}{1!1!}ac\right)\frac{s^2}{2!}$$

$$+ \left(\frac{3!}{3!}a^3 + \frac{3!}{1!1!1!}abc + \frac{3!}{2!1!}a^2b + \frac{3!}{2!}a^2c\right)\frac{s^3}{3!} + \cdots$$

에서 $a = b = c = 1$로 두면 $s^k/k!$의 계수가 길이가 k인 단어의 개수가 된다. 예를 들어, 길이가 3인 단어의 개수는 $3!(\frac{1}{3!} + 1 + \frac{1}{2!} + \frac{1}{2!}) = 13$이다.

위의 설명을 종합하면, a는 3번까지, b, c는 기껏해야 한 번 나타나고 길이가 k인 단어의 개수는 지수생성함수

$$\left(1 + \frac{s}{1!} + \frac{s^2}{2!} + \frac{s^3}{3!}\right)\left(1 + \frac{s}{1!}\right)\left(1 + \frac{s}{1!}\right)$$

에서 $s^k/k!$의 계수이다. 따라서 앞의 중복조합을 計數하는 단계들을 생략하고, 주어진 지수생성함수를 전개하면 구하는 답을 쉽게 구할 수 있다.

(2)에서 구하는 답은 지수생성함수

$$\left(1 + \frac{s}{1!} + \frac{s^2}{2!} + \frac{s^3}{3!} + \cdots\right)^3 = e^{3s}$$

에서 $s^k/k!$의 계수이다. □

2.5 연습문제

(1) n개의 "$+1$"과 n개의 "-1"로 이루어진 수열 $a_1, a_2, \ldots, a_{2n}$을 생각하자. 이들의 부분합이 항상 양수, 즉

$$a_1 + a_2 + \cdots + a_k \geq 0, \quad (k = 1, 2, \ldots, 2n)$$

인 수열 $a_1, a_2, \ldots, a_{2n}$의 개수는 Catalan 수 $C_n = \frac{1}{n+1}\binom{2n}{n}$이다. 이를 보여라.

(2) Catalan 수의 생성함수 $F(x) = \frac{1-\sqrt{1-4x}}{2x}$의 제곱 $F(x)^2$에서 x^n의 계수를 구하여라. 일반적으로 확장하여 ℓ번 곱 $F(x)^\ell$에서 x^n의 계수를 구하여라.
답: $\frac{\ell(2n+\ell-1)!}{n!(n+\ell)!}$.

(3) arc-rooted 정$(n+1)$-각형에서 삼각분할의 개수를 구하여라.

(4) 대칭군 $\mathbb{S}_n$에서 정확히 $(n-3)$개의 서로 공통부분이 없는 순환순열(disjoint cycle)로 분해되는 원소의 개수를 구하여라.

답: $\binom{n}{2}\binom{n}{4}$.

(5)

$$\overline{s}(n, n-2) = \frac{1}{4}(3n-1)\binom{n}{3} \text{와} \quad \overline{s}(n, n-3) = \binom{n}{2}\binom{n}{4}$$

를 보여라.

(6) 10개의 사회단체에서 남자 2명씩과 여자 1명씩을 보내왔다. 이 중에서 k명의 대표를 뽑는 경우의 수를 구하여라.

답: 이는 다중집합

$$X = \{2 \cdot m_1,\ 2 \cdot m_2,\ \ldots, 2 \cdot m_{10},\ 1 \cdot w_1,\ 1 \cdot w_2,\ \ldots, 1 \cdot w_{10}\}$$

에서 k-조합의 수 c_k를 구하는 문제이다. 수열 $\{c_k\}$의 생성함수는

$$G(x) = (1 + x + x^2)^{10}(1 + x)^{10}$$

이고 이의 전개에서 x^k의 계수가 구하는 답이다. (Hint: $(1+x+x^2+\cdots+x^n)^{10} = \left(\frac{1+x^{n+1}}{1-x}\right)^{10} = (1 + x^{n+1})^{10}(1 - x)^{-10}$.)

(7) 정리 2.7을 증명하여라.

증명: (2) n-집합을 $\{a_1, a_2, \ldots, a_n\}$이라 하고, 예로서 보이기 위하여 $k = 7, n = 5$이라 하자. 그러면 중복조합은 다음의 대응을 가진다.

$$a_1a_1a_1a_2a_4a_5a_5 \quad \leftrightarrow \quad aaa|a||a|aa$$

$$a_1a_1a_2a_3a_4a_4a_5 \quad \leftrightarrow \quad aa|a|a|aa|a$$

여기에서 일반적 증명을 유도할 수 있다. □

(8) 다음의 정수해의 개수를 구하여라.

$$c_1 + c_2 + c_3 = 12 \text{ 단, } 1 \leq c_i \leq 6.$$

답: 직접 計數도 가능하지만, 답은 생성함수 $G(x) = (x + x^2 + \cdots + x^6)^3$ 에서 x^{12}의 계수이다. 항등식

$$1 + x + x^2 + \cdots + x^n = \frac{1 - x^{n+1}}{1 - x}$$

를 이용하면,

$$\begin{aligned} G(x) &= [x(1+x+x^2+\cdots+x^5)]^3 \\ &= x^3\left(\frac{1-x^6}{1-x}\right)^3 \\ &= x^3(1-x^6)^3(1-x)^{-3} \\ &= x^3(1-3x^6+3x^{12}-x^{18})(1-x)^{-3} \\ &= (x^3-3x^9+3x^{15}-x^{21})(1-x)^{-3} \end{aligned}$$

이다. Newton's 이항정리에 의하여 답은

$$\begin{aligned} &[(1-x)^{-3}\text{에서 } x^9\text{의 계수}] - 3[(1-x)^{-3}\text{에서 } x^3\text{의 계수}] \\ &= \binom{11}{9} - 3\binom{5}{3} = 25 \end{aligned}$$

이다.

(9) 6자리의 숫자 000000부터 999999중에 처음 세 자리 숫자의 합과 마지막 세 자리 숫자의 합이 일치하는 숫자의 개수 N을 구하여라.

답: 처음 세 자리에 있는 숫자의 합이 같은 종류로 분류해 보자. 이 합은 0(세 자리의 수 000임)부터 27(세 자리의 수 999임)까지 가질 수 있다. 따라서, 처음 세 자리의 합은 0부터 27까지 총 28가지의 경우가 있다. 합이 n인 세 자리 수의 개수를 a_n으로 표기하면 초기 a_n의 값들은 $a_0 = 1$; $a_1 = 3$ (001, 010, 001은 합이 1임); $a_2 = 6$이다. 이제 우리가 구하는 값은 $N = a_0^2 + a_1^2 + \cdots + a_{27}^2$이다.

합이 n인 한 자리 수를 計數하는 생성함수는 $A_1(s) = 1 + s + s^2 + \cdots + s^9$이고, 합이 n인 두 자리 수를 計數하는 생성함수 $A_2(s)$는 $A_2(s) = (A_1(s))^2$임을 보일 수 있다 같은 방법으로, 합이 n인 세 자리 수 a_n을 計數하는 생성함수 $A_3(s)$는 $A_3(s) = (A_1(s))^3$이다. 이제 $(A_1(s))^3$을 계산하고 이들 계수의 제곱을 모두 합하면 답은 55252이다.

(10) 수열 a_n이 상수 계수가 $c_1, \ldots, c_k$인 k차의 선형점화식

$$a_{n+k} = c_1 a_{n+k-1} + c_2 a_{n+k-2} + \cdots + c_k a_n,\ c_1 \neq 0,\ c_k \neq 0$$

으로 정의되고 초기의 항 $a_0, a_1, \ldots, a_{k-1}$이 주어졌다고 하자. 그러면, 생성함수 $A(s) = a_0 + a_1 s + a_2 s^2 + \cdots$는 유리함수 $A(s) = \frac{P(s)}{Q(s)}$로 나타난다. 여기서 Q는 차수가 k인 다항식이고 P는 차수가 기껏해야 $k-1$인 다항식이다. 이를 보여라.

역으로, 수열 $a_0, a_1, a_2, \ldots$의 생성함수 $A(s) = a_0 + a_1 s + a_2 s^2 + \cdots$가 유리함수라 하자. 즉, 서로 소인 다항식 P와 Q가 존재하여 $A(s) = \frac{P(s)}{Q(s)}$라 하자. 그러면, 어떤 자연수 n부터 수열 $a_0, a_1, a_2, \ldots$는 다음과 같은 점화식을 만족한다.

$$a_{n+k} = c_1 a_{n+k-1} + c_2 a_{n+k-2} + \cdots + c_k a_n,$$

여기서 k는 Q의 차수이고, $c_1, c_2, \ldots, c_k$는 상수이다. 이를 보여라.

증명: 생성함수 $A(s)$를 다항식 $c_1 s + c_2 s^2 + \cdots + c_k s^k$로 곱하고 주어진 점화식을 이용하면

$$\begin{array}{llllllllllll}
(c_1 s + \cdots + c_k s^k) A(s) \\
\quad = c_1 a_0 s & + c_1 a_1 s^2 & + c_1 a_2 s^3 & + \ldots & + c_1 a_{k-1} s^k & + c_1 a_k s^{k+1} & + \ldots \\
 & + c_2 a_0 s^2 & + c_2 a_1 s^3 & + \ldots & + c_2 a_{k-2} s^k & + c_2 a_{k-1} s^{k+1} & + \ldots \\
 & & + c_3 a_0 s^3 & + \ldots & + c_3 a_{k-3} s^k & + c_3 a_{k-2} s^{k+1} & + \ldots \\
 & & & \ldots \\
 & & & & + c_k a_0 s^k & + c_k a_1 s^{k+1} & + \ldots \\
\quad = P(s) + A(s)
\end{array}$$

를 얻는다. 여기서 다항식 P의 차수는 $k-1$ 이하이다. 실제로 우리는 마지막 등식을 구하기 위하여 첫 번째 등식의 오른쪽 변에서, $n = 0, 1, \ldots$에 대하여 s^{n+k}의 계수가 주어진 점화식에 의하여 a_{n+k}임을 이용하였다. 따라서, 정리는 쉽게 증명

된다. 역의 증명은 생략한다.

(11) 정리 2.8을 증명하여라.

증명: $(x_1, x_2, \ldots, x_n)$를 주어진 다중집합 X의 순열이라고 하자. 그러면 n개의 좌표 x_i 중에 n_1개는 숫자 1이라야 하고 이를 선택하는 경우의 수는 $C(n, n_1)$이다. 숫자 1의 좌표가 정해지고 나면, 나머지 $n - n_1$개의 좌표 x_i 중에 n_2개는 숫자 2이라야 하고 이를 선택하는 경우의 수는 $C(n - n_1, n_2)$이다. 이를 계속하면 다중집합 X의 순열의 수는

$$\begin{aligned}
&C(n; n_1, n_2, \ldots, n_\ell) \\
&= C(n, n_1) \times C(n - n_1, n_2) \times C(n - n_1 - n_2, n_3) \times \cdots \\
&\quad \times C(n - n_1 - n_2 - \cdots - n_{\ell-1}, n_\ell) \\
&= \frac{n!}{n_1! n_2! \cdots n_\ell!}.
\end{aligned}$$

(12) 주어진 k, n에 대하여 모든 가능한 전사함수(surjective) $f : [k] \to [n]$의 개수를 구하여라.

(13) 다음의 관계식은 Stirling 수의 지수생성함수이다. 이를 보여라.

(a)
$$\frac{1}{k!}\{\log(1+x)\}^k = \sum_{n=k}^{\infty} \underline{s}(n,k)\frac{x^n}{n!},$$

(b)
$$\frac{1}{k!}(e^x - 1)^k = \sum_{n=k}^{\infty} S(n,k)\frac{x^n}{n!}.$$

(14) 단어 MISSISSIPPI에 나타나는 알파벳으로 이루어지는 k-조합과 k-순열을 구하여라. 단, $k = 9, 10, 11$이다.

풀이: 이는 다중집합 $X = \{1 \cdot \mathrm{M},\ 4 \cdot \mathrm{I},\ 4 \cdot \mathrm{S},\ 2 \cdot \mathrm{P}\}$에서 k-조합과 k-순열을 구

하는 문제이다.

(1) 먼저 $k = 11$이라 하자. $|X| = 11$이므로 X의 11-조합은 유일하고 다중집합 X 자신이다. 다중집합 X의 11-순열은 34650이다.

(2) $k = 10$인 경우: 다중집합 X의 10-조합은 10개의 원소로 이루어지는 다음의 4개의 부분집합이다:

$$\{4 \cdot \mathrm{I},\ 4 \cdot \mathrm{S},\ 2 \cdot \mathrm{P}\}, \quad \{1 \cdot \mathrm{M},\ 3 \cdot \mathrm{I},\ 4 \cdot \mathrm{S},\ 2 \cdot \mathrm{P}\}$$
$$\{1 \cdot \mathrm{M},\ 4 \cdot \mathrm{I},\ 3 \cdot \mathrm{S},\ 2 \cdot \mathrm{P}\}, \quad \{1 \cdot \mathrm{M},\ 4 \cdot \mathrm{I},\ 4 \cdot \mathrm{S},\ 1 \cdot \mathrm{P}\}.$$

따라서, 다중집합 X의 10-순열은 위 4개의 집합의 순열을 구하여 보일 수 있다:

(i) $\{4 \cdot \mathrm{I},\ 4 \cdot \mathrm{S},\ 2 \cdot \mathrm{P}\}$의 10-순열은 $\frac{10!}{4!4!2!} = \frac{3628800}{24 \cdot 24 \cdot 2} = 3150$,

(ii) $\{1 \cdot \mathrm{M},\ 3 \cdot \mathrm{I},\ 4 \cdot \mathrm{S},\ 2 \cdot \mathrm{P}\}$의 10-순열은 $\frac{10!}{1!3!4!2!} = \frac{3628800}{6 \cdot 24 \cdot 2} = 12600$,

(iii) $\{1 \cdot \mathrm{M},\ 4 \cdot \mathrm{I},\ 3 \cdot \mathrm{S},\ 2 \cdot \mathrm{P}\}$의 10-순열은 $\frac{10!}{1!4!3!2!} = 12600$,

(iv) $\{1 \cdot \mathrm{M},\ 4 \cdot \mathrm{I},\ 4 \cdot \mathrm{S},\ 1 \cdot \mathrm{P}\}$의 10-순열은 $\frac{10!}{1!4!4!1!} = 6300$.

이제 합의 법칙을 이용하면, 다중집합 X의 10-순열은 $3150 + 12600 + 12600 + 6300 = 34650$이다.

(3) $k = 9$인 경우: 같은 방법으로, 다중집합 X의 9-조합의 수는 9이다. 이는 생성함수를 쓰면 $(1+x)(1+x+x^2+\cdots+x^4)^2(1+x+x^2)$의 전개에서 x^9의 계수이다. 9-순열의 수는 21420임도 보일 수 있다. 연습문제로 남긴다. □

(15) [Labelled rooted 나무의 計數] n개의 꼭짓점을 가지는 labelled 나무에서 root를 택하는 방법은 n가지가 있다. 따라서 n개의 꼭짓점을 가지는 labelled rooted 나무의 개수를 T_n이라고 하면, $n = 1, 2, 3, 4, \ldots$일 때 이들의 초기수는 $1, 2, 9, 64, \ldots$임을 알 수 있고, 이들 개수에 대한 지수생성함수는

$$G(s) = \sum_{n=1}^{\infty} \frac{T_n}{n!} s^n = \frac{1}{1!}s + \frac{2}{2!}s^2 + \frac{9}{3!}s^3 + \frac{64}{4!}s^4 + \cdots$$

이다. 이의 일반항 T_n을 구하기 위하여 다음을 차례로 보여라.

(a) 뿌리의 차수가 k이고 $n+1$개의 꼭짓점을 가지는 labelled rooted 나무의 개수는 $n![s^n]G^k(s) = \sum_{\ell_1+\cdots+\ell_k=n;\ell_j\geq 1}\binom{n}{\ell_1,\ldots,\ell_n}T_{\ell_1}\cdots T_{\ell_k}$이다. 여기서 $[s^n]G^k(s)$은 $G^k(s)$에서 s^n의 계수를 의미한다.

(b) $T_{n+1} = (n+1)\sum_{k=1}^{n}\frac{1}{k!}\sum_{\ell_1+\cdots+\ell_k=n;\ell_j\geq 1}\frac{n!}{\ell_1!\cdots\ell_k!}T_{\ell_1}\cdots T_{\ell_k}$이다.

(c) 따라서 생성함수 $G(s)$는 함수방정식 $G(s) = se^{G(s)}$를 만족한다.

(c)에 주어진 함수방정식은 Lagrange 방정식의 일종이며, 이를 풀기 위하여 다음의 Lagrange 정리를 이용하자.

정리 2.9 (멱급수 전개가 가능한) 두 함수 $\varphi = \varphi(s)$ $(\varphi(0) = 0)$과 $\psi = \psi(t)$가 Lagrange 방정식

$$\varphi(s) = s\psi(\varphi(s)) \tag{2.9}$$

을 만족할 때 함수 φ에서 s^n의 계수 $[s^n]\varphi(s)$는

$$[s^n]\varphi(s) = \frac{1}{n}[t^{n-1}]\psi^n(t).$$

위 정리에서 $\varphi(s)$는 $G(s)$, ψ는 exponential 함수로 취하여

(d) [Cayley] 꼭짓점 n개를 가지는 labelled rooted 나무의 개수는 $T_n = n^{n-1}$이고, 꼭짓점 n개를 가지는 labelled unrooted 나무의 개수는 n^{n-2}이다. 이를 보여라.

Hint: (a). $n+1$개의 꼭짓점을 가지는 labelled rooted 나무에서 뿌리를 제거하면, 나무는 몇 개의 부분 나무로 나누어진다. 이때, 새로운 부분 나무는 역시 다음의 수순에 의하여 labelled rooted 나무가 된다: 부분 나무의 label은 본래의 label의 크기 순서를 그대로 유지하며 label $\{\ell_1,\ldots,\ell_i\}$, $\ell_1 < \cdots < \ell_i$ 대신에 새로운 label

$\{1, \ldots, i\}$를 쓰면, 부분 나무들은 labelled 나무가 된다. 그리고 처음 나무의 뿌리와 인접하는 꼭짓점들을 새로운 부분 나무의 뿌리로 지정하자. 그리하여, 뿌리의 차수가 k인 labelled rooted 나무는 새로운 k개의 labelled rooted 부분 나무를 만들고 이때 새로 생성된 부분 나무에는 동일한 모양이 중복적으로 나타날 수도 있다. 이로부터 뿌리의 차수가 k인 labelled rooted 나무 개수에 대한 지수생성함수는 $sG^k(s)$로 나타날 수 있음을 예측할 수 있다. 실제로, $sG^k(s) = s(\sum_{n=1}^{\infty} \frac{T_n}{n!} s^n)^k$에서 s^{n+1}의 계수는 바로 $\ell_1 + \cdots + \ell_k = n,\ \ell_i \geq 1$인

$$\frac{T_{\ell_1}}{\ell_1!} \cdots \frac{T_{\ell_k}}{\ell_k!} s^{\ell_1 + \cdots + \ell_k}$$

의 합에서의 s^n의 계수이다. 한편, k개의 나무에 있는 n개의 꼭짓점을 위한 label의 집합 $\{1, 2, \ldots, n\}$을 $\ell_1, \ldots, \ell_k$개의 부분 label로 분할하는 경우의 수는 다항계수 $\binom{n}{\ell_1 \cdots \ell_k} = \frac{n!}{\ell_1! \cdots \ell_k!}$이다.

(b)-(c). (a)에서 부분나무로 분해할 때 부분나무끼리 순서만 바뀌는 경우, 두 labelled 나무는 같음에 유의하자. 이러한 순서를 무시한 함수 $\frac{1}{k!}G^k$를 모든 k에 대하여 더하고, 뿌리를 선택하는 경우의 수 $(n+1)$을 곱하면, 이는 $(n+1)$개의 꼭짓점을 가지는 labelled rooted 나무의 개수가 된다. 즉,

$$\begin{aligned}
&(n+1)!\ [s^{n+1}]G(s) \\
&\qquad = T_{n+1} \\
&\qquad = (n+1) \sum_{k=1}^{n} \frac{1}{k!} \sum_{\ell_1 + \cdots + \ell_k = n; \ell_j \geq 1} \frac{n!}{\ell_1! \cdots \ell_k!} T_{\ell_1} \cdots T_{\ell_k} \\
&\qquad = (n+1) \sum_{k=1}^{n} \frac{1}{k!} \{n![s^n]G^k(s)\} \\
&\qquad = (n+1)![s^{n+1}]se^{G(s)}.
\end{aligned}$$

(d). $T_n = n![s^n]G(s) = n!\frac{1}{n}[t^{n-1}]e^{nt} = (n-1)!\frac{n^{n-1}}{(n-1)!} = n^{n-1}$이다.

곡면과 그래프 매장 3

3.1 곡면에는 수영튜브와 고깔을 씌운 수영튜브가 있다

이 절에서는 곡면의 개념을 복습하고[1] 곡면상의 그래프 매장을 소개하고자 한다.

정의 3.1 Hausdorff 위상공간 M에서 모든 점이 2차원 열린 원판 $D^2 = \{\mathbf{y} \in \mathbb{R}^2 : \|\mathbf{y}\| < 1\}$과 위상동형인 근방(neighborhood)을 가질 때 공간 M을 **2차원 다양체(2-dimensional manifold, 多樣體)**, 혹은 **곡면(surface, 曲面)**이라 부른다.[2]

2차원 Euclid 공간 $\mathbb{R}^2$와 구면 $S^2 = \{\mathbf{y} \in \mathbb{R}^3 : \|\mathbf{y}\| = 1\}$는 2차원 다양체, 즉 곡면이다. 하지만 닫힌 원판 $\{\mathbf{y} \in \mathbb{R}^2 : \|\mathbf{y}\| \leq 1\}$, 닫힌 원통 $S^1 \times [0, 1]$은 원판이 아닌 반쪽 원판 모양의 근방만 가지는 (울타리)점들이 있기 때문에 엄격한 의미에서 곡면이라 할 수 없다(그림 3.1 참조).

[1] 교재 "조합적 곡면위상론", 제3장에서 필요 부분을 요약하였다. 참고문헌 [KL07].

[2] countable 기저(basis)를 가지거나 paracompactness를 정의에 요구하기도 하지만 본 교재에서는 복잡성을 피하기 위하여 생략하기로 한다.

정의 3.2 Hausdorff 위상공간 M의 각 점이 2차원 열린 원판 $D^2 = \{\mathbf{x} \in \mathbb{R}^2 : \|\mathbf{x}\| < 1\}$, 혹은 반쪽 원판

$$D^2_+ = \{\mathbf{x} = (x_1, x_2, x_3) \in \mathbb{R}^3 \ : \ \|\mathbf{x}\| < 1\text{이며 } x_3 \geq 0\}$$

과 위상동형인 근방(neighborhood)을 가질 때 공간 M을 **울타리를 가지는 2차원 다양체**(manifold with boundry), 혹은 **울타리를 가지는 곡면**이라고 한다. 반쪽 원판과 위상동형인 근방은 가지지만 열린 원판 D^2와 위상동형인 근방은 가지지 않는 점들을 **울타리점**(boundary point)이라 하고 이들의 집합을 ∂M로 표기한다(그림 3.1 참조) 2차원 다양체 M이 긴밀(compact)하고 울타리점을 가지지 않을 때(즉, $\partial M = \emptyset$) 이를 **닫힌**(closed) 곡면이라고 부른다.

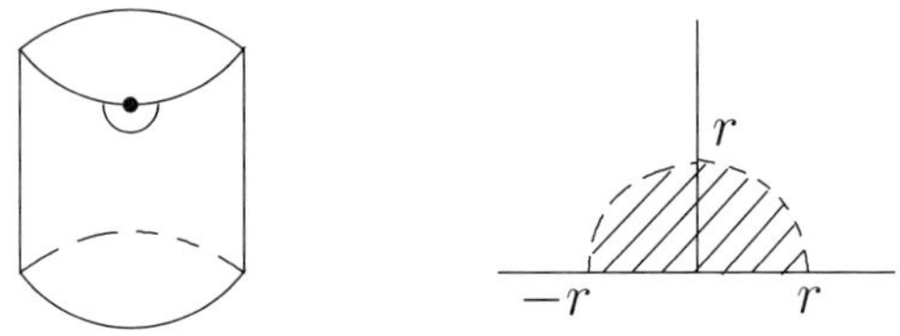

그림 3.1 울타리점과 그 근방

원통의 울타리는 두 개의 원주로 이루어져 있으나 Möbius 띠의 울타리는 한 개의 원주로 이루어져 있다. 그러나 구면(sphere, 球面)과 토러스(torus, 윤환면(輪環面))은 울타리가 없는 곡면이다.

주의: 울타리를 가지는 곡면의 정의를 자연스럽게 하기 위해서는 2차원 열린원판 D^2과 반쪽 원판 D^2_+은 위상적으로 동형이 아님을 보여야 한다. 직관적으로 보아, 열린원판 D^2은 올타리점이 없지만 반쪽 원판 D^2_+은 울타리점이 있다. 상세한 증명은 기본군을 응용하여 가능하다.

예제 3.1 (사영평면 P^2의 구성)

(1) 2차원 구면

$$S^2 = \{(x_1, x_2, x_3) \in \mathbb{R}^3 \mid x_1^2 + x_2^2 + x_3^2 = 1\}$$

상에서 동치관계(equivalence relation) $\sim$를 다음과 같이 정의하자. S^2상의 점 $x = (x_1, x_2, x_3)$, $y = (y_1, y_2, y_3)$에 대하여

$$x \sim y \quad \Leftrightarrow \quad x = y \text{ 또는 } x = -y.$$

여기에서 자연 사영함수 $p : S^2 \to S^2/\!\sim$에 대응되는 상위상공간 $S^2/\!\sim$를 **사영평면**(projective plane, 射影平面)이라 하고, 이를 P^2로 표기한다. 이때 자연 사영함수 $p : S^2 \to P^2$는 $p(x) = \{x, -x\}$이며 국소동형함수이다. 따라서 P^2는 2차원 다양체이다.

(2) S^2상의 각 점 x는 그의 원점에 대한 대칭점 $-x$와 동일시 되어 P^2에서 한 점으로 나타난다. 특히, S^2의 남반구의 모든 점은 북반구의 대응점과 동일시 되므로 사영평면 P^2는 S^2에서 남반구를 제거하고 남은 부분, 즉 적도(이는 원 S^1이다)와 북반구에서 적도상의 점들을 원점에 대한 대칭점과 동일시하여 얻어지는 상공간과 위상동형이다.

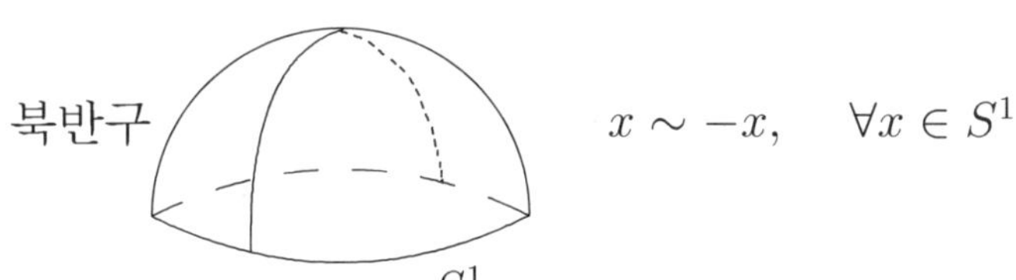

그림 3.2 사영공간 P^2의 표현

이제 그림 3.2의 북반구를 위에서 바라보면 그림 3.3으로 표현된다.

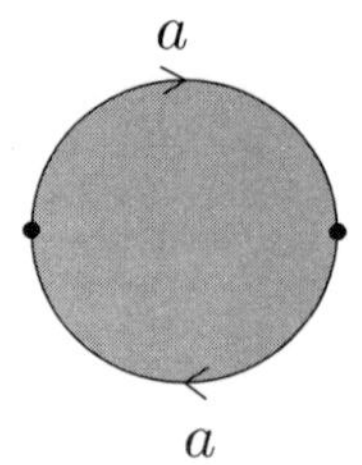

그림 3.3 사영평면의 펼친그림

(3) 펼친그림 3.3[3]에서 선분 a의 근방을 남겨두고 중심 근방의 작은 원판을 잘라내면, 남는 도형은 Möbius 띠가 된다(이를 보여라). 따라서, 사영평면은 Möbius 띠를 포함하고 있음을 알 수 있다. 역으로, 구 S^2의 표면에서 한 개의 열린 원판을 잘라내면 남는 도형은 닫힌 원판이 되며, 이의 울타리인 원주에 Möbius 띠의 울타리를 따라 붙히면, 사영평면을 얻는다. 이와 같이, 곡면에서 원판을 잘라내고 그 울타리에 Möbius 띠를 붙여서 얻어지는 부분을 **crosscap**(고깔)이라고 부른다[4]. 즉, 사영평면은 한 개의 고깔을 가지는 구면이라고 말할 수 있다.

예제 **3.2** (*곡면이 아닌 예*) 그림 3.4의 공간들은 곡면이 될 수 없다. 왜냐하면 이들은 점 p에서 열린 원판이나 혹은 반 열린 원판과 위상동형인 근방을 가질 수 없기 때문이다.

지금까지와는 다르게 그림 3.5와 같이 사각형의 변을 동일시 해보자. 이렇게 해서 얻은 곡면을 **Klein 병**(Klein bottle)[5]이라 하고 K^2로 표기한다. Klein 병은

[3]헝겊과 바늘과 실을 이용하여 펼친그림 3.3에서와 같이 그 울타리를 기워보아라. 끝까지 기울 수 있는가?

[4]중절모자와 같이 테가 있는 모자는 주로 hat, 테가 없는 모자는 cap이라 부른다. Möbius 띠의 울타리를 붙힐 때 모자가 꼬여지므로 이를 crosscap이라고 수학에서 부른다. 이를 저자는 **고깔**이라고 부르기로 하였다.

[5]Felix Klein(1849～1925)은 독일 수학자로서 '기하학이란 어떤 변환군에 의해 불변인 성질을 연구하는 것'이라고 강조하였다. 위상동형함수로 된 변환군을 취할 때 위상수학의 연구가 된다는 뜻이다.

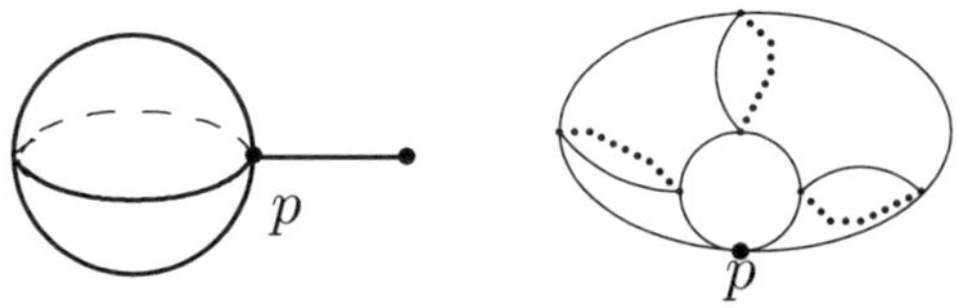

그림 3.4 곡면이 아닌 예

3차원 공간에는 매장되지 않는다. 즉, 펼친그림의 정보대로 3차원 공간에서는 동일시할 수 없다(그 이유를 밝혀 보아라—쉽지 않다).

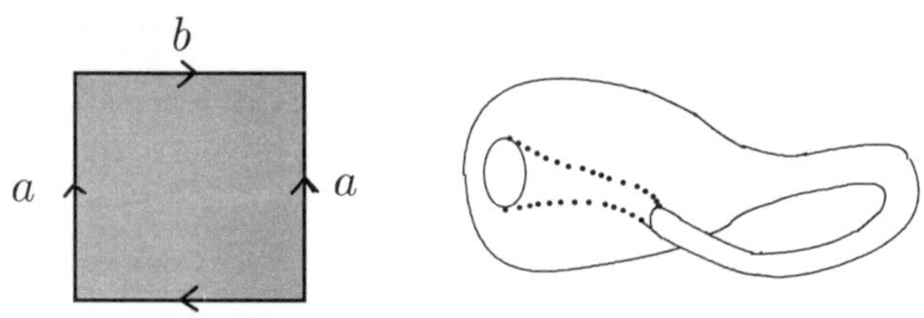

그림 3.5 Klein 병, K^2

Klein 병과 토러스의 다른 점은 Klein 병은 Möbius 띠를 포함하고 있다는 것이다. 사실은, Klein 병이 Möbius 띠를 가지고 있기 때문에 하나의 빈 공간을 에워쌀 수 없다. 그림 3.5와 3.6에서 Möbius 띠를 따라서 움직여 보아라. 그러면 Klein 병에 담긴 음료수는 Möbius 띠를 따라 병의 내부에서 외부로, 외부에서 내부로 흐를 수 있음을 알 수 있다. 엄격히 말하여 내부/외부가 구별되지 않는다.

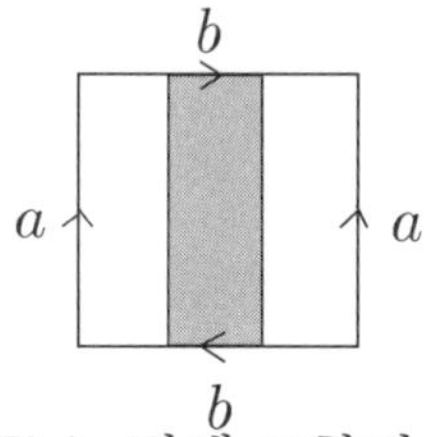

그림 3.6 Klein 병에 포함된 Möbius 띠

그림 3.7과 같이 각 면이 삼각형이 되도록 또는 열린 원판과 위상동형인 다각형이 되도록 곡면상에 그래프 2-cell 매장이 주어질 때, 꼭짓점(의 상)을 0-cell, 변(의 상)을 1-cell, 면(face)을 2-cell이라고 부른다.

정의 3.3 곡면 S가 다음 조건을 만족하는 2-cell들로 분해(decomposition)가 가능할 때, S를 **방향을 줄 수 있는 곡면**(orientable surface)이라고 부른다.

방향가능조건: 각 2-cell에 시계방향 혹은 반시계방향으로 방향을 정의하되, 인접하는 두 2-cell이 공통 울타리로 1-cell을 공유할 때, 이 두 2-cell은 같은 방향을 가진다. 이는 각 2-cell에 그림 3.7과 같이 시계 혹은 반시계방향을 화살표로 표시할 때, 공유하는 1-cell의 좌우 근방에서 한쪽이 올림화살방향이면 다른쪽은 내림화살방향이 됨을 의미한다.

S가 위와 같이 2-cell들로 분해할 수 없는 경우, **방향을 줄 수 없는 곡면** (nonorientable surface)이라고 부른다.

예제 **3.3** (*곡면의 방향 주기*) 원통은 방향을 줄 수 있지만, Möbius 띠는 방향을 줄 수 없다. 따라서, 어떤 곡면이 Möbius 띠를 부분 공간으로 가질 때는 방향을 줄 수 없는 곡면이 된다. 원통은 그림 3.7과 같이 각 2-cell에 시계방향으로 방향을 줄 수도 있지만 각 2-cell에 시계 반대방향으로 방향을 줄 수도 있다. 이와 같이 *방향을 줄 수 있는 모든 곡면에서는 방향을 주는 방법이 항상 두 가지가 있다.*

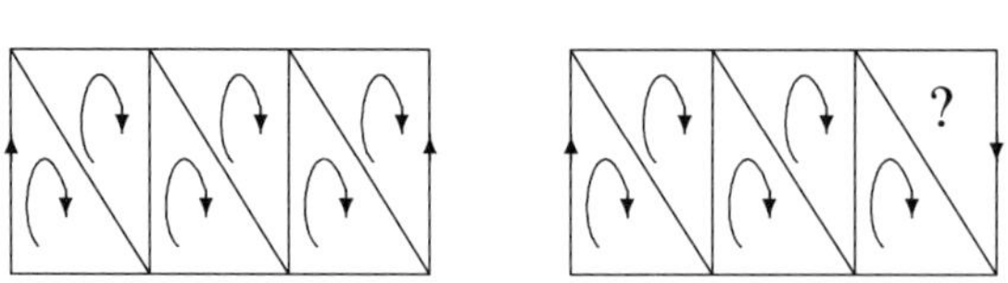

그림 3.7 원통과 Möbius 띠에 방향주기

예제 3.4 (*방향을 줄 수 있는 곡면과 방향을 줄 수 없는 곡면*) 그림 3.8에서 위의 세 곡면은 방향을 줄 수 있고 아래의 세 곡면은 방향을 줄 수 없다. 예제 3.3에서 거론한 바와 같이 방향을 줄 수 있는 곡면에는 방향을 주는 방법이 두 가지가 있다. 예를 들어 구면 S^2를 구면 밖에서 보아 시계방향으로 방향을 고정하자. 이를 구면속에 들어가서 보면 방향이 반대 방향으로 보일 것이다. 이처럼 방향이 고정된 곡면을 **방향이 주어진**(oriented) 곡면이라고 부른다.

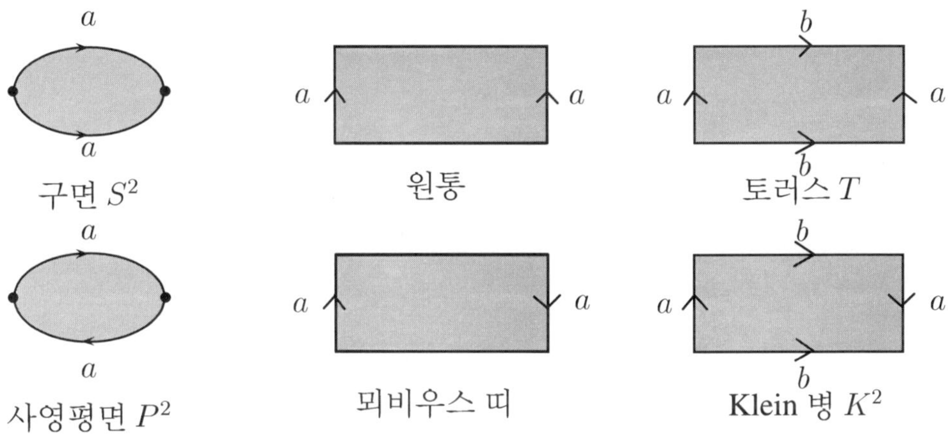

그림 3.8 여러 곡면의 펼친 그림

예제 3.5 그림 3.9(a)는 이중 토러스 (2명이 타는 수영튜브)의 펼친그림이고 그림 3.9은 그것의 동일시(identification) 과정을 보여준다. 이중 토러스는 방향을 줄 수 있는 곡면이다.

다각형의 울타리에서 같은 이름을 가진 변들을 화살표를 따라 이어 붙이면 곡면을 만들 수 있었다. 곡면의 또 다른 표현법을 위하여 주어진 다각형의 울타리에 방향을 고정해 두자. 예를 들어, 시계방향을 고정된 방향이라 생각하고 울타리 변들의 이름을 시계방향을 따라 읽어가 보자. 울타리 변의 방향이 고정된

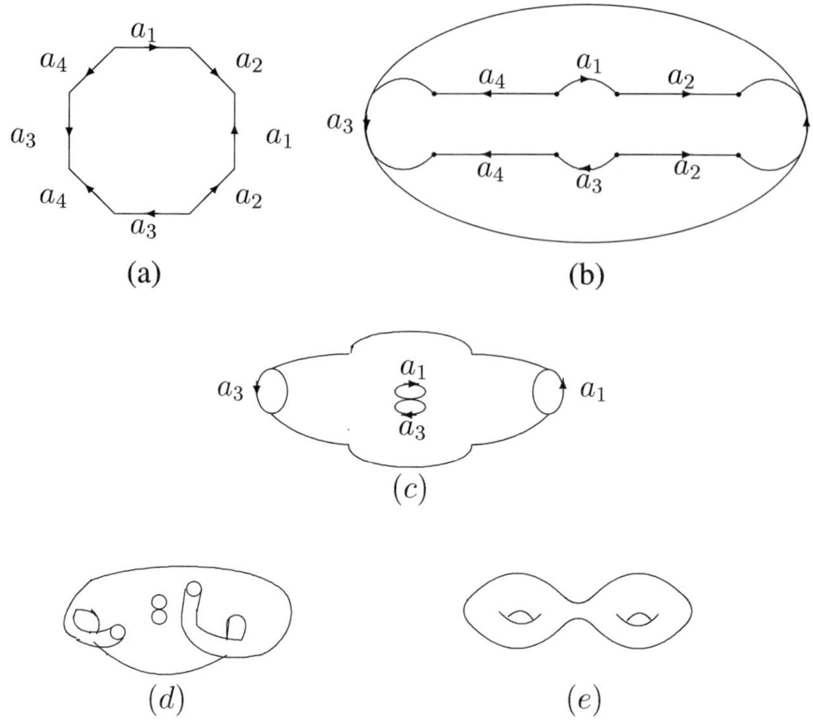

그림 3.9 이중 토러스의 구성과정

시계방향과 반대이면 이름에 지수 −1을 붙여서 표기하기로 하자. 이를 이용하면 펼친그림을 단순히 울타리 변들의 수열을 나열하여 대수적으로 표현할 수 있다. 예를 들면, 그림 3.10에서와 같다.

그림 3.8에 주어진 곡면의 특성을 살펴보자. 원통과 Möbius 띠는 울타리가 있으나 나머지는 울타리가 없는 닫힌 곡면 들이다. 구면과 토러스는 모두 빈공간을 하나 에워싸고 있다. 토러스와 Klein 병은 모두 그림 3.11 모양의 손잡이를 부분집합으로 가지고 있다. 이 부분집합을 손잡이(handle)[6]라 부른다.

정의 3.4 S_1과 S_2를 두 개의 곡면이라 하자. 각 곡면에서 적당히 작은 열린 원판을 제거하고 이들의 울타리인 원주를 마주 붙임으로써 새로운 곡면을 얻을 수 있

[6] 그림 3.11의 손잡이가 부드러운 고무로 만들어졌다고 가정하고 안팎으로 뒤집기를 시도해 보아라. 가능한가?

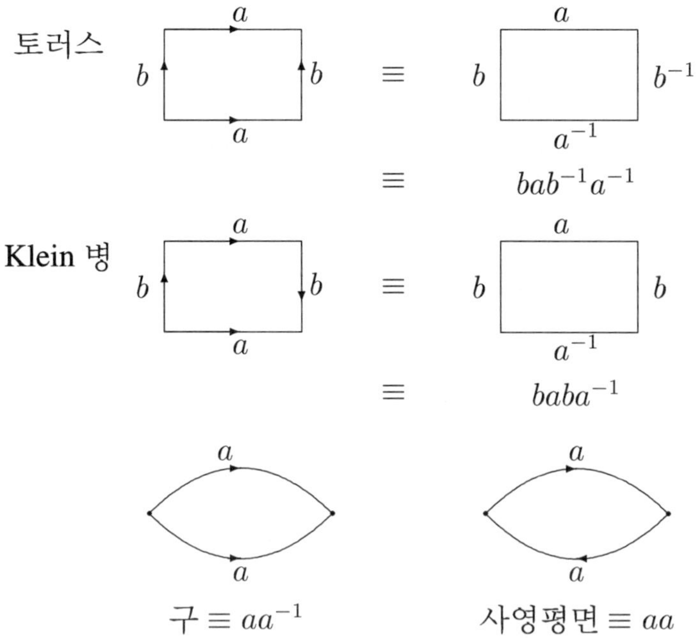

그림 3.10 곡면의 펼친그림과 대수적 표현

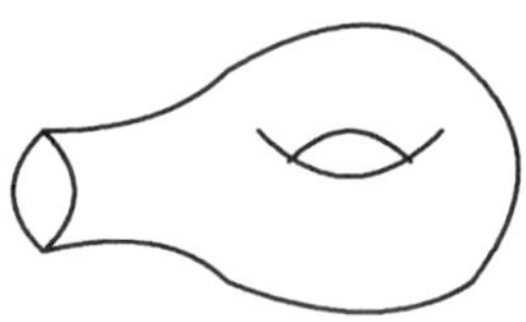

그림 3.11 손잡이(handle)

다. 이를 곡면 S_1과 S_2의 **연결합**(connected sum, 連結合)이라 정의하고 $S_1\#S_2$로 표기한다(그림 3.12 참조).

주의: (1) 두 곡면 S_1과 S_2의 연결합 $S_1\#S_2$는 역시 곡면이다.

(2) 연결합 $S_1\#S_2$는 각 곡면에서 원판을 선택하는 위치에 무관하게 잘 정의된다.

문제 3.1 두 곡면의 연결합이 곡면이 됨을 증명하고 모든 곡면 S에 대하여, $S\#S^2 \cong S$임을 보여라.

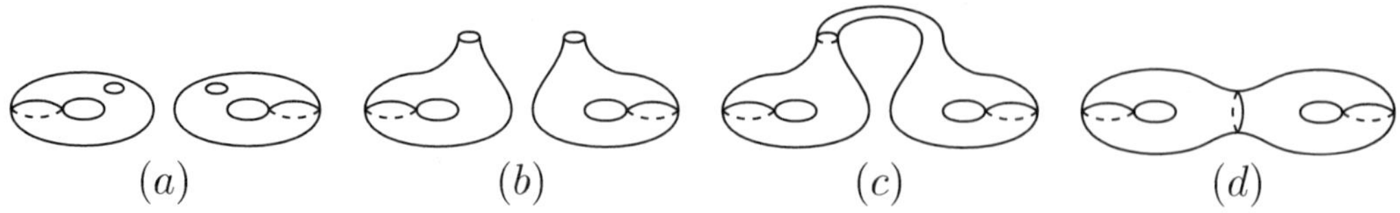

그림 3.12 곡면의 연결합 과정

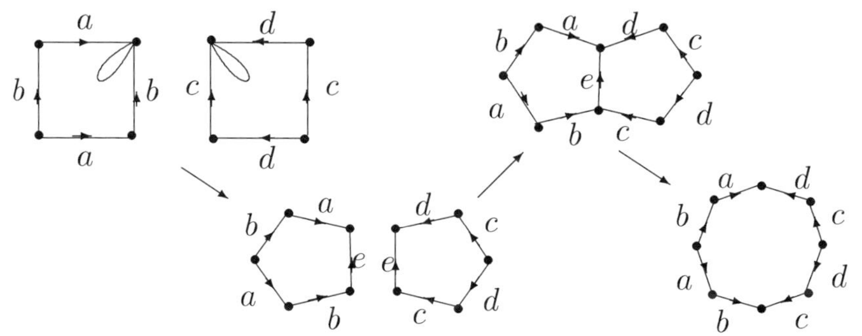

그림 3.13 토러스의 연결합 $T\#T$

연결합은 펼친 그림을 이용하여 설명할 수도 있다. 그림 3.13과 같이 $T\#T$를 구성해 보자. 각 T에서 조그마한 열린 원판을 제거하여 구멍을 만든다. 이해를 돕기 위하여 꼭짓점을 울타리로 포함하는 열린 원판을 선택하여 구멍을 만드는 것이 편리하다. 각각의 구멍을 뻗쳐 열고 그 울타리를 따라 붙이면 손잡이가 두 개인 토러스(즉, 2명이 타는 수영튜브)의 펼친 그림을 얻게 된다. 이를 일반화하여 그림 3.14의 펼친 그림과 같이 n개 토러스를 연결합한 곡면을 구할 수 있다. 그림 3.14은 변이 $4n$개인 다각형에서 변을 2개씩 짝을 지어 붙이는 정보를 준 것으로, 변의 방향이 반시계방향일 때 변의 이름 위에 지수 -1을 붙여서 시계 방향으로 변의 나열을 나타내면,

$$S_n : \ a_1 b_1 a_1^{-1} b_1^{-1} a_2 b_2 a_2^{-1} b_2^{-1} \cdots a_n b_n a_n^{-1} b_n^{-1}$$

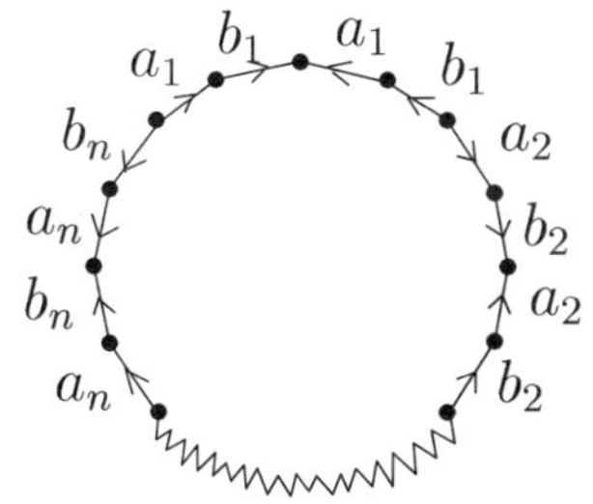

그림 3.14 n개의 손잡이를 가진 곡면 nT의 펼친그림

이 된다. 이를 주어진 곡면 S_n의 표준형의 대수적 표현이라고 한다.

예제 3.6 (*방향을 줄 수 있는 곡면과 방향을 줄 수 없는 곡면의 펼친그림*) 짝수 개의 변을 갖는 다각형에서 변에 짝을 지어 붙이면 이는 어떤 곡면의 펼친그림이 된다. 이때 붙이는 방법을 나타내기 위하여 각 변에 방향을 표시한다. 그림 3.14의 펼친그림에서는 각각의 짝지어진 변에서 한 개는 시계방향, 다른 한 개는 반시계방향으로 되어있다. 만약 어느 짝지어진 변이 모두 시계방향이거나 모두 반시계방향이면, 이 곡면은 Möbius 띠를 가지게 되어 방향을 줄 수 없는 곡면이 된다(그림 3.15참조). 따라서 모든 짝지어진 변이 서로 다른 방향을 가지면 곡면은 방향을 줄 수 있는 곡면이 된다.

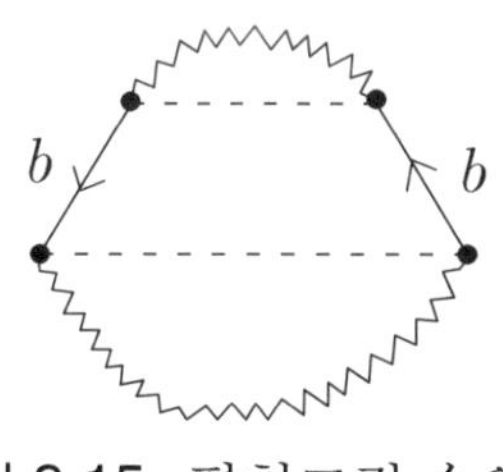

그림 3.15 펼친그림 속의 Möbius 띠

그림 3.16은 n개의 사영평면들을 연결한 곡면의 펼친그림이다. 이는 대수적으로

$$N_k : a_1a_1a_2a_2 \cdots a_na_n$$

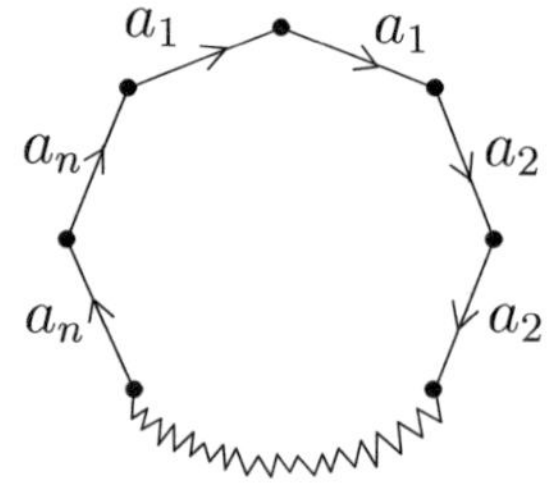

그림 3.16 n개의 crosscap(고깔)을 가지는 곡면 nP^2의 펼친그림

으로 표기한다. 이를 곡면 N_k의 표준형의 대수적 표현이라고 한다.

문제 3.2 Klein 병 K^2와 사영평면 P^2는 방향을 줄 수 없는 곡면이며, 토러스와 이중 토러스는 방향을 줄 수 있는 곡면임을 이들의 펼친그림의 대수적 표현을 이용하여 보여라.

3.2 곡면의 수학적 분류와 그래프 매장

도화지에 그려진 나무는 평면그래프(planar graph)의 사례이다. 즉, 도화지에 그려진 나무(planar tree)는 그래프가 평면에 매장되는 사례이다. 한 개의 그래프가 평면으로 두 가지 이상의 방법으로 매장을 가질 수도 있고, 반대로, 평면으로 매장이 없는 그래프도 존재한다 (완전그래프 K_5와 완전이분그래프 $K_{3,3}$는 평면으로 매장이 불가능한 예이다). 이제 그래프를 임의의 곡면으로 매장하는 문제를 생각해 보자.

앞으로, 그래프는 루프나 다중변을 가질 수도 있다고 생각한다. 평면에 매장될 수 있는 그래프(*평면그래프*)는 구면에 매장될 수 있는 그래프(*구면그래프*)와 사실 동일하다. 실제로, 구면에 구멍 하나를 뚫으면, (streographic projection에 의하여) 평면과 위상동형인 곡면이 된다.

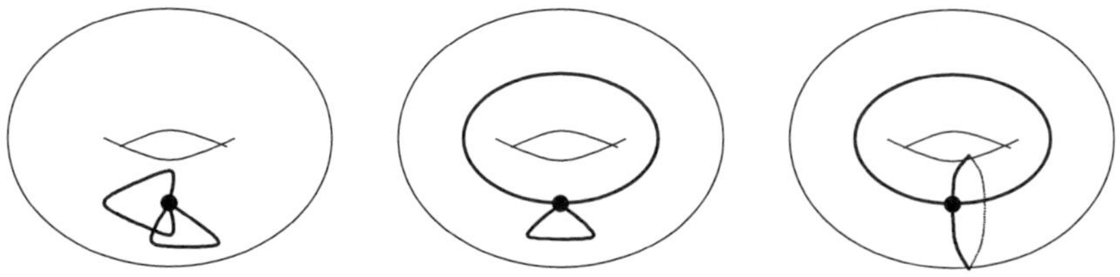

그림 3.17 토러스상의 매장과 2-cell 매장

3.2.1 곡면으로 그래프의 매장

이 절에서는 그래프를 주어진 곡면에 매장하는 경우를 조사해 보기로 하자.

정의 3.5 그래프 G가 변들이 공유하는 꼭짓점에서만 만나도록 곡면 S에 그려진다면 G는 곡면 S에 **매장**(embedding)된다고 말한다. 다시 말하면, 그래프 G의 곡면 S로의 **매장**이란 단사인 연속함수 $\imath : G \to S$를 말한다.

정의 3.6 그래프 G가 곡면 S에 매장되어 있을 때 $S - G$의 연결성분을 주어진 매장에 대한 **영역** 또는 **면**(region 또는 face)이라고 말한다. 만약 모든 영역이 열린 원판과 위상동형인 2-cell이라면 그 매장을 **2-cell (혹은 celluar) 매장**이라고 말한다. 때로는 2-cell 매장 $\imath : G \to S$를 map이라고 부른다.[7]

예제 **3.7** 한 개의 꼭짓점과 두 개의 루프로 이루어진 그래프 B_2를 생각하자. 그림 3.17에서, 첫 번째 그림은 매장이 아니다. 겹치는 점에서 단사함수라는 조건이 충족되지 않기 때문이다. 두 번째 그림은 매장은 되지만 2-cell 매장은 아니다. 왜냐하면 하나의 면이 원통이 되기 때문이다. 세 번째 그림은 2-cell 매장이다.

지금부터 그래프 G의 곡면 S로의 2-cell 매장을 $G \hookrightarrow S$로 표기하자.

[7] 실은 $\imath(G)$를 곡면 S상의 map으로 볼 수 있다.

예제 **3.8** 그림 3.18는 K_4가 토러스에 매장되는 세 가지 경우를 보이고 있다. 그러나 그 중 (c)만이 2-cell 매장이다.

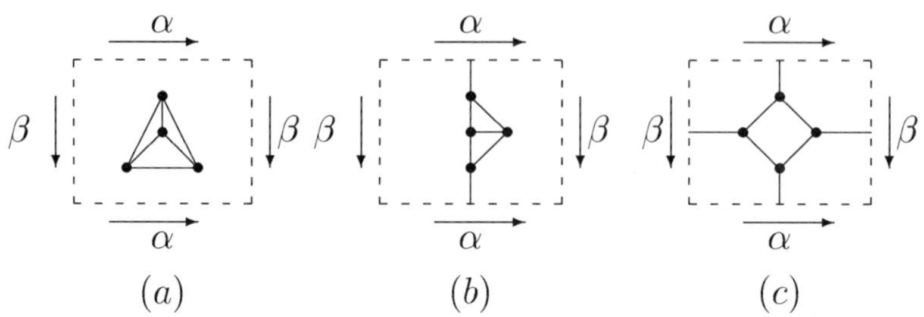

그림 3.18 K_4의 다양한 매장

예제 **3.9** 그림 3.19는 그래프를 곡면에 매장하는 다양한 방법을 보여준다.

주의: (1) 곡면상의 2-cell 매장에서 영역의 폐포(closure)가 닫힌 원판과 동형일 필요는 없다(그림 3.18(c) 참조).

(2) Möbius 띠는 울타리를 가지는 곡면이다. 이 울타리에 닫힌 원판의 울타리를 기워 붙이면 사영평면이 되기 때문에, 어떤 그래프가 Möbius 띠에 매장된다면 그것은 사영평면에 매장될 수 있다.

정의 3.7 곡면 S상에 2-cell 매장 $G \hookrightarrow S$이 주어졌다고 하자. 이때 dual 매장 $G' \hookrightarrow S$는 다음과 같이 구성된다. 그래프 G'의 꼭짓점은 매장 $G \hookrightarrow S$의 영역(의 중심점)으로 하고, G'의 두 꼭짓점이 G'에서 선분으로 연결되는 경우는 매장 $G \hookrightarrow S$에서 대응되는 영역이 선분을 공유하고 있는 경우이다.

그림 3.21에서 가는 선으로 그려진 그래프는 굵은 선으로 그려진 그래프의 dual이다. 그림 3.20는 구면과 토러스에서 서로 dual인 두 쌍의 매장을 보여준다.

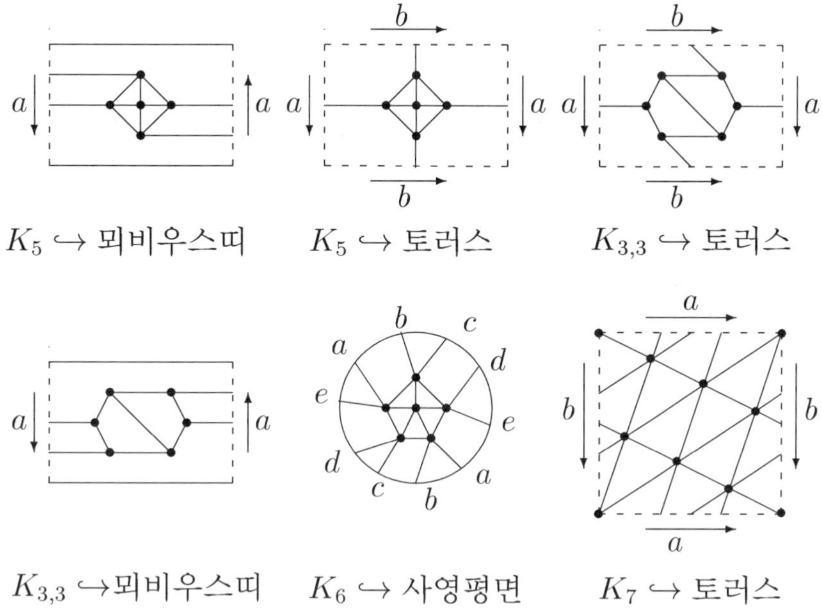

그림 3.19 곡면상의 그래프 매장

문제 3.3 (1) 그림 3.19의 각 매장에서 영역(face)의 개수를 구하여라.
(2) 그림 3.19의 첫 세 매장에 대하여 이의 dual을 구하여라

구 S^2나 $\mathbb{R}^2$가 아닌 곡면에 그래프를 매장하는 문제는 다음에 다시 다루기로 하고 여기서는 이만 줄인다.

3.2.2 Euler-Poincare 정리와 곡면의 분류

곡면 S를 S_g 또는 N_k라고 하자. 여기서

$S_g = S^2 \# T \# \cdots \# T$; g개의 손잡이를 가지는 방향을 줄 수 있는 곡면,
$N_k = S^2 \# P^2 \# \cdots \# P^2$; k개의 고깔을 가지는 방향을 줄 수 없는 곡면이다.

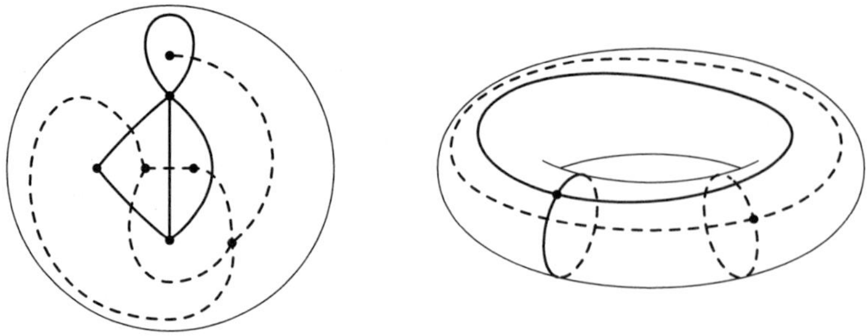

그림 3.20 구면과 토러스에 매장한 서로 쌍대(dual)인 두 쌍의 그래프

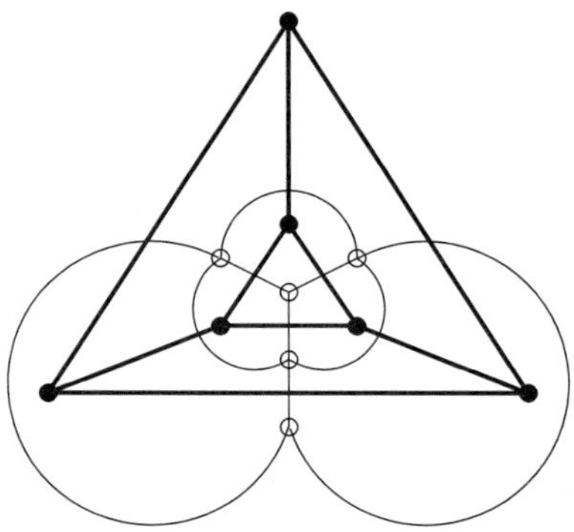

그림 3.21 평면에 매장한 서로 쌍대(dual)인 두 그래프

정의 3.8 (1) 2-cell 매장 $G \hookrightarrow S$의 Euler 표수(Euler characteristic)는

$$\chi(G \hookrightarrow S) = \text{꼭짓점의 수} - \text{변의 수} + \text{영역의 수}$$

로 정의한다.

(2) 곡면 S의 Euler 표수 $\chi(S)$는 다음과 같이 정의한다.

방향을 줄 수 있는 곡면 S_g에 대하여, $\chi(S_g) = 2 - 2g$ 이고,
방향을 줄 수 없는 곡면 N_k에 대하여, $\chi(N_k) = 2 - k$ 이다.

우리가 잘 아는 곡면에 대한 Euler 표수는 $\chi(S^2) = 2$, $\chi(P^2) = 1$, $\chi(T) = 0$, $\chi(K^2) = 0$이고, 그 외 모든 곡면의 Euler 표수는 음수이다.

다음 정리는 곡면의 분류정리이다.

정리 3.1 두 개의 연결인 닫힌 곡면이 위상동형일 필요충분 조건은 그들이 같은 Euler 표수를 가지면서, 모두 방향을 줄 수 있거나 또는 모두 방향을 줄 수 없는 곡면이 되는 것이다.

증명: 다음의 세 단계를 거쳐 증명된다. 상세한 증명은 참고문헌 [KL07] 참조.

[1]: 방향을 줄 수 있는 곡면 S_g에 대하여 $\chi(G \looparrowright S_g) = v - e + f = 2 - 2g$를 만족하는 그래프 G와 매장 $G \looparrowright S_g$가 존재한다. 방향을 줄 수 없는 곡면 N_k에 대해서도 $\chi(H \looparrowright N_k) = 2 - k$를 만족하는 그래프 H와 매장 $H \looparrowright N_k$가 존재한다. 실제로 곡면의 펼친 그림이 이를 만족한다.

[2]: **(Euler-Poincaré 정리(3))** 임의의 매장 $G \looparrowright S_g$에 대하여 $\chi(G \looparrowright S_g) = v - e + f = 2 - 2g$ 이고, 임의의 매장 $H \looparrowright N_k$에 대하여 $\chi(H \looparrowright N_k) = v - e + f = 2 - k$ 이다. 이 식들을 **Euler 식**이라고 부른다.

[3]: 닫힌 연결곡면은 S_g나 N_k 중 어느 하나와 위상동형이다. 상세히 말하면, 동시에 방향을 줄 수 있거나 또는 동시에 방향을 줄 수 없는 곡면 S와 T에 두 그래프 G와 H의 2-cell 매장 $G \looparrowright S$와 $H \looparrowright T$이 각각 주어져 있다고 하자. 이때 만약 $\chi(G \looparrowright S) = \chi(H \looparrowright T)$이면 두 곡면 S와 T는 위상동형이다. 더욱이 동시에 방향을 줄 수 있는 경우에는, 매장에 대한 Euler 표수는 2 이하인 짝수 정수이고, 동시에 방향을 줄 수 없는 경우에는, 매장에 대한 Euler 표수가 1 이하인 정수이다. □

따름정리 3.2 $i \neq j$에 대하여, $S_i \not\cong S_j$이고 $N_i \not\cong N_j$이다.

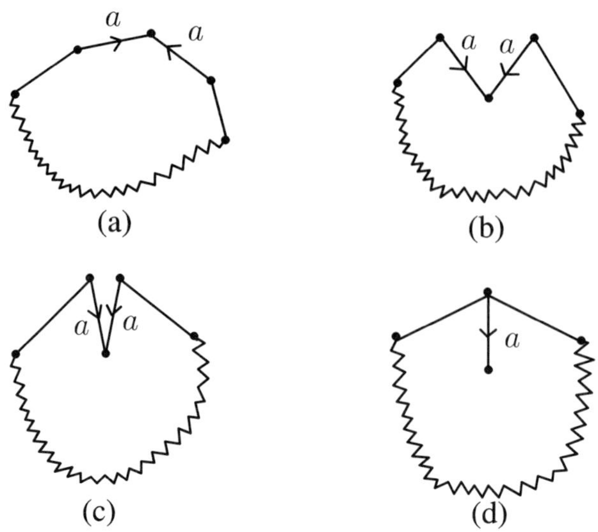

그림 3.22 aa^{-1}를 가지는 펼친그림

다음 정리는 모든 곡면들은 구면 S^2, 토러스 T와 사영평면 P^2들의 연결합으로 표현된다는 분류정리이다.

정리 3.3 (곡면의 분류정리) 곡면 S는 다음 중 어느 하나와 위상동형이다.

(1) $S_g = S^2 \# \underbrace{T \# T \cdots \# T}_{g} = gT,\ g \geq 0.$

(2) $N_k = S^2 \# \underbrace{P^2 \# P^2 \cdots \# P^2}_{k} = kP^2,\ k \geq 1.$

따라서 닫힌 곡면에는 방향을 줄 수 있는 곡면과 방향을 줄 수 없는 곡면이 있고, 방향을 줄 수 있는 곡면에는 다양한 수영튜브들이 있고 방향을 줄 수 없는 곡면에는 한 개 이상의 고깔(crosscap)을 씌운 구면이 있다.

편의상 방향을 줄 수 있는 곡면 S에서 손잡이의 개수를 **종수**(genus, 種數)라 부르고 $\gamma(S)$로 표기하고[8], 방향을 줄 수 없는 곡면 S에서 고깔(crosscap)의 개수를 종수(genus)라 하고 $\tilde{\gamma}(S)$로 표기한다. 즉, $\gamma(S_g) = g$이고 $\tilde{\gamma}(N_k) = k$이다.

[8]방향을 줄 수 있는 곡면을 본 교재에서는 수영튜브로 표현하였고 이때 손잡이의 개수는 수영튜브에 탈 수 있는 사람의 수와 일치한다. 그림 3.24 참조.

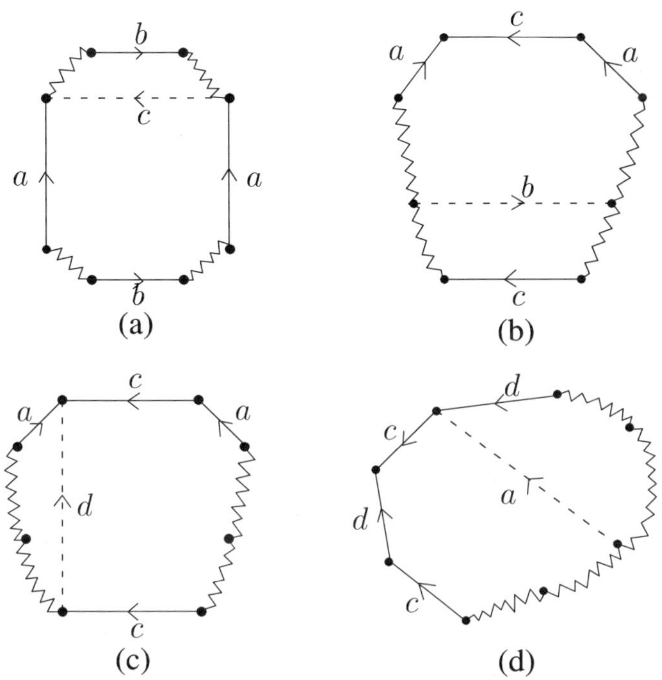

그림 3.23 펼친그림에서 $aba^{-1}b^{-1}$ 를 골라내기

이리하여 방향을 줄 수 있는 곡면 S의 종수 $\gamma(S)$가 g라는 것은 S가 S_g와 위상적으로 동형일 때를 말한다. 또한, 방향을 줄 수 없는 곡면일 때도 $\tilde{\gamma}(S) = k$이라는 것은 S가 N_k와 위상적으로 동형이라는 것이다.

문제 3.4 $mT\#nP^2$는 분류정리에서 어떤 곡면과 위상적으로 동형인가?

예제 3.10 두 곡면 S_1과 S_2에 대하여,

$$\chi(S_1\#S_2) = \chi(S_1) + \chi(S_2) - 2$$

임을 증명하여라.

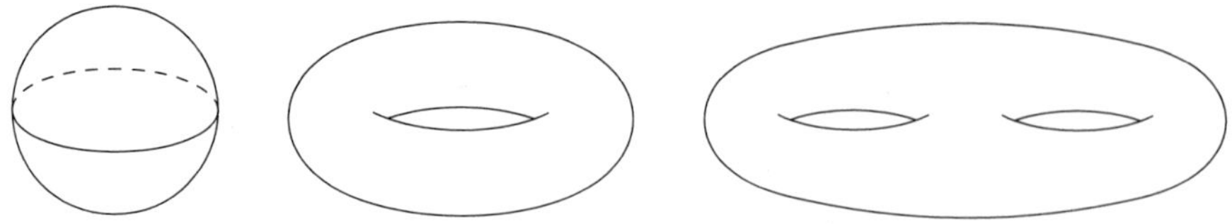

그림 3.24 종수가 $g = 0, 1, 2$ 인 곡면들

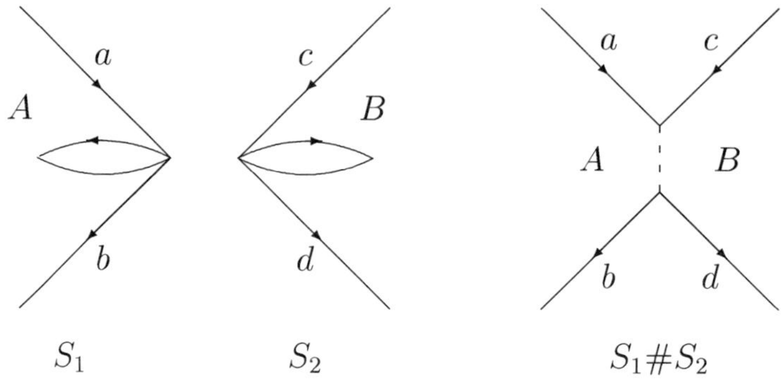

그림 3.25 연결합 $S_1\#S_2$

증명: 곡면 S_1과 S_2에서 열린 원판을 제거하고 연결합을 취해 보자(그림 3.25 참조). 그러면 다음 사실을 유추할 수 있다. $S_1\#S_2$의 꼭짓점의 수는 S_1의 꼭짓점의 수와 S_2의 꼭짓점의 수를 더한 것보다 1개 적다(변 a의 끝점과 변 b의 시작점은 같은 꼭짓점이다). 또한 $S_1\#S_2$의 영역의 수는 S_1의 영역의 수와 S_2의 영역의 수를 더한 것보다 1개 적다($S_1\#S_2$에서는 영역 A와 B가 한 개의 영역이 된다).

한편, 임의의 곡면 S에 대하여 $\chi(S) = v - e + f$이므로,

$$\chi(S_1\#S_2) = \chi(S_1) + \chi(S_2) - 2\,. \qquad \square$$

문제 3.5 모든 곡면 S의 펼친 그림은 짝수 개의 선분을 가지는 다각형에서 울타리의 선분을 두 개씩 짝지어 붙인 모양이 되고, 역으로 짝수 개의 선분을 가지는 다각형에서 울타리의 선분을 두 개씩 짝지어 붙이면 곡면이 된다. 이때, 두 개

씩 짝지어진 선분들을 $a_1, a_1, a_2, a_2, \ldots, a_n, a_n$이라고 이름 붙이고 이들에 방향을 생각하여 다각형에 (시계방향으로) 주어진 방향과 일치하면 a_i, 반대방향이면 a_i^{-1}로 표기하자. 이제 주어진 방향을 따라 다각형의 울타리를 표현하는 a_i 혹은 a_i^{-1}들의 순환순열(cycle permutation)은 곡면의 대수적 표현이다. 가능한 모든 대수적 표현에서 두 표현이 동일한 곡면을 표현할 때 이들을 동치라고 하고 '$\sim$'으로 표현하자. 동치관계식 '$\sim$'는 다음 3가지 관계식에서 생성된다. 이를 보여라.

관계식 (1) $Aaa^{-1} \sim A$,
관계식 (2) $AabBab \sim AcBc$, (선분의 이름을 다시 붙여서),
관계식 (3) $AB \sim (Aa)(a^{-1}B)$.

단, A, B는 (울타리를 가질 수 있는) 어떤 곡면의 대수적 표현이다. 위의 관계식을 이용한 다각형의 "자르고 붙이기"는 다음의 세 가지 성질을 만족한다. 이를 보여라.

성질 (1) $(AaBbCa^{-1}Db^{-1}E) \sim ((ADCBE)(aba^{-1}b^{-1}))$,
성질 (2) $(AaBaC) \sim ((AB^{-1}C)(aa))$,
성질 (3) $Aaabcb^{-1}c^{-1} \sim Aaabbcc$.

성질 (1)은 곡면의 펼친 그림에서 '자르고 붙이기'를 이용하여 손잡이(handle)를 골라내는 방법, 성질 (2)는 고깔(crosscap)을 골라내는 방법, 성질 (3)은 손잡이와 고깔을 연결합한 연산 $T\#P^2 \cong P^2\#P^2\#P^2$에 의한 치환을 보여준다.

문제 3.6 Euler 공식을 이용하여 완전그래프 K_5와 완전이분그래프 $K_{3,3}$는 구면에, 혹은 Euclid 평면에 매장할 수 없음을 보여라. 따라서 이들로부터 세분된 그래프나 혹은 이들 중 하나를 포함하고 있는 그래프는 평면에 매장될 수 없다. Kuratowski 정리는 이런 경우를 제외하고는 모든 연결그래프가 평면으로 매장

될 수 있음을 보여준다. 이의 증명은 어렵지 않지만 제법 길기 때문에 생략하기로 한다.[9]

정리 **3.4** [Kuratowski][10] 연결인 그래프 G가 구면 혹은 평면에 매장될 필요충분조건은 G가 완전그래프 K_5, 완전이분그래프 $K_{3,3}$ 또는 이들로부터 세분된 그래프 중 하나를 포함하지 않는다는 것이다.

문제 3.7 a)그래프 K_5; b)그래프 $K_{3,3}$; c) Petersen 그래프를 사영평면에 매장할 수 있는가? 그렇다면, 적당한 매장을 구성하여라.

3.3 그래프 매장을 다루는 수학 문제들

우리는 앞 절에서 곡면상의 그래프 매장이 곡면의 분류를 증명하는 데 유용하게 응용되어짐을 보았다. 이외에도 곡면상의 그래프 매장은 많은 수학적 문제를 야기하였으며 역사적으로 다음의 문제들을 계기로 수행되어 왔다.

(1) **Plato(기원전 4세기)의 정다면체 연구:** Euler 공식을 이용하여 정다면체는 다섯 종류밖에 없다는 것을 보일 수 있다[11]. 위상적으로 곡면 S^2상의 정다면체는 정4면체(Tetrahedron), 정6면체(Cube), 정8면체(Octahedron), 정12면체(Dodeca- hedron), 정20면체(Icosahedron)의 다섯 종류밖에 없다. 이 다섯 가지의 정다면체는 그리스의 철학자 Plato(기원전 427-347)에 의하여 밝혀졌다. Plato는 이 다섯 가지 정다면체를 정4면체⟷불(fire), 정6면체⟷지구(earth), 정8면

[9] 증명은 J.L. Gross and T.W. Tucker, *Topological Graph Theory*, John Wiley & Sons, New York(1987) 참조.

[10] Kazimierz Kuratowski(1896-1980)는 폴란드 수학자로 토폴로지와 집합론 연구자로 Warsaw대학교의 교수로 있었다.

[11] 교재 "조합적 곡면위상론", 정리 2.12와 3.4절 참조. 참고문헌 [KL07].

체⇝공기(air), 정12면체(Dodecahedron)⇝우주 천체를 형성하는 원소 에테르(aether), 정20면체⇝물(water)로 대응하여 설명하였으니 흥미로운 일이다. 이런 이유에서 상기의 다섯 종류의 정다면체를 오늘날 Platonic solid(고체)라 부르기도 한다.

그림 3.26 Hyperbolic 평면상의 Klein map

더불어 1878년 F. Klein은 그림 3.26에 주어진 Hyperbolic 평면상의 그래프 매장을 발견하였다. 이는 종수(genus) 3인 방향을 줄 수 있는 곡면 S_3상의 정다면체, 상세히는 꼭짓점의 차수는 3이고 모든 면은 7각형이며 24개의 면을 가지는 곡면 S_3상의 정다면체를 유도하는 그래프 매장으로 유명하다(실제로 Klein의 그림 3.26은 위 정다면체가 매장된 곡면 S_3의 범피복(universal covering)을 세분(barycentric subdivision)한 것이다.)

일반적으로 주어진 곡면상의 정다면체란 무엇이며 이는 얼마나 많이 있을 수 있는가?

곡면 S에 2-cell 매장 $G \hookrightarrow S$가 주어질 때, (예제 3.14과 같이) 이 매장(map)의 자기동형군을 정의할 수 있고 이 군의 order가 그래프 G의 유향선분의 개수, 즉 $2e$와 일치할 때, 이 map을 regular map(곡면상의 정다면체)이라 한다. 이와 관련된 연구는 현재도 활발히 진행되고 있다.

(2) **Heawood (1890)의 map 채색 연구:** 지구상에 세계지도를 그려보자. 국가간의 구분을 명확히 하기 위하여 국경선을 공유하는 두 국가간의 영토에는 서로 다른 색을 칠하기로 하자. 몇 개의 색을 가지고 있으면 지구상에 나타날 수 있는 모든 가능한 지도에 대하여 채색이 가능할까? 4개의 색으로 가능할까? 이는 유명한 사색문제(four color problem)이다.

일반적으로 말하여 곡면 S에 2-cell 매장 $G \hookrightarrow S$가 주어질 때, 변을 공유하는 면에는 서로 다른 색을 칠하기로 하자. 곡면 S를 고정하고 모든 가능한 2-cell 매장 $G \hookrightarrow S$의 면을 칠할 때, 필요한 색의 최소수는 얼마인가? 1890년 Heawood는 방향을 줄 수 있는 곡면 S_g에 대하여 이 최소수 $\mathrm{chr}(S_g)$의 上界(upper bound)을

$$\mathrm{chr}(S) \leq \left\lfloor \frac{7 + \sqrt{49 - 24\chi(S)}}{2} \right\rfloor$$

로 구하였다. 이 부등식이 실제 등식이 되는가 하는 문제는 그 후 Heawood conjecture로 알려져 왔고, 1968년 G.Ringel-J.W.T. Youngs에 의하여[12] 구면을 제외한 방향을 줄 수 있는 모든 곡면에 대하여 등식이 성립함이 밝혀졌다. 구면에 대한 사색문제는 1976년 K. Appel-W. Haken에 의하여 (위 등식이 성립함을) 보였다.

물론 방향을 줄 수 없는 곡면에 대해서도 유사한 정리가 있다. 상세한 것은 제7장에서 다룰 것이다.

(3) **Heffter(1891)의 map의 조합적 표현법:** Heffter는 주어진 그래프 매장 $G \hookrightarrow S_g$를 회전계(rotation system)라고 불리는 치환(permutation)을 이용하여 조합적으로 기술하였다. 이는 그래프 매장 연구가 군론과 관련됨을 보이는 계기가 되었다. 상세한 것은 다음 절에서 다룬다.

---

[12]Proc. Nat. Acad. Sci. USA **60**(1968), 438–445 참조.

(4) **Kuratowski(1930)의 planarity criterion:** 평면에 매장 될 수 있는 (동치적으로, 구면에 매장 될 수 있는) 그래프를 **planar**라고 부른다.

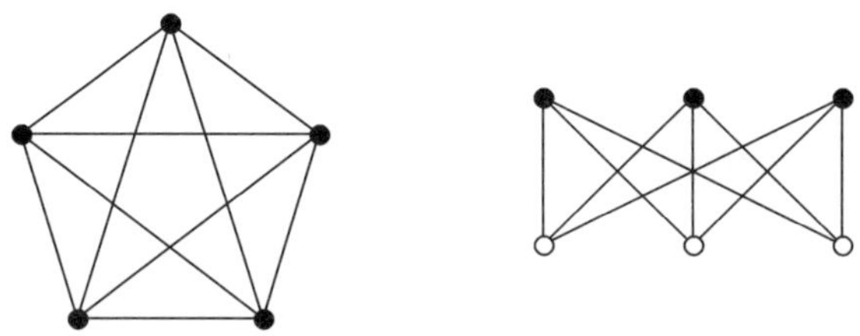

그림 3.27 K_5와 $K_{3,3}$

보조정리 **3.5** 완전그래프 K_5와 완전 이분그래프 $K_{3,3}$는 planar가 될 수 없다.

증명: (1) K_5가 planar이면 $v - e + f = 2$ 이므로 $f = 7$이다. $2e \geq \mathrm{girth} \cdot f$로부터 $2 \cdot 10 \geq 3 \cdot 7$이다. 모순이다!

(2) $K_{3,3}$가 planar이면 $v - e + f = 2$ 이므로 $f = 5$이다. $2e \geq \mathrm{girth} \cdot f$로부터 $2 \cdot 9 \geq 4 \cdot 5$이다. 모순이다! □

그래프 K_5와 $K_{3,3}$는 구면 S^2로의 그래프 매장을 위한 장애물(obstruction)이다. 더욱이, 구면 S^2로의 그래프 매장을 위한 장애물(obstruction)은 위의 두 그래프 뿐이다. 이의 증명은 Jordan curve 정리를 이용하여 몇 단계의 복잡한 과정을 거쳐서 가능하다.

genus가 1 이상인 곡면에 매장될 수 없는 그래프를 결정하는 (동치적으로 매장될 수 있는 그래프를 결정하는) 장애 그래프(obstruction)의 분류 연구가 계속되고 있다. N. Robertson- P.D. Seymour (1990)는 모든 닫힌 곡면에 대하여 위와 같은 장애 그래프는 유한개임을 보였다. 예를 들면, 사영평면에서는 103개의 장애 그래프가 있음이 알려져 있다(D. Archdeacon 1991).

3.4 방향이 주어진 곡면상의 map과 회전계

방향을 줄 수 있는 곡면에는 방향을 주는 방법이 두 가지가 있다. 국소적(locally)으로 시계 방향과 반시계방향이 있다. 예를 들어 구면인 지구 표면에 각 점(의 근방)에서 시계방향을 주는 것과 반 시계방향을 주는 방법이 있다.

이제 방향이 주어진(oriented) 곡면 S로의 매장, 즉 oriented map $G \hookrightarrow S$가 주어졌다고 하자. 이를 조합적으로 표현하기 위하여 곡면 S상에서 그래프 G의 각 꼭짓점에 꼭짓점을 중심으로 하는 작은 원판을 부여하고, G의 각 변(edge)에는 이 변을 중심선으로 하는 가느다란 띠를 부여하는 데 전체적인 모양은 그래프 G의 모양을 유지하면서 원판들과 가느다란 띠가 매장된 곡면 S에서 그래프 G의 근방(neighbourhood)이 되도록 하자. 여기서 우리는 각 꼭짓점에 부여된 원판을 **0-띠**(0-band), 변(edge)에 주어진 띠를 **1-띠**(1-band)라고 부른다. 이들 0-띠와 1-띠로 이루어진 그래프 근방의 여집합(complement, 餘集合)은 2-cell(즉, 열린 원판)들로 이루어져 있으며, 이 2-cell을 **2-띠**(2-band)라고 부른다. 다음 조건을 만족하는 이런 구성들을 **띠 분해**(band decomposition)라고 부른다.

(1) 두 개의 다른 띠들은 그들의 울타리에 있어서 호(arc)를 따라서 만난다.

(2) 모든 띠들의 합집합은 곡면 S가 된다.

(3) 1-띠의 각 끝은 0-띠에 포함된다.

(4) 1-띠의 양 옆변은 2-띠에 포함된다.

(5) 0-띠들은 서로 만나지 않는며, 2-띠들도 서로 만나지 않는다.

한편, 띠 분해에서 2-띠는 곡면 S를 결정하는 데 반드시 필요치는 않다. 왜냐하면, 0-띠와 1-띠의 합집합은 울타리를 갖는 곡면이고, 이 곡면의 각 울타리의 연결성분(connected component)을 따라 원판(즉, 2-cell)을 기워 넣으면 울타리를 갖지 않는 닫힌 곡면 S가 되기 때문이다(울타리를 갖는 곡면에서 울타리의 연결성분은 1차원 구 S^1과 위상동형임을 알고 있다. 따라서 이를 원판의 울타리를 따

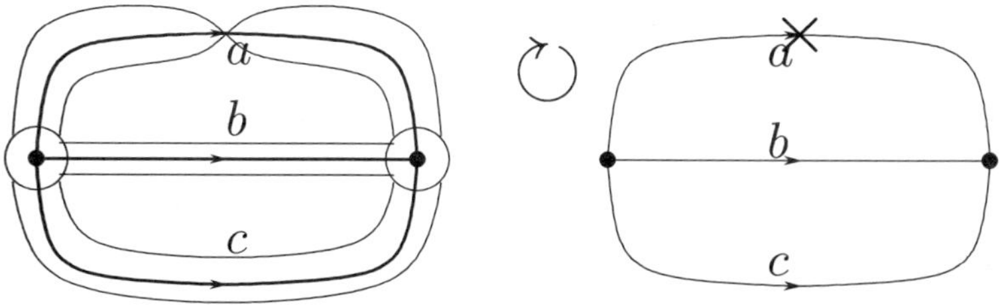

그림 3.28 그래프의 매장에 대한 두 가지 조합적 표현

라서 동일시 함으로서 원판을 기워 넣을 수 있다). 실제, 이 사실은 위상적인 견지에서 증명되는 다음 보조정리에 의하여 명백하다. (보조정리의 증명은 생략한다.)

보조정리 3.6 곡면 S와 T가 같은 개수의 울타리 연결성분을 가지는 곡면이라고 하자. S'와 T'는 각각 곡면 S와 T의 울타리의 연결성분에 원판들을 기워 넣음으로서 얻어진 곡면이라고 하자. 그러면, S와 T가 위상동형일 필요충분조건은 S'와 T'가 위상동형이라는 것이다.

2-띠를 생략하고 나타낸 띠 분해를 **간략화된 띠 분해(reduced band decomposition)**라고 한다. 때로는 이를 **ribbon 그래프**, 혹은 **fat 그래프**라고도 부른다.

예제 3.11 그림 3.28의 왼쪽의 그림을 θ (모양의) 그래프가 어떤 곡면에 매장되어 있을 때 이의 간략화된 띠분해를 나타내고 있다. 여기서 변(edge) a에 주어진 1-띠(1-band)는 꼬여 있다. 이 띠분해는 두 개의 울타리를 가지고 있다. 각 울타리를 따라 원판을 기워 넣으면 곡면은 사영평면이 된다. 왜냐하면, 순환 길 ab 혹은 ac의 근방을 이루는 0-띠와 1-띠의 합집합은 Möbius 띠가 되고 $\chi(G \hookrightarrow S) =$ 꼭짓점의 수 $-$ 변의 수 $+$ 영역의 수 $= 1$이다. 따라서, θ 그래프가 매장된 곡면은 사영평면이다. 이렇게 울타리에 원판을 기워 넣어서 얻어진 곡면은 기워 넣는 방법에 관계없이 위상적으로 동형이 되므로, 간략화된 띠분해는 θ 그래프의 매장을 결정하고 있다. 이 그림을 좀 더 간략하게 나타내 보자. 각 꼭짓점에 시계 방향으로 방향을 주어서 변(edge)들이 놓여진 순서를 생각하고, 두 꼭짓점을 연결하는 변(edge)에 해당하는 1-띠가 꼬여 있을 때 '×'라는 기호를 변(edge) 상에 표현하자. 이렇게 하면 이 매장은 그림 3.28의 오른쪽의 그림과 같다. 이를 **매장 사영(projection)**이라 부른다. 한편, 주어진 매장사영으로부터 각 꼭짓점에서의 변(edge)들이 놓여진 순서와 변(edge)상의 '×' 표시의 정보로부터 원래의 띠분해를 얻을 수 있다.

주어진 그래프 G가 방향을 줄 수 있는(orientable) 곡면 S에 매장 되었다고 가정하자. 곡면 S에 시계방향 또는 반시계방향을 하나 고정시키자. 이제 곡면 S는 방향이 주어진(oriented) 곡면이 되고 따라서 S로의 매장에 대한 띠 분해(band decomposition)에서는 꼬인 1-띠(1-band)는 가지지 않는다고 가정할 수 있다. 곡면 S에 매장된 그래프 G의 각 꼭짓점 v에서 주어진 방향을 따라 v에 연결된 유향변(directed edge)들을 나열하여 유향변의 순환순열(cyclic permutation) R_v를 얻을 수 있다. 이러한 각 꼭짓점 v에 대응되는 순환순열의 집합 $\{R_v\}_{v\in V(G)}$를 **회전계(rotation system)**라고 부른다. 때로는 대칭군 $\mathbb{S}_{D(G)}$에서 순환순열 R_v의 곱 $R=\prod_{v\in V(G)} R_v$를 **회전계**라고도 한다.

다음의 두 예제는 방향이 주어진 곡면상의 위상적 map에서 회전계를 만드는 방법과 회전계로 주어진 조합적 map에서 위상적 map을 만드는 방법을 각각 보여준다.

예제 3.12 (완전그래프 K_4의 두 매장) (1) (*정4면체(Tetrahedron) T*) 정4면체 T는 완전그래프 K_4가 구면 S^2에 그림 3.29과 같이 매장된 위상적 map $K_4 \hookrightarrow S^2$로 볼 수 있다. 꼭짓점 $i,j\in\{0,1,2,3\}$ 사이의 유향변 (i,j)를 편의를 위하여 ij로 쓰자. 이제 구면 S^2에 반시계 방향으로 방향을 고정하면 각 꼭짓점에서 회

전계는

$$R_0 = (01\ 03\ 02); \qquad R_1 = (10\ 12\ 13);$$
$$R_2 = (20\ 23\ 21); \qquad R_3 = (30\ 31\ 32)$$

이고[13] 이들의 곱은

$$R = R_0R_1R_2R_3 = (01\ 03\ 02)(10\ 12\ 13)(20\ 23\ 21)(30\ 31\ 32)$$

이다. 이때 R은 12개의 유향변 $\{ij \mid 0 \leq i, j \leq 3\}$들의 순열(permutation)로서 대칭군 $\mathbb{S}_{D(T)} \cong \mathbb{S}_{12}$의 원소이다.

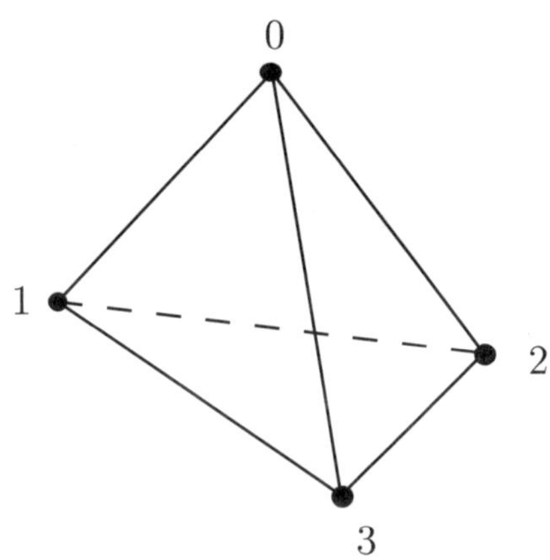

그림 3.29 정4면체: 곡면의 정4면체 분할

반대로, 그래프 K_4의 12개의 유향변의 순열(permutation)로

$$R = R_0R_1R_2R_3 = (01\ 03\ 02)(10\ 12\ 13)(20\ 23\ 21)(30\ 31\ 32)$$

이 주어졌다면 이로부터 각 순환순열 R_i에 대응되는 4개의 꼭짓점의 0-띠와, pair $\{ij, ji\}$에 대응되는 6개의 변의 근방인 1-띠들로 이루어지는 간략화된 띠

[13]때로는 회전계를 각 꼭짓점에서 연결된 유향변(directed edge)들이 끝나는 꼭짓점들의 수열(sequence)로 표기하여 $R_0 = (1\,3\,2)$등으로 쓰기도 한다. 하지만 본 교재에서는 이 표기법을 쓰지 않기로 한다.

분해(reduced band decomposition)를 구할 수 있다. 다시 이의 각 울타리의 연결 성분에 원판(즉, 2-cell)을 기워 넣으면 구면 S^2상의 정4면체 T를 얻게 된다.

만약 구면 S^2에 시계 방향으로 방향을 고정하면 회전계는

$$R^{-1} = R_0^{-1}R_1^{-1}R_2^{-1}R_3^{-1} = (01\ 02\ 03)(10\ 13\ 12)(20\ 21\ 23)(30\ 32\ 31)$$

이 되고, 이는 회전계 R을 가지는 매장 정4면체 T의 거울상(mirror image)이 된다.[14]

(2) 그림 3.30의 왼쪽 그림은 완전그래프 K_4의 또 다른 회전계를 보여준다. 그래프 K_4의 변 a, b, c, d, f 각각에 대응하는 두 개씩의 유향변을 $a^{\pm}, b^{\pm}, c^{\pm}, d^{\pm}$, $f^{\pm}$로 쓰자. 편의를 위하여 a^+, b^+, c^+, d^+는 각 변에서의 반시계 방향을 따라 주어진 유향변, d^+, f^+는 아래쪽에서 위쪽으로의 방향을 따라 주어진 유향변으로 하고 이들의 반대 방향을 택하여 a^-, b^-, c^-, d^-, f^-라 하자. 그러면 각 꼭짓점에서 회전계는

$$R_u = (c^-\ e^-\ d^+); \qquad R_v = (d^-\ f^+\ a^+);$$
$$R_y = (e^+\ b^+\ a^-); \qquad R_x = (b^-\ f^-\ c^+),$$

이다. 이들의 곱인 회전계

$$R = R_uR_vR_yR_x = (c^-\ e^-\ d^+)(d^-\ f^+\ a^+)(e^+\ b^+\ a^-)(b^-\ f^-\ c^+)$$

는 12개의 유향변 $a^{\pm}, b^{\pm}, c^{\pm}, d^{\pm}, f^{\pm}$들의 순열로 대칭군 $\mathbb{S}_{D(K_4)} \cong \mathbb{S}_{12}$의 원소이다. 여기서도 회전계

$$R^{-1} = R_u^{-1}R_v^{-1}R_y^{-1}R_x^{-1} = (c^-\ d^+\ e^-)(d^-\ a^+\ f^+)(e^+\ a^-\ b^+)(b^-\ c^+\ f^-)$$

[14]거울에 비친 시계를 보자. 거울에 비춰진 시계안의 시계바늘은 시계의 반대 방향으로 돌아가고 있음을 알 수 있다. 이런 원리를 이용하여 그래프 G를 바탕으로 하는 map $\mathcal{M}' = (G; R^{-1})$을 map $\mathcal{M} = (G; R)$의 거울상(mirror image)이라고 한다.

에 의한 매장은 본래 매장의 거울상(mirror image)이 된다. □

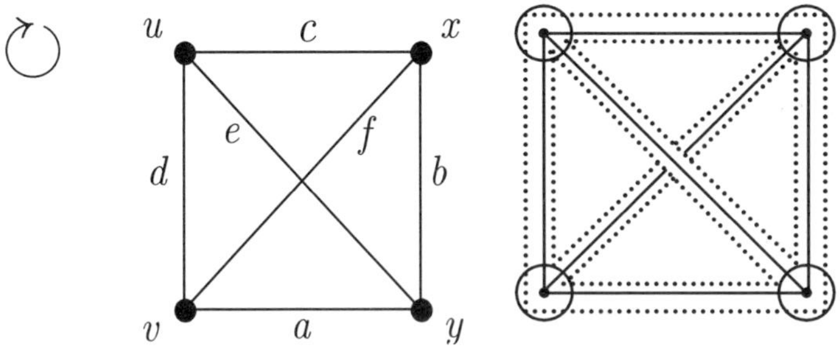

그림 3.30 K_4의 매장과 이의 간략화된 띠분해

예제 3.13 (회전계로 표현한 매장에서 면(face)의 추적): (1) 예제 3.12(2)에서 주어진 그래프 $G = K_4$의 매장을 표현하는 회전계

$$R = R_u R_v R_y R_x = (c^- \, e^- \, d^+)(d^- \, f^+ \, a^+)(e^+ \, b^+ \, a^-)(b^- \, f^- \, c^+)$$

을 12개의 유향변 $a^\pm, b^\pm, c^\pm, d^\pm, f^\pm$의 집합 $D(G)$상의 순열(permutation)로 보고 이 순열이 생성하는 군 $\langle R \rangle$을 집합 $D(G)$상에 작용하는 치환군(permutation group)으로 보자. 그리고 L을 각 변에 대응하는 두 유향변들의 호환(transposition; 互換)의 곱

$$L = (a^+ \, a^-)(b^+ \, b^-)(c^+ \, c^-)(d^+ \, d^-)(e^+ \, e^-)(f^+ \, f^-)$$

이라 하자. 이때 L도 집합 $D(G)$상의 순열로서 $L^2 = id$이다. 이런 L을 **arc-reversing involution** 혹은 **dart-reversing involution**이라고 부른다. 이제 유향변의 집합 $D(G)$상의 치환군으로서 $\langle R \rangle$, $\langle L \rangle$, $\langle RL \rangle$ 각각의 궤도(orbit)를 조사해 보자.

(i) 군 $\langle R \rangle$의 궤도는

$$\{c^-, e^-, d^+\},\ \{d^-, f^+, a^+\},\ \{e^+, b^+, a^-\},\ \{b^-, f^-, c^+\}$$

로서 각각 G의 꼭짓점 u, v, y, x에 대응된다.

(ii) 군 $\langle L \rangle$의 궤도는

$$\{a^+, a^-\},\ \{b^+, b^-\},\ \{c^+, c^-\},\ \{d^+, d^-\},\ \{e^+, e^-\},\ \{f^+, f^-\}$$

로서 각각 G의 변 a, b, c, d, f에 대응된다.

(iii) 군 $\langle RL \rangle$의 궤도는

$$\{a^+, e^+, d^+, f^+, c^+, e^-, b^+, f^-\},\ \{a^-, d^-, c^-, b^-\}$$

로서 그래프 $G = K_4$의 매장의 면(face)에 대응된다. 즉, 8각형과 4각형의 두 개의 면이 있다.

따라서, 회전계 R에 의하여 G가 매장되는 곡면의 종수(genus) g는

$$|V| - |E| + |F| = 2 - 2g$$

에 의하여 $g = 1$, 즉 곡면은 토러스(torus)이다. 한편, 아래의 두 가지 사실을 알 수 있다.

(iv) 그래프 G가 연결(connected)이기 때문에, R, L에 의해서 생성된 부분군 $\langle R, L \rangle \leq \mathbb{S}_{D(G)}$는 유향변 집합 $D(G)$에 추이적으로(transitively) 작용한

다.[15] R, L에 의해서 생성된 부분군 $\langle R, L\rangle \le \mathbb{S}_{D(G)}$를 map $\mathcal{M}$의 **monodromy** 군이라 부르고 $\mathrm{Mon}(\mathcal{M}) = \langle R, L\rangle$로 표기한다.

(v) (i)-(iii)에서 보인 바와 같이 꼭짓점, 변, 면이 각 군 작용의 궤도로 표현될 때, 이들이 incident할 경우는[16] 대응하는 궤도가 서로 만나는 경우이다(즉, 그들의 교집합(intersection)이 빈 집합(empty set)이 아니다). 예를 들어 꼭짓점 u는 변 c와 incident하다 (즉 꼭짓점 u는 변 c의 끝점이다). 왜냐하면 이들에 대응되는 궤도는 각각 $\{c^-, e^-, d^+\}$, $\{c^+, c^-\}$이고 $\{c^-, e^-, d^+\} \cap \{c^+, c^-\} = \{c^-\} \neq \emptyset$이기 때문이다. 하지만 꼭짓점 u와 변 a는 incident하지 않고 $\{c^-, e^-, d^+\} \cap \{a^+, a^-\} = \emptyset$이다.

(2) 같은 방법을 예제 3.12(1)에서 주어진 정4면체의 회전계

$$R = R_0R_1R_2R_3 = (01\ 03\ 02)(10\ 12\ 13)(20\ 23\ 21)(30\ 31\ 32)$$

와 각 변에 대응하는 두 유향변들의 호환(transposition; 互換)의 곱

$$L = (01\ 10)(02\ 20)(03\ 30)(12\ 21)(13\ 31)(23\ 32)$$

에 적용해 보자. 12개의 유향변의 집합 $D(G)$상의 치환군으로서 $\langle R\rangle$, $\langle L\rangle$, $\langle RL\rangle$의 궤도는 각각 다음과 같다.

(i) 군 $\langle R\rangle$의 궤도는

$$\{01, 03, 02\},\ \{10, 12, 13\},\ \{20, 23, 21\},\ \{30, 31, 32\}$$

[15] 편의를 위하여 본 교재에서는 쪽 5의 각주(footnote)에서 기술한 바와 같이 대칭군 $\mathbb{S}_{D(G)}$는 유향변 집합 $D(G)$ 상에 오른쪽에서 작용하는 것으로 기술하고 있다. 따라서 $\alpha, \beta \in \mathbb{S}_{D(G)}$에 대하여 $\alpha\beta$에서 유향변 d의 image는 $\beta(\alpha(d))$이다. 우리는 기호로 $d^{\alpha\beta}$를 이용하고 있다.

[16] incidence란 꼭짓점, 변, 면 사이의 관계로서 주어진 꼭짓점이 변이나 면의 끝점이 되면 서로 incedent하다고 하고, 끝점이 아니면 incedent하지 않다고 한다. 한편 변이 어떤 면의 울타리의 일부가 되면 서로 incedent하다고 하고, 울타리에 속하지 않은면 incedent하지 않다고 한다.

로서 각각 G의 꼭짓점 $0, 1, 2, 3$에 대응된다.

(ii) 군 $\langle L \rangle$의 궤도는

$$\{01, 10\},\ \{02, 20\},\ \{03, 30\},\ \{12, 21\},\ \{13, 31\},\ \{23, 32\}$$

로서 각각 G의 6개의 변에 대응된다.

(iii) 군 $\langle RL \rangle$의 궤도는

$$\{01, 12, 20\},\ \{02, 23, 30\},\ \{03, 31, 10\},\ \{13, 32, 21\}$$

로서 정4면체의 4개의 면에 대응된다.

이 경우에도, 아래의 두 가지를 추가로 확인할 수 있다.

(iv) (그래프 G가 연결이기 때문에) R, L에 의해서 생성된 부분군 $\langle R, L \rangle \le \mathbb{S}_{D(G)}$는 유향변 집합 $D(G)$에 추이적으로(transitively) 작용한다.

(v) (i)-(iii)에서 보인 바와 같이 꼭짓점, 변, 면이 각 군 작용의 궤도로 표현될 때, 이들이 incident할 경우는 대응하는 궤도가 서로 만나는 경우이다. 예를 들어 꼭짓점 0는 (ii)의 처음 세 개의 변과 incident하고 나머지 세 개의 변과는 incident하지 않다. 왜냐하면 꼭짓점 0에 대응되는 궤도는 각각 $\{01, 03, 02\}$이고 (ii)의 처음 세 개의 궤도 $\{01, 10\}$, $\{02, 20\}$, $\{03, 30\}$과는 만나지만 나머지 세 개의 궤도와는 만나지 않기(disjoint) 때문이다. □

우리는 위의 예에서 그래프 K_4를 이용하여, 방향이 주어진 곡면으로 그래프의 매장은 순환계를 유일하게 결정할 뿐만 아니라, 거꾸로 순환계를 가진 그래프는 곡면에 매장을 결정하고 더욱이 Euler 식에 의하여 매장되는 (방향이 주어

진) 곡면을 유일하게 결정함을 보았다. 실은 위의 두 예제에서의 설명과정은 모든 그래프에 대하여 항상 만족한다. 이를 요약하면 다음과 같다.

정리 3.7 연결인 그래프 G가 주어지면 arc-reversing involution L은 항상 유일하게 결정된다.

방향이 주어진 곡면상의 위상적 map $G \hookrightarrow S$가 주어지면 이는 회전계 $R = \prod_{v \in V(G)} R_v \in \mathbb{S}_{D(G)}$를 유일하게 결정하고 (monodromy) 부분군 $\langle R, L \rangle$은 $D(G)$ 상에 항상 추이적으로 작용한다.

역으로 회전계 $R = \prod_{v \in V(G)} R_v \in \mathbb{S}_{D(G)}$이 주어지면 이는 방향이 주어진 곡면상의 위상적 map $G \hookrightarrow S$를 유도하고, 더욱이 Euler 식에 의하여 곡면 S는 유일하게 결정된다.

증명: 위 예제의 과정을 반복하여 증명을 유도할 수 있다. 즉, 방향이 주어진 곡면상의 위상적 map $G \hookrightarrow S$가 주어지면 각 꼭짓점 근방에서의 곡면의 방향을 따라 회전계 $R_v \in \mathbb{S}_{D(G)}$가 유일하게 결정되고 이는 cycle이 된다. 또한 그래프가 연결이므로 monodromy 군 $\langle R, L \rangle$은 $D(G)$ 상에 추이적으로 작용하게 된다.

역으로, 회전계 $R = \prod_{v \in V(G)} R_v \in \mathbb{S}_{D(G)}$이 주어지면 군 $\langle RL \rangle$의 궤도는 서로 만나지 않는 (2-cell) 영역을 만들게 된다. 우리는 위상동형을 취하여 이들의 영역이 변의 길이가 일정하게 단위길이로 주어진 정다각형으로 볼 수 있다. 이제 이들의 정다각형을 유향변 (v, w)가 유향변 (w, v)와 일치하도록 그림 3.4과 같이 기워 붙일 수 있다. 각 꼭짓점에서 회전계 R_v가 cyclic이고 모든 유향변 (v, w)에 유향변 (w, v)가 대응되므로 기워 붙인 도형은 울타리가 없는 곡면이 된다. 따라서 우리가 원하는 매장 $G \hookrightarrow S$를 얻게 되고 이때 곡면 S는 Euler 식에 의하여 결정된다. 이때 유향변 (v, w)가 (유향변 (v, w)가 아닌) 유향변 (w, v)와 일치하도록 항상 기워지므로 곡면은 방향을 줄 수 있는 곡면이 된다. □

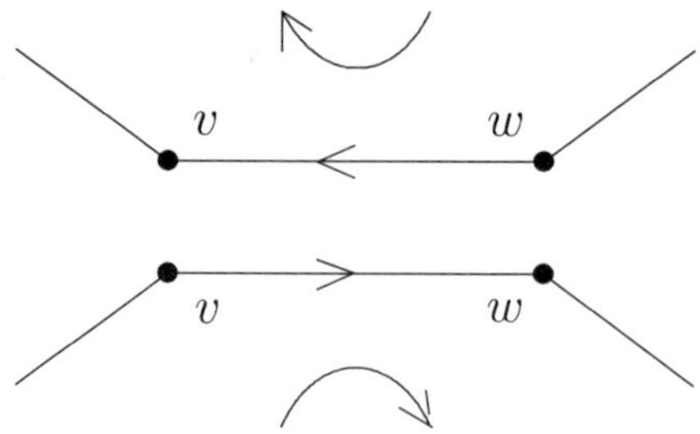

그림 3.31 영역 기워 붙이기

마지막으로 매장의 동위(isotopic)변환의 개념을 소개해 둔다.

위상공간상에의 두 연속함수 f와 g 사이의 homotopy란 연속함수 $H : X \times [0,1] \to Y$로서 모든 $x \in X$에 대하여 $H(x,0) = f(x)$이고 $H(x,1) = g(x)$를 만족하는 함수이다. $H(x,t)$에서 t를 "시간"을 나타내는 매개변수로 보면, H는 시간 0에서는 함수 f이고 시간 1에서는 함수 g가 되는 연속적 변형 (deformation)이라고 할 수 있다.

특히 두 연속함수 $f, g : X \to Y$가 위상동형함수(homeomorphism)인 경우에 당연히 모든 t에 대하여 위상동형함수가 되는 $H(x,t)$를 통하여 homotopic 할 수 있는지 질문할 수 있다. 모든 t에 대하여 $H(x,t)$가 위상동형함수가 되는 homotopy H에 의하여 homotopic 할 때, 이를 **isotopic**하다고 말하고, 이때 H를 **isotopy**라고 한다. 예를 들면, 구간 $[-1,1]$에서 함수 $f(x) = -x$는 항등함수에 homotopic 하지만 isotopic 하지는 않는다. 왜냐하면 $f(x)$와 항등함수 사이에 모든 homotopy는 양 끝점 0, 1을 자리바꿈하여야 하고 또한 구간 $[-1,1]$의 방향을 바꾸어야 한다. 이는 isotopy로는 불가능하다.

우리는 이러한 개념을 그래프 매장에서도 생각할 수 있다. 그래프의 회전계가 매장할 곡면 뿐만 아니라 매장하는 방법 자체도 위상적으로(homeomorphic하게) 유일하게 결정한다는 사실에 주목하자. 하지만 회전계가 동위(isotopic)변환까지 유일하게 결정하지는 않는다. 그림 3.32에서 보이는 "8자형" 그래프는 토러스로의 매장이 위상동형이고 동일한 회전계를 가지지만 동위변환으로 변형시켜 서로 겹치게 할 수는 없다[17]. 구면의 경우에는, 위상동형에 관한 동치관계와 동위(isotopic)에 관한 동치관계가 일치한다.

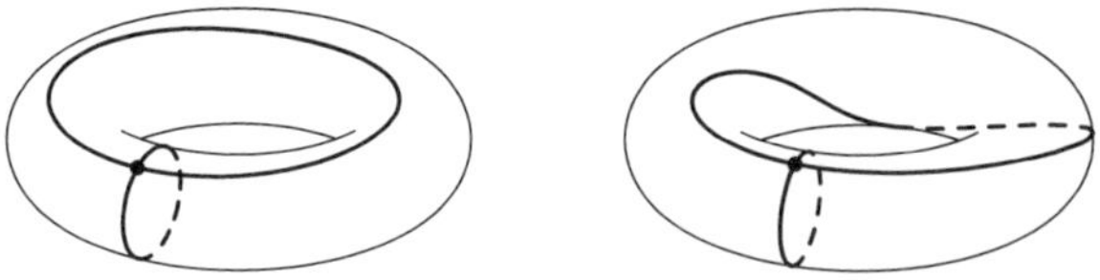

그림 3.32 "8자형" 그래프를 토러스에 매장하여 위상동형이지만 동위가 아닌 예

3.5 Map의 자기동형군과 monodromy 군

이제 곡면상에 매장된 그래프, 즉 map의 자기동형군을 생각해 보자. 우선 곡면 S를 방향이 주어진(oriented) 곡면이라 하고 S로의 2-cell 매장 $i : G \hookrightarrow S$, 즉 oriented map $\mathcal{M} = (S, G, i)$가 주어졌다고 하자. 만약 위상적 map $\mathcal{M} = (S, G, i)$의 자기동형함수(automorphism)를 곡면 S의 (위상적)자기동형함수로써, 이를 S에 매장된 그래프 G에 제한하였을 때 그래프 G의 자기동형함수가 되는 함수로 정의를 한다면 이러한 자기동형함수는 무한히 많이 존재하게 된다. 우리는 map의 자기동형군(automorphism group, 自己同型群)이 유한군(finite group)이 되도록 정의하기 위하여 다음의 정의를 택한다.

정의 3.9 S를 방향이 주어진(oriented) 곡면이라 하고 매장 $G \hookrightarrow S$를 생각하자. 이때 (oriented) map $\mathcal{M} = (S, G, i)$의 **자기동형함수**(map automorphism)는 그래프 G의 자기동형함수로서 곡면 S상에서 방향을 유지하는 자기동형함수로 확

[17] 그림 3.32에서 오른쪽 map은 왼쪽 map을 'Dehn twist'한 것이다. **Dehn twist**란 곡면에서 2-cell의 울타리로 나타나지 않는 단순 폐곡선을 따라 자른 후에 한 쪽 자른 선을 2π twist하여 다시 자른 선을 붙이는 것을 말한다. 이들이 생성하는 군을 **mapping class group**이라 한다.

장이 가능한 함수로 정의한다. 자기동형함수들이 이루는 군을 **자기동형군**(map automorphism group)이라 부르고 이를 Aut($\mathcal{M}$)으로 표기한다.

정리 **3.8** 방향이 주어진 곡면상의 map $\mathcal{M} = (S, G, i)$의 회전계를 R_v라고 할 때, 이 map의 자기동형군은

$$\text{Aut}(\mathcal{M}) = \{\varphi \in \text{Aut}(G) \mid R_{\varphi(v)} = \varphi R_v \varphi^{-1}, \ \ ^\forall v \in V(G)\} \qquad (3.1)$$

이다. 이는 Aut(G)의 부분군이다.

증명: S가 방향이 주어진 곡면이면, (위상적) 매장 $G \hookrightarrow S$는 회전계 R에 의하여 표현이 가능하다. 이때 회전계 R과 dart-reversing involution L은 유향변의 집합 $D(G)$상에 작용하는 치환이다. 그래프 G의 자기동형함수 $\varphi \in$ Aut(G)는 당연히 그리고 항상 $\varphi L = L\varphi$를 만족한다(그래프 함수 φ는 변은 변으로 보내기 때문이다). 이제 자기동형함수 $\varphi \in$ Aut(G)가 곡면 S상에서 방향을 유지하는 자기동형함수로 확장(extension)이 가능하면, map $\mathcal{M} = (S, G, i)$의 유향면을 유향면으로 보내게 된다. 주어진 유향면 F의 울타리(boundary)가 유향변들의 나열 $(x, y, \ldots, z)$로 되어 있다면 유향면 $\varphi(F)$의 울타리는 유향변들의 나열 $(\varphi(x), \varphi(y) \ldots, \varphi(z))$가 된다. 실은 이를 만족할 필요충분조건은 함수 φ가 RL의 각 궤도를 궤도로 보내고, 따라서 $\varphi R = R\varphi$이다(예제 3.13 참조.) 즉, 각 꼭짓점에서 값을 취하면 $R_{\varphi(v)} = \varphi R_v \varphi^{-1} \ ^\forall v \in V(G)$이다.

역으로, $R_{\varphi(v)} = \varphi R_v \varphi^{-1}, \ ^\forall v \in V(G)$를 만족하는 $\varphi \in$ Aut(G)는 간략화된 띠 분해상에서 동형함수로 확장이 가능하고, 보조정리 3.6에 의하여 $\varphi \in$ Aut($\mathcal{M}$)임도 보일 수 있다. □

주의: (1) 그래프 자기동형함수는 유향변(directed edges)의 방향을 유지하고, 방향을 줄 수 있는 곡면상의 map 자기동형함수는 방향이 주어진 면(oriented region)의 울타리 방향까지도 유지한다.
(2) $\mathcal{M} = (S, G, i)$에서, 그래프 자기동형함수 $A \in \mathrm{Aut}(G)$가 (방향을 유지하는) map 자기동형함수 $A \in \mathrm{Aut}(\mathcal{M})$가 될 필요충분조건은 A가 곡면 S의 방향을 유지하는 자기동형함수로 확장이 가능하다는 것이다.

정의 3.10 회전계 R과 dart-reversing involution L에 의해서 생성된 부분군 $\langle R, L\rangle \leq \mathbb{S}_{D(G)}$를 map $\mathcal{M}$의 **monodromy** 군이라 부르고 $\mathrm{Mon}(\mathcal{M}) = \langle R, L\rangle$로 표기한다.

예제 3.14 (정4면체(tetrahedron)) 정4면체 $\mathcal{M}$에서, 바탕그래프는 K_4이고 이의 자기동형군은 $\mathrm{Aut}(K_4) \cong \mathbb{S}_4$이다. 여기서 map의 자기동형군 $\mathrm{Aut}(\mathcal{M})$와 monodromy 군 $\mathrm{Mon}(\mathcal{M}) = \langle R, L\rangle$을 비교해 보자. 우선

- *정4면체의 대칭군* $\mathrm{Sym}(\mathcal{M})$[18]: 3차원 공간에 (원점을 중심으로 하는) 정4면체 모형이 있다고 하자. 이의 대칭군, 즉 정4면체 모형을 움직여 동일한 위치에 같은 모양으로 놓을 수 있는 모든 변환이 이루는 군 $\mathrm{Sym}(\mathcal{M})$은 다음과 같다. 정4면체의 바탕그래프를 K_4의 꼭짓점을 $V(K_4) = \{0, 1, 2, 3\}$라 하면 이들의 치환 $\alpha = (1\ 2\ 3)$, $\beta = (0\ 2)(1\ 3)$는 정4면체 $\mathcal{M}$의 대칭변환이다. 더욱이

$$\mathrm{Sym}(\mathcal{M}) = \{1, \alpha, \alpha^2,\ \beta, \alpha\beta, \alpha^2\beta,\ \beta\alpha, \alpha\beta\alpha, \alpha^2\beta\alpha,\ \beta\alpha\beta, \alpha\beta\alpha\beta, \alpha^2\beta\alpha\beta\}$$

[18] 정4면체를 정4면체로 보내는 3차원 $\mathbb{R}^3$의 모든 isometry들이 이루는 군

이고 이는 교대군 A_4와 동형이다. 이때 대칭변환 α, β를 꼭짓점의 치환이 아니라 그림 3.29를 이용하여 유향변의 치환으로 표기하면

$$\alpha = (01\ 02\ 03)(10\ 20\ 30)(12\ 23\ 31)(13\ 21\ 32),$$

$$\beta = (01\ 23)(10\ 32)(02\ 20)(03\ 21)(30\ 12)(13\ 31)$$

이다.

- *monodromy군* Mon($\mathcal{M}$): 예제 3.13(1)과 같이 정4면체의 회전계는 (그림 3.29 참조)

$$R = R_0R_1R_2R_3 = (01\ 03\ 02)(10\ 12\ 13)(20\ 23\ 21)(30\ 31\ 32),$$

arc-reversing involution은

$$L = (01\ 10)(02\ 20)(03\ 30)(12\ 21)(13\ 31)(23\ 32)$$

이고, 유향변의 집합 $D(G)$상의 치환군으로서 Mon($\mathcal{M}$) $= \langle R, L\rangle$이다. 주어진 그래프가 연결이므로, monodromy군 Mon($\mathcal{M}$)는 그의 구성으로부터 집합 $D(G)$상에 추이적으로 작용함을 알 수 있다.

- *자기동형군*[19] Aut($\mathcal{M}$)은 Aut($\mathcal{M}$) $= \{\varphi \in \mathbb{S}_D \mid R\varphi = \varphi R,\ L\varphi = \varphi L\}$으로 군 $\mathbb{S}_D$에서 부분군 Mon($\mathcal{M}$) $= \langle R, L\rangle$의 centralizer이다.

실제 정4면체의 경우에는 위의 세 개의 군은 모두 군 동형이다.[20] 우선

[19]이는 정4면체를 위상적 map으로 보았을 때, 정리 3.8의 식 (3.1)에서 주어진 (조합적) 자기동형군이다.

[20]대칭군과 자기동형군은 global symmetry를 보여주지만 monodromy 군은 local symmetry를 보여준다.

대칭군 Sym($\mathcal{M}$)과 monodromy 군 Mon($\mathcal{M}$) 사이의 동형함수 Mon($\mathcal{M}$) $\cong$ Sym($\mathcal{M}$)은 $(1)W = \varphi(1)$의 관련식에 의한 대응 $W \mapsto \varphi$에 의하여 주어진다. 이를 구체적으로 살펴보자. 우선 대칭군 Sym($\mathcal{M}$)에서 (꼭짓점의 치환으로) $\alpha\beta\alpha = \beta\alpha^2\beta = (0\ 3\ 1)$; $\beta\alpha\beta = \alpha^2\beta\alpha^2 = (0\ 1\ 3)$, $\alpha\beta\alpha\beta = \beta\alpha^2 = (0\ 1\ 2)$, $\alpha^2\beta\alpha\beta = \alpha\beta\alpha^2 = (0\ 1)(2\ 3)$은 쉽게 보일 수 있다. 더욱이 (유향변의 치환으로)[21]

$$\begin{aligned}
e &= & (01)(02)\cdots(30) && \mapsto e \\
R &= & (01\ 03\ 02)(10\ 12\ 13)(20\ 23\ 21)(30\ 31\ 32) && \mapsto \alpha^2 \\
R^2 &= & (01\ 02\ 03)(10\ 13\ 12)(21\ 23\ 20)(30\ 32\ 31) && \mapsto \alpha
\end{aligned}$$

$$\begin{aligned}
L &= & (01\ 10)(02\ 20)(03\ 30)(12\ 21)(13\ 31)(23\ 32) && \mapsto \beta\alpha\beta\alpha^2 \\
RL &= & (01\ 30\ 13)(03\ 20\ 32)(02\ 10\ 21)(12\ 31\ 23) && \mapsto \alpha\beta\alpha \\
R^2L &= & (01\ 20\ 12)(03\ 10\ 31)(02\ 30\ 23)(13\ 21\ 32) && \mapsto \beta\alpha
\end{aligned}$$

$$\begin{aligned}
LR &= & (01\ 12\ 20)(03\ 31\ 10)(02\ 23\ 30)(13\ 32\ 21) && \mapsto \beta\alpha\beta\alpha \\
RLR &= & (01\ 31\ 21)(03\ 23\ 13)(02\ 12\ 32)(10\ 20\ 30) && \mapsto \alpha\beta \\
R^2LR &= & (01\ 23)(30\ 12)(02\ 31)(10\ 32)(13\ 20)(21\ 30) && \mapsto \beta
\end{aligned}$$

이고

$$\begin{aligned}
LRL &= & (01\ 21\ 31)(03\ 13\ 23)(02\ 32\ 12)(10\ 30\ 20) && \mapsto \beta\alpha^2 \\
RLRL = LR^2 &= & (01\ 13\ 30)(03\ 32\ 20)(02\ 21\ 10)(12\ 23\ 31) && \mapsto \beta\alpha\beta \\
R^2LRL = RLR^2 &= & (01\ 32)(03\ 21)(02\ 13)(10\ 23)(12\ 30)(20\ 31) && \mapsto \alpha\beta\alpha^2
\end{aligned}$$

[21]물론 꼭짓점의 치환으로 보일 수도 있다.

그림 3.29을 추적하여 $R^2 \mapsto \alpha;\quad R^2LR \mapsto \beta$ 등을 보일 수 도 있다.

대칭군 Sym($\mathcal{M}$)과 자기동형군 Aut($\mathcal{M}$) 사이의 동형함수: 대칭군 Sym($\mathcal{M}$)의 생성원인 α, β를 유향변의 치환으로 표기하면

$$\alpha = (01\ 02\ 03)(10\ 20\ 30)(12\ 23\ 31)(13\ 21\ 32),$$

$$\beta = (01\ 23)(10\ 32)(02\ 20)(03\ 21)(30\ 12)(13\ 31)$$

이고,

$$\begin{aligned}
R\alpha &= \quad (01)(02)(03)(10\ 23\ 32)(20\ 31\ 13)(30\ 12\ 21) &&= \alpha R \\
L\alpha &= \quad (01\ 20\ 03\ 10\ 02\ 30)(12\ 32\ 31\ 21\ 23\ 13) &&= \alpha L \\
R\beta &= \quad (01\ 21\ 02\ 23\ 03\ 20)(10\ 30\ 13\ 32\ 12\ 31) &&= \beta R \\
L\beta &= \quad (01\ 32)(02)(03\ 12)(10\ 23)(13)(20)(21\ 30)(31) &&= \beta L
\end{aligned}$$

이므로, $\alpha,\ \beta$는 모두 R, L과 commutative(교환가능)하여 Aut($\mathcal{M}$)에 속한다. 따라서 Sym($\mathcal{M}$) $\leq$ Aut($\mathcal{M}$)이다.

한편, 자기동형군 Aut($\mathcal{M}$)은 유향변 집합 D에 준정칙(semi-regularly)으로 작용한다. 즉, 자기동형함수 $\alpha \in$ Aut($\mathcal{M}$)가 어떤 dart x를 고정한다면, 즉 $\alpha(x) = x$이면 α는 항등함수이여야 한다. 왜냐하면, 임의의 dart $y \in D$에 대하여 군 Mon($\mathcal{M}$)이 집합 D에 추이적으로(transitively) 작용하므로, $W \in$ Mon($\mathcal{M}$)이 존재하여 $W(x) = y$를 만족한다. 그러면

$$\alpha(y) = \alpha W(x) = W\alpha(x) = W(x) = y$$

가 되어 $\alpha = id$가 된다. 이는, 부등식

$$|\mathbf{Aut}(\mathcal{M})| \leq |D| \leq |\mathbf{Mon}(\mathcal{M})|$$

을 보여준다.

이미 $\mathrm{Sym}(\mathcal{M}) \cong \mathbf{Mon}(\mathcal{M}) \cong A_4$를 보였으므로, 위의 결과들을 종합하면 $|\mathrm{Sym}(\mathcal{M})| = |\mathbf{Aut}(\mathcal{M})| = |\mathbf{Mon}(\mathcal{M})| = |D|$가 되어, $\mathrm{Sym}(\mathcal{M}) = \mathbf{Aut}(\mathcal{M})$이고 세 가지 군 $\mathrm{Sym}(\mathcal{M}), \mathbf{Mon}(\mathcal{M}), \mathbf{Aut}(\mathcal{M})$은 모두 동형이 된다. □

문제 3.8 (1) 그림 3.33에서 보인 그래프 K_4의 매장에서 회전계 R, arc-reversing involution L을 결정하고, $R \circ L = LR$의 계산을 이용하여 각 면의 울타리를 결정하여라. 또한 이 매장은 구면으로의 매장임을 보여라.

(2) 그림 3.34에서 보인 그래프 K_4의 매장에서 회전계 R, arc-reversing involution L을 결정하고, $R \circ L = LR$의 계산을 이용하여 각 면의 울타리를 결정하여라. 이 매장은 토러스로의 매장임을 보여라.

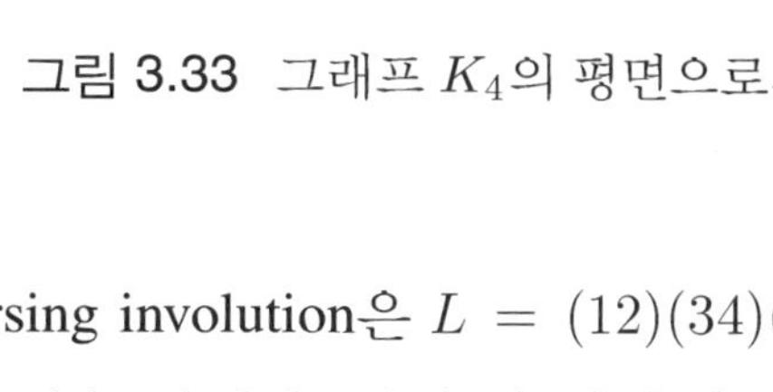

그림 3.33 그래프 K_4의 평면으로의 매장

답: (1) arc-reversing involution은 $L = (12)(34)(56)(78)(9a)(bc)$; 회전계는 $R = (531)(ca6)(849)(27b)$이다. 이때 각 면의 울타리(boundary)는 $R \circ L =$

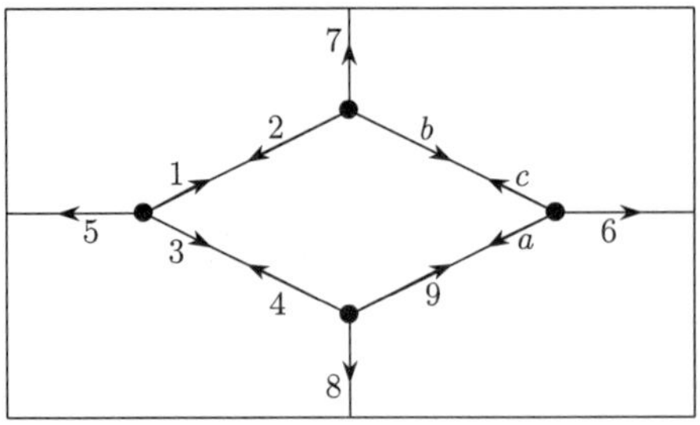

그림 3.34 그래프 K_4의 토러스로의 매장

$LR = (174)(25c)(396)(8ba)$의 각 순환순열(cyclic permutation)로 표현된다. 따라서 면의 개수는 $R \circ L$의 cyclic의 개수, 즉 4이다.

(2) arc-reversing involution은 $L = (12)(34)(56)(78)(9a)(bc)$; 회전계는 $R = (531)(ca6)(894)(2b7)$이다. 각 면의 울타리(boundary)는

$$R \circ L = LR = (1ba4)(25c79638)$$

의 각 순환순열(cyclic permutation)로 표현된다. □

3.6 방향을 줄 수 없는 곡면까지 포함한 곡면상의 map과 매장체계

이제 우리는 방향을 줄 수 있는(orientable) 곡면뿐만 아니라 방향을 줄 수 없는(nonorientable) 곡면까지 포함하여 모든 곡면상의 매장을 다루고자 한자.

3.6.1 방향을 줄 수 없는 곡면상의 map과 매장체계

방향을 줄 수 없는(nonorientable) 곡면이라 하더라도 모든 곡면은 국소적으로는 $\mathbb{R}^2$와 같다는 사실에 의해 매장된 그래프의 각 꼭짓점 v에 국소방향(local orientation; 시계방향 혹은 반시계방향)을 줄 수 있다. 각 꼭짓점에 주어진 국소방향을 따라 회전계 R을 정의할 수 있다. 이제 곡면상에서 매장된 변의 놓여진 상태(꼬임정보)를 분별하기 위하여 그림 3.35를 생각해 보자.

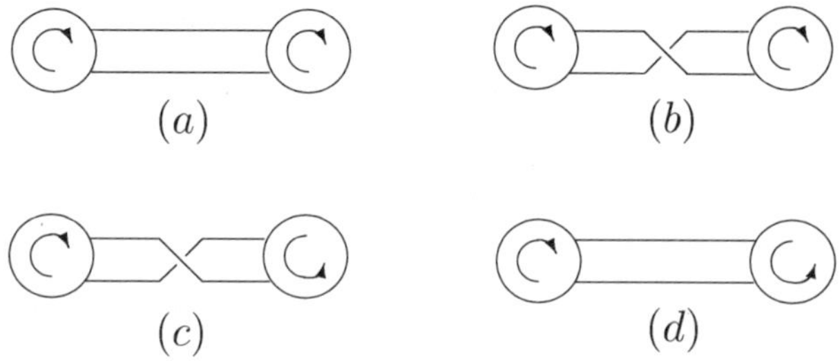

그림 3.35 국소적으로 방향이 주어진 곡면에서의 1-띠의 놓인 상태

1-띠의 twist: 그림 3.35의 (a), (b)는 '1-띠의 twist'에 의하여 각각 (c), (d)로 바꾸어 진다.[22] 이 역도 사실이다. 이런 의미에서 그림 (a)와 (c), 또는 (b)와 (d)는 각각 동일한 (같은 type의) 1-띠로 간주된다. 1-띠 (a)는 (동치적으로 (c)도) 꼬이지 않은 1-띠를 따라서 양 끝점의 국소방향이 동일하다. 이런 이미에서 1-띠 (a)와 (c)에서는 1-띠를 따라서 두 점의 국소방향(local orientation)이 보존된다고 말한다. 하지만 (b)와 (d)에서는 다르다. 1-띠 (d)는 꼬이지 않은 1-띠를 따라서 양 끝점의 국소방향이 바뀌어 있다. 즉, (b)와 (d)에서는 1-띠를 따라서 두 점의 국소방향이 바뀐다 혹은 보존되지 않는다라고 말한다. 이를 수학적으로 표현하기 위하여 함수 $\tau : E(G) \to \mathbb{Z}_2 = \{1, -1\}$를 다음과 같이 정의하자. 각 변에 대응되는 1-띠가 양 끝점의 국소방향을 보존하면 1을, 국소방향을 보존하지 않으면 -1을 대응시킨다. 바꾸어 말하면, 그림 3.28의 오른쪽 그림과 같은 매장사

[22] (a)에서 왼쪽 0-띠를 고정하고 오른쪽 0-띠를 한 번 꼬면 (c)를 얻게 되고, (c)에서 한 번 더 꼬임을 하면 꼬임이 풀리거나 두 번 꼬인 1-띠를 얻게 된다. 하지만 두 번 꼬인 1-띠를 본래의 꼬임이 없는 (a)와 동일시한다. 왜냐하면 이들의 울타리를 따라 원판(즉, 2-cell)을 기워 넣으면 동일한 닫힌 곡면 S가 되기 때문이다.

영(projection)에서 '×' 표시를 한 꼬인 변에는 −1을, 그렇지 않으면 1을 대응시킨다. 이 함수를 **꼬임함수계**(twisting system)라고 부른다. 회전계와 꼬임함수계의 쌍 (R, τ)를 주어진 매장에 대한 **매장체계**(embedding scheme)라 부른다.[23]

예제 **3.15** 그림 3.28의 매장에 대응되는 매장체계를 알아보자. 이를 위하여 그래프의 변의 이름을 위에서부터 a, b, c라고 붙이고, 왼쪽 꼭짓점 u에서 오른쪽 꼭짓점 v로의 방향이 각 변의 양의 방향이라고 생각하자. 먼저, 양 꼭짓점의 국소방향이 시계방향으로 주어져 있을 때를 생각하자. 그러면,

$$R_u = (a^+ \; b^+ \; c^+), \; R_v = (a^- \; c^- \; b^-), \; \tau(a) = -1, \; \tau(b) = \tau(c) = 1$$

이 된다. 만약 왼쪽 꼭짓점 u에서의 국소방향은 시계방향, 오른쪽 꼭짓점 v에서의 국소방향은 반시계방향으로 주면,

$$R_u = (a^+ \; b^+ \; c^+), \; R_v = (a^- \; b^- \; c^-), \; \tau(a) = 1, \; \tau(b) = \tau(c) = -1$$

이 된다. 여기서, 우리는 한 매장에 대하여 여러 가지 매장체계가 있을 수 있음을 알 수 있다. □

일반적으로, 주어진 그래프 G에 대해서 꼭짓점 $v_1, v_2, \ldots, v_n$에 접해있는 변들의 개수를 각각 $d_1, d_2, \ldots, d_n$ 이라 하자. 그러면 총

$$2^{|E(G)|} \prod_{i=1}^{n} (d_i - 1)! \tag{3.2}$$

개의 매장체계가 존재한다. 하지만 예제 3.15에서 본 바와 같이 이들이 모두 다른 매장을 표현하는 것은 아니다.

---

[23]주어진 매장의 간략화된 띠 분해(reduced band decomposition)에서 꼬인 1-띠는 꼬이지 않은 1-띠로, 꼬이지 않은 1-띠는 꼬인 1-띠로 바꾼 띠 분해를 가지는 매장을 본래 매장의 **Petrie dual**이라고 부른다. 매장체계에서는 $(R, -\tau)$를 (R, τ)의 **Petrie dual**이라고 부른다.

예제 3.16 그림 3.36은 "8자형" 그래프 B_2가 Klein 병에 매장되는 매장체계를 보여준다.

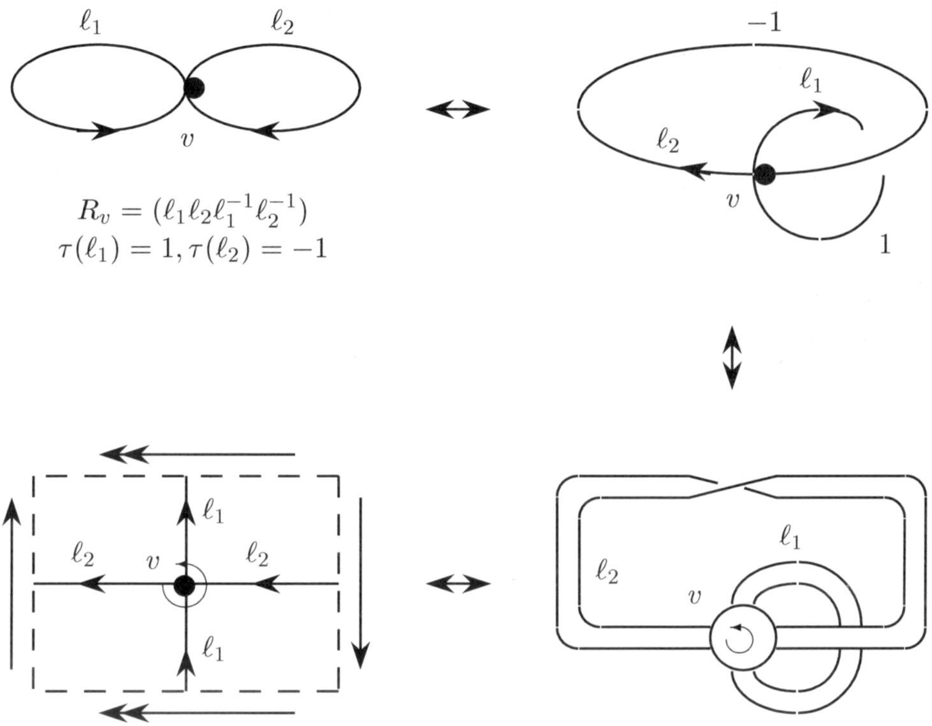

그림 3.36 Klein 병으로 "8자형" 그래프 B_2의 매장

3.6.2 Canonical 2중 피복

그래프 매장의 이야기를 잠시 멈추고 방향을 줄 수 있는 곡면과 방향을 줄 수 없는 곡면과의 관계를 살펴보자. 예를 들어, 사영평면은 구면에서 $\mathbb{Z}_2$ 작용을 취한 상공간이고, Klein병은 토러스에서 $\mathbb{Z}_2$ 작용을 취한 상공간임은 잘 알려져 있다.

실은 위상곡면론에서 모든 방향을 줄 수 없는 곡면은 어떤 방향을 줄 수 있는 곡면에서 $\mathbb{Z}_2$ 작용을 취한 상공간으로 나타난다고 알려져 있다. 이때 $\mathbb{Z}_2$ 작용이 정의되어 있는 방향을 줄 수 있는 곡면을 (처음 주어진) 방향을 줄 수 없는 곡면의 **canonical 2중 피복**이라 부른다. 본 절에서는 이를 조합적 관점에서 살펴 보려고 한다. 이를 위하여 우선 제1장 연습문제 4에서 소개된 그래프의 피복을 다시 살펴보자.

그래프 G와 유한군 $\mathcal{A}$에 대하여, 함수 $\phi : D(G) \to \mathcal{A}$가 $D(G)$의 각 유향변 e에 대하여 $\phi(e^{-1}) = \phi(e)^{-1}$를 만족할 때 ϕ를 **정규피복을 유도하는 함수(deriving function)**라 부르고 정규피복을 유도하는 함수 $\phi(e)$가 정의된 그래프 G를 **정규피복을 유도하는 그래프**라 하고, $(G, \mathcal{A}, \phi)$로 표기한다.

정의 3.11 주어진 정규피복을 유도하는 그래프 $(G, \mathcal{A}, \phi)$로부터 **유도된 그래프**(derived graph) G^{ϕ}는

$$V(G^{\phi}) = V(G) \times \mathcal{A}$$
$$E(G^{\phi}) = E(G) \times \mathcal{A}$$

를 가지며, 변 $(e, g) \in E(G^{\phi})$는 꼭짓점 (u, g)와 꼭짓점 $(v, \phi(e)g)$ 사이의 변을 나타낸다(여기서, $e = uv \in E(G)$, $g \in \mathcal{A}$이다). 간단히 $(u, g) \equiv u_g$로 표기하자. 이때 자연스러운 사영함수 $p_{\phi} : G^{\phi} \to G$, $p_{\phi}(u_g) = u$는 G의 $|\mathcal{A}|$-겹 피복이 되며, 이것을 간단히 **$\mathcal{A}$-피복**($\mathcal{A}$-covering)이라고 부른다. 사실은, 피복그래프 G^{ϕ}상에 군 $\mathcal{A}$의 작용을 자연스럽게 정의할 수 있다: 원소 $\forall g \in \mathcal{A}$에 대하여 $R_g : G^{\phi} \to G^{\phi}$를 $R_g(v_{g'}) = v_{g'g}$로 정의하자. 그러면 G^{ϕ} 상에서 $\mathcal{A}$는 (꼭짓점 집합과 변 집합 모두에서) 고정점이 없는 작용을 하게 되며 $G^{\phi}/\mathcal{A} \cong G$이다.

주어진 그래프 G의 매장체계 (R, τ)에 대하여 $\tau : D(G) \to \mathbb{Z}_2$를 정규피복을 유도하는 함수로 보고 유도된 그래프 G^{τ}의 특수한 매장을 유도해보자.

편의상 $\mathbb{Z}_2$를 $\mathbb{Z}_2 = \{0, 1\}$으로 하고 위 피복에서 $p(u_0) = p(u_1) = u$임에 유의하자. 여기서 0는 1과, u_0는 u_1과 짝지어진다. 이 대응되는 짝들을 수학적 기호로 $\hat{0} = 1, \hat{1} = 0$, 또한 $\hat{u_0} = u_1$ 등으로 쓰기로 하자.

피복 그래프 G^τ의 매장을 유도하기 위하여 회전계 R^τ를 다음과 같이 정의하자: 그림 3.37의 왼쪽 두 그래프가 이루는 피복과 같이, $R^\tau_{v_0}$는 R_v의 올림(lifting)으로, 그리고 $R^\tau_{v_1}$는 R_v^{-1}의 올림(lifting)으로 정의하자. 그러면 회전계 R^τ를 따라서 피복 그래프 G^τ는 방향을 줄 수 있는 곡면으로 매장된다. 이 회전계 R^τ를 G의 매장체계 (R, τ)에 대응되는 이중피복 G^τ의 **canonical 회전계**라 부른다. 그러면 R^τ에 의한 G^τ의 매장곡면은 $(R; \tau)$에 의한 G의 매장곡면의 **canonical 2중 피복**이 된다.

보조정리 **3.9** 그래프 G의 매장체계 (R, τ)가 주어졌다고 하자. 그러면 회전계 R^τ에 의하여 유도되어진 G^τ의 orientable 매장에서의 영역은 두 개씩 짝지어져 아래 성질을 만족하는 쌍 $\{F, \hat{F}\}$로 나타난다.

$F \neq \hat{F}$이며 F과 $\hat{F}$의 울타리 길은 피복함수 p에 의하여 바탕그래프 G에서 서로 반대 방향으로 가는 길(inverse walk)로 보내진다.

증명: $\tilde{e}, \tilde{f}$를 매장체계 (R, τ)에 의하여 유도된 회전계 R^τ에 의한 G^τ의 매장에서 어떤 영역 F의 울타리에서 연속해서 나타나는 두 유향변이라고 하자. 그러면 회전계 R^τ의 정의에 의하여, $\hat{\tilde{f}}^{-1}, \hat{\tilde{e}}^{-1}$가 어떤 영역의 울타리에서 연속해서 나타나게 된다. 이 영역을 $\hat{F}$라 하자. 이는 유일하게 주어짐에 유의하자. 그러면 회전계 R^τ의 정의에 의하여 $R^\tau(\tilde{e}) = \tilde{f}$이고 $R^\tau(\hat{\tilde{f}}^{-1}) = \hat{\tilde{e}}^{-1}$이다. 귀납법적으로 F의 울타리 길에 이를 반복하면, F와 $\hat{F}$의 울타리 길은 피복함수 p에 의하여 바탕그래프 G에서 서로 반대 방향으로 가는 길(inverse walk)로 보내진다. 그림 3.37의 오른쪽 두 그래프가 이루는 피복을 참조하여라.

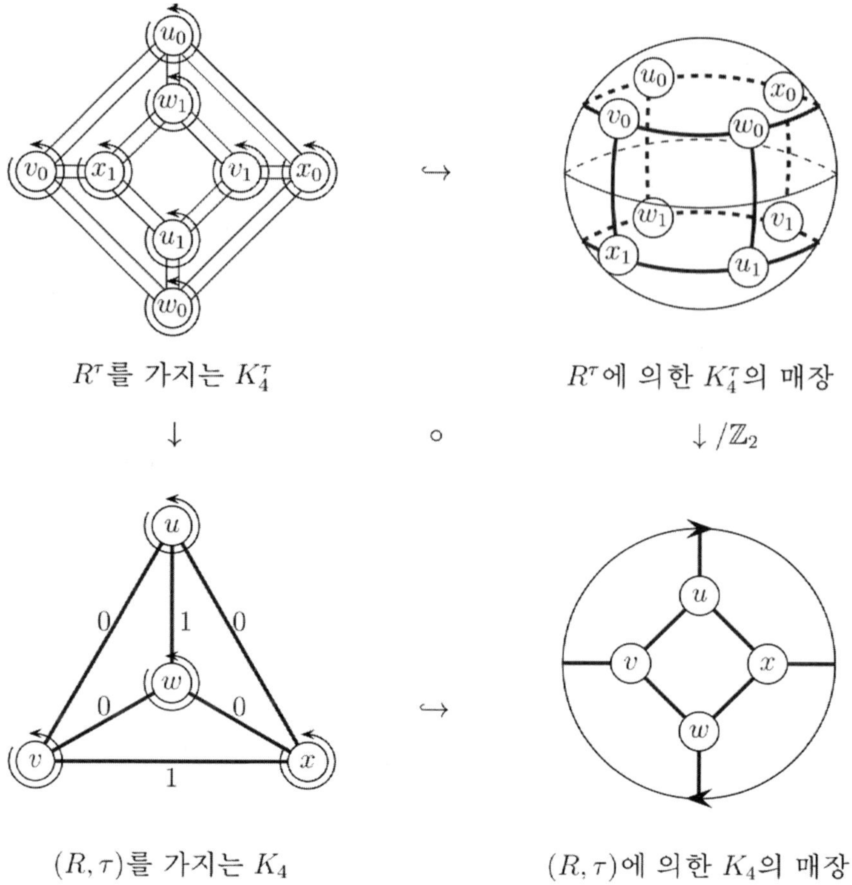

그림 3.37 Canonical 2중 피복과 그들의 매장

당연히 $\hat{\hat{F}} = F$이다. $\hat{F} \neq F$를 보여보자. 이를 역으로 보이기 위하여 쌍으로 나타난 어떤 두 영역역이 동일하다고 가정해 보자. 즉, $\hat{F} = F$라 하자. 그러면 다음의 그림 3.38과 같이 모순적인 결과를 유도할 수 있다. 따라서 $\hat{F} \neq F$이다. □

3.6.3 매장체계 (R,τ)가 모든 매장을 결정한다

우리는 방향이 주어진 곡면으로 그래프 G의 매장은 G의 회전계(rotation sys-

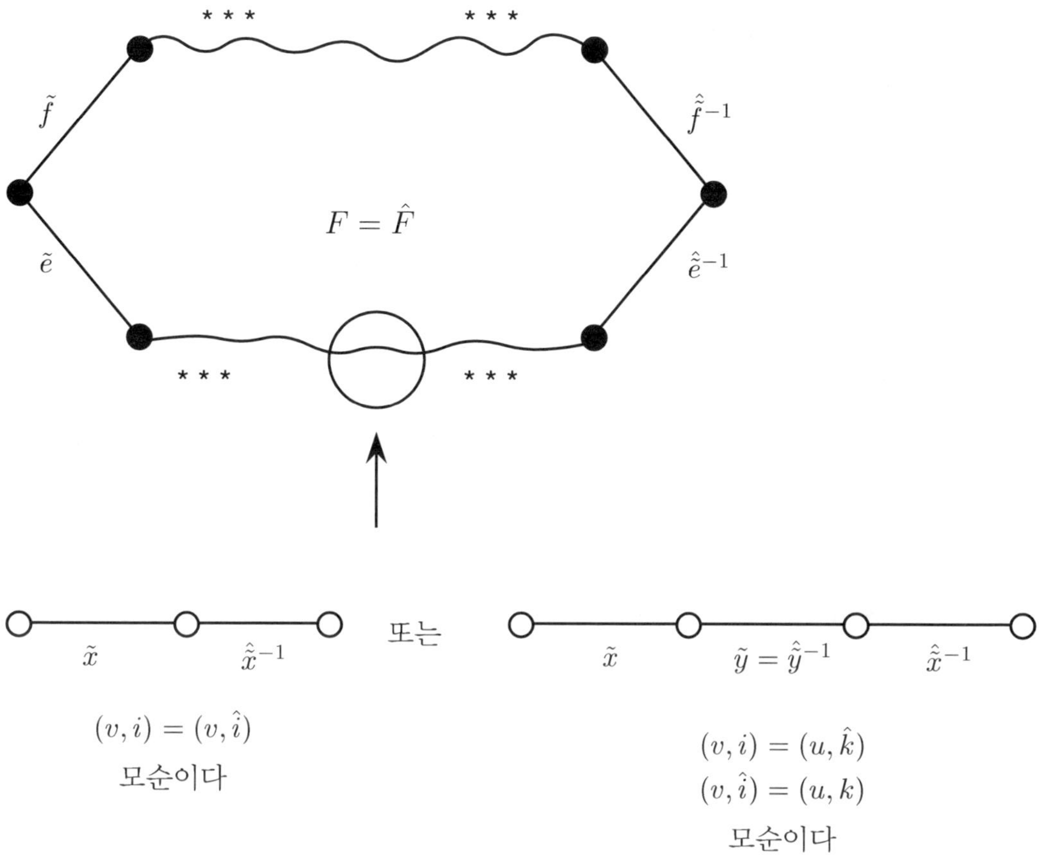

그림 3.38 R^{τ}에 의한 G^{τ}의 매장에서 어떤 영역

tem)를 결정하고 역으로 그래프 G의 회전계는 방향이 주어진 곡면으로 G의 매장을 결정함을 보았다. 방향을 줄 수 있거나 혹은 방향을 줄 수 없는 곡면으로 매장에 대해서도 유사하게 다음 정리가 성립한다. 이의 증명도 보조정리 3.6과 간략화된 띠 분해를 이용하여 가능하다.

정리 3.10 (1) 임의의 (방향을 줄 수 있거나 혹은 방향을 줄 수 없는) 곡면으로 그래프 G의 매장은 그래프 G의 매장체계(embedding system) (R, τ)를 결정한

다. 역으로,
(2) 그래프 G의 매장체계 (R, τ)는 곡면으로의 매장을 결정한다. 이때 주어진 곡면은 방향을 줄 수 있거나 때로는 방향을 줄 수 없는 곡면이 된다.

증명: 임의의 곡면으로 그래프 G의 매장 $G \hookrightarrow S$가 주어졌다고 하자. 곡면 S상에 나타난 그래프 G의 각 꼭짓점에 대하여 이의 근방으로 충분히 작은 원판을 취하여 이를 0-띠로 취하자. 그리고 이렇게 취한 각 0-띠에 시계방향, 혹은 시계 반대방향 중 하나를 임의로 택하여 0-띠의 방향(orientation)을 정하자. 이 방향에 따라 회전계 R이 결정된다. 이제 각 변 e의 근방으로 1-띠를 취하면 이는 그림 3.35의 1-띠 중 하나이고, 이는 꼬임함수계(twisting system) τ를 결정한다. 증명과정에서 0-띠의 방향(orientation)의 선택에 따라 여러 가지의 매장체계 (R, τ)가 주어질 수 있음에 유의하자.

역으로, (R, τ)를 그래프 G의 매장체계라 하자. τ를 이용하여 G의 이중피복 G^τ를 구성하고, 피복 그래프 G^τ의 회전계 R^τ에 의하여 정해진 orientable 매장을 $G^\tau \hookrightarrow \tilde{S}$라 할 때, 이 매장의 영역은 두 개씩 짝지어진 쌍 $\{F, \hat{F}\}$로 나타난다. 이 중에서 단 하나의 영역들로 이루어진 집합을 $\mathcal{F}$라 하자. 영역 $F \in \mathcal{F}$를 하나 택하고 $\tilde{e}_1, \tilde{e}_2, \ldots, \tilde{e}_n$를 F의 울타리 길이라 하자. 여기서 $\tilde{e}_i$는 그래프 G의 변 e_i의 올림(lifting)이다. 그러면 $p(F)$는 $e_1, e_2, \ldots, e_n$을 울타리 길로 가지는 하나의 다각형이 된다.

하지만 그래프 G의 각 변 e는 다각형 $p(F)$, $F \in \mathcal{F}$의 울타리 변으로 정확히 두 번씩 나타난다. 그리고 $p(\mathcal{F}) = \{p(F) | F \in \mathcal{F}\}$에서 울타리 길을 동일시하여 기워 붙이면 매장 $G \hookrightarrow S$를 얻게 된다. 이때 그래프 피복함수 p는 곡면의 canonical 이중피복의 피복함수 $p : \tilde{S} \to S$로 확장된다.

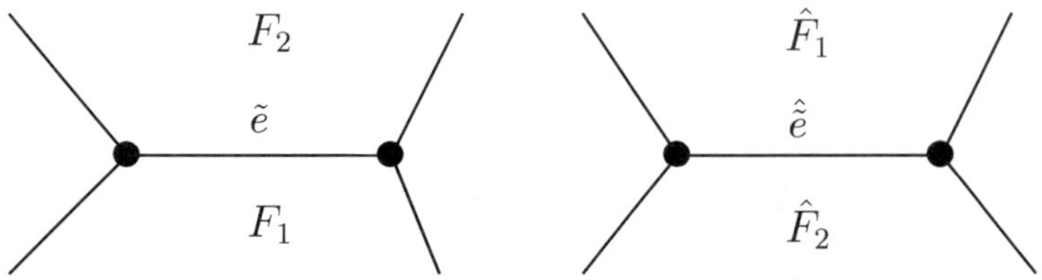

□

마지막으로 정리 3.10에서 주어진 매장체계 (R, τ)에 의하여 결정되는 곡면은 언제 방향을 줄 수 있는 곡면이 되는지 알아보자.

방향을 줄 수 있는 곡면인지의 여부를 결정하는 알고리즘: 주어진 그래프의 매장 $G \hookrightarrow S$에 대하여 ,

(1) 우선 꼭짓점 한 개를 고정하여 뿌리(root vertex) u라 하고 spanning tree(모든 꼭짓점을 가지는 나무) T를 하나 고정하자.

(2) 뿌리 u를 포함하는 0-띠의 방향(orientation)을 정하고 이의 근방 꼭짓점을 포함하는 0-띠의 방향을 이를 연결하는 1-띠가 꼬이지 않도록(untwisted) 정하자. 이를 계속하여 spanning tree T의 모든 변들의 1-띠가 꼬이지 않도록(untwisted) 정하자.

(3) 그러면 다음의 결과를 얻는다. 곡면 S가 방향을 줄 수 없는 곡면이 될 필요충분조건은 꼬여진(twisted) 1-띠를 가지는 변이 $E(G) - E(T)$에 적어도 한 개가 존재한다.

3.7 연습문제

(1) 울타리 변을 따라 대수적 표현 $\{aba^{-1}cd, c^{-1}ef^{-1}, b^{-1}e^{-1}fd^{-1}\}$를 가지는 곡면은 어떤 곡면인가?

(2) 그림 3.39에서 주어진 세 개의 간략화된 띠 분해는 같은 곡면을 구성함을 보여라. 그림 3.40에서의 띠 분해는 어떠한가?

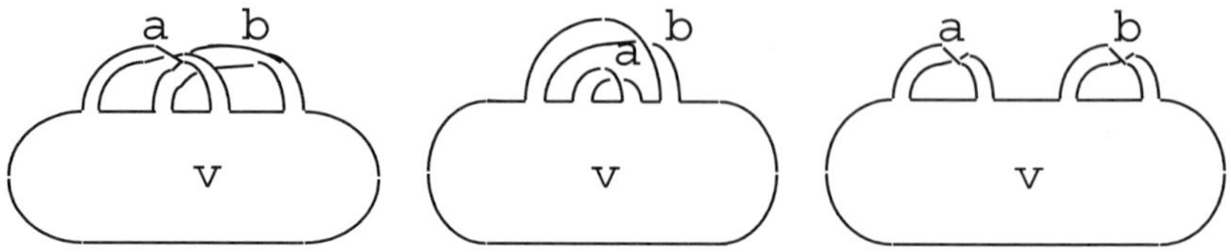

그림 3.39 세 개의 간략화된 띠 분해

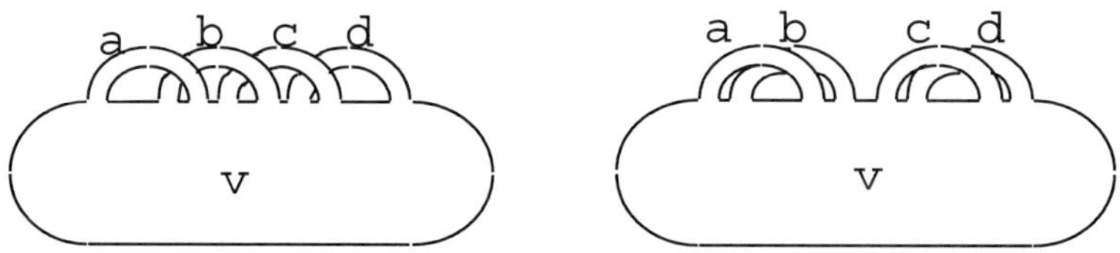

그림 3.40 2개의 간략화된 띠 분해

(3) 그림 3.41에서 주어진 토러스상에 K_5의 매장 $\mathcal{M}$을 생각해 보자. 그리고 토러스상에 방향이 시계반대방향으로 주어졌다고 하자.

(a) 각 꼭짓점의 회전계 R_i를 구하여라.

(b) $R \circ L = LR$의 계산을 이용하여 각 면의 울타리(boundary)를 결정하여라. 이 매장은 토러스로상의 매장임을 보여라.

(c) 매장 $\mathcal{M}$의 자기동형군 Aut($\mathcal{M}$)와 monodromy 군 Mon($\mathcal{M}$) $= \langle R, L \rangle$을 구하여라. 이들은 군동형인가?

답: (a)

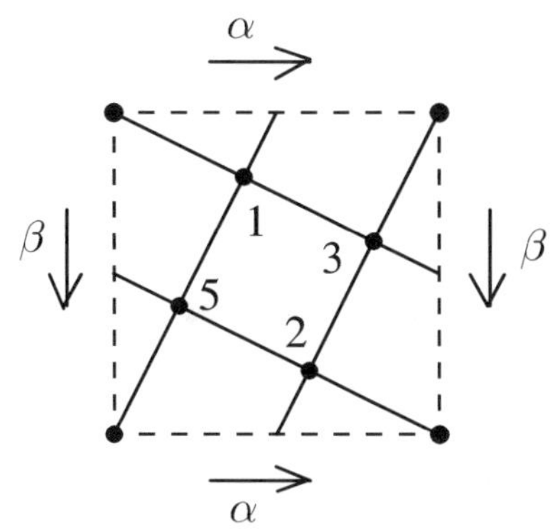

그림 3.41 토러스상의 K_5의 매장

$$
\begin{aligned}
R_1 &: ((1,2),(1,3),(1,5),(1,4)) \sim (2,3,5,4),\\
R_2 &: ((2,3),(2,4),(2,1),(2,5)) \sim (3,4,1,5),\\
R_3 &: ((3,4),(3,5),(3,2),(3,1)) \sim (4,5,2,1),\\
R_4 &: ((4,5),(4,1),(4,3),(4,2)) \sim (5,1,3,2),\\
R_5 &: ((5,1),(5,2),(5,4),(5,3)) \sim (1,2,4,3).
\end{aligned}
$$

(b)

$$
\begin{aligned}
(1) &: \{(1,2),(2,5),(5,4),(4,1)\} \sim (1,2,5,4),\\
(2) &: \{(1,3),(3,4),(4,2),(2,1)\} \sim (1,3,4,2),\\
(3) &: \{(1,4),(4,3),(3,5),(5,1)\} \sim (1,4,3,1),\\
(4) &: \{(1,5),(5,2),(2,3),(3,1)\} \sim (1,5,2,3),\\
(5) &: \{(2,4),(4,5),(5,3),(3,2)\} \sim (2,4,5,3).
\end{aligned}
$$

(4) 그림 3.42의 매장에서 영역을 모두 구하고 각 영역의 크기(즉, 울타리의 길이)를 구하여라.

답: 세 개의 영역; 한 개의 삼각형, 한 개의 사각형,한 개의 구각형이 있다. (구각형은 일곱개의 변으로 이루어져 있다.)

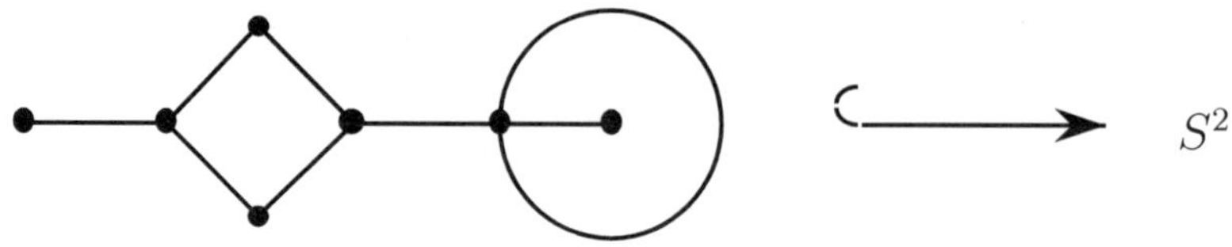

그림 3.42 구면으로의 그래프 매장

(5) 본 장의 마지막(쪽 117)에 있는 알고리즘의 당위성을 보여라.

4

다각형 울타리 변 짝짓기와 One-faced map

4.1 다각형 울타리 변 짝짓기 경우의 수

독자들은 공간개념이 약한 초등학생 시절에 3차원 공간에 있는 정육면체를 평면상에 펼친 그림을 그려 배우던 때를 기억 할 것이다. 주어진 정육면체는 얼마나 많은 경우로 펼친그림이 가능한가? 일반적으로 3차원 혹은 4차원 공간에 있는 곡면을 평면에 펼친그림으로 나타냄으로서 곡면의 성질과 곡면을 연구할 수 있는 조합적 방법들이 가능하게 된다.

우리는 주어진 펼친그림에서 곡면을 다시 구성하는 경우의 수에 관심을 가지고자 한다. 예를 들어 $2n$각형의 울타리에 나타나는 $2n$개의 변을 두 개씩 짝지어 동일시하면 (즉 이어 붙이면) 닫힌 곡면(closed surface)이 된다. 이때,

(1) 먼저 (arc-rooted 혹은 arc-labelled) $2n$각형의 울타리 변을 두 개씩 짝지을 수 있는 모든 경우의 수를 생각해 보자. $2n$각형에서 한 변을 선택하면, 그 변과 짝지을 수 있는 변을 선택하는 경우의 수는 $2n-1$가지이다. 남은 $2n-2$개의 변 중에서 하나를 선택하면, 이를 짝지을 수 있는 변을 선택하는 경우의 수는 나머지 변의 수 $2n-3$이다. 이 시행을 $2n$각형의 변들이 모

두 짝 지어질 때까지 반복한다. 그러면 짝지을 수 있는 모든 경우의 수는

$$(2n-1)\cdot(2n-3)\cdots 5\cdot 3\cdot 1=(2n-1)!!$$

이다.

(2) $2n$각형으로 나타낼 수 있는 서로 다른(위상동형이 아닌) 방향을 줄 수 있는 닫힌 곡면의 개수는 $\lfloor\frac{n}{2}\rfloor+1$개이다. 실제로 방향을 줄 수 있는 곡면을 만들려면, 짝지어진 각 변은 서로 다른 방향으로(한변이 시계방향이면 짝지어진 나머지 변은 시계 반대방향으로) 동일시 되어야 하고, 이는 대수적 표현으로 구면인 $a_1a_1^{-1}\cdots a_na_n^{-1}$로 부터 곡면 $S_{\lfloor\frac{n}{2}\rfloor}=\lfloor\frac{n}{2}\rfloor T$인 $a_1b_1a_1^{-1}b_1^{-1}\cdots a_{\lfloor\frac{n}{2}\rfloor}b_{\lfloor\frac{n}{2}\rfloor}a_{\lfloor\frac{n}{2}\rfloor}^{-1}b_{\lfloor\frac{n}{2}\rfloor}^{-1}$까지 가능하다.

(3) $2n$각형으로 나타낼 수 있는 서로 다른(위상동형이 아닌) 방향을 줄 수 없는 닫힌 곡면의 개수는 n개이다. 방향을 줄 수 없는 곡면을 만들려면, 적어도 한 개의 짝지어진 변이 같은 방향으로 동일시 되어야 하고, 이는 사영평면 P^2인 $a_1a_1a_2a_2^{-1}\cdots a_{2n}a_{2n}^{-1}$부터 nP^2인 $a_1a_1\cdots a_na_n$까지 가능하다.

(4) (종수(genus) 분포문제) (arc-rooted 혹은 arc-labelled) $2n$각형의 울타리 변을 두 개씩 짝지어 서로 다른 방향으로 동일시하여 종수(genus) g인 방향을 줄 수 있는 닫힌 곡면 $S_g=gT$를 만들 수 있는 경우의 수를 구하여라?

위 문제(4)를 먼저 $n=2$일 때 알아보자[1]. 같은 알파벳끼리 서로 동일시된다고 할 때, 4각형에서는 그림 4.2에서 보여주는 3가지 방법이 있다.[2] 이것은 그림 4.1의 수형도로도 쉽게 이해된다. 그림 4.2에서 처음의 2가지 방법은 구면에

[1]문제(4)를 다룰 본 장의 구성은 Lando, S. K. Lectures on generating functions. Translated from the 2002 Russian original by the author. Student Mathematical Library, 23. American Mathematical Society, Providence, RI, 2003를 참조 함.

[2]unrooted 4각형의 울타리 변을 짝짓기하면 그림 4.2의 처음 두 경우는 같은 경우가 된다. 따

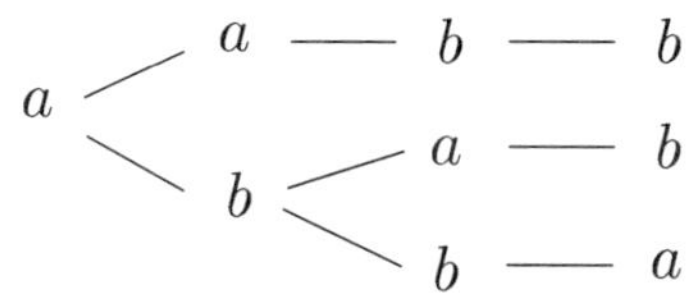

그림 4.1 4각형의 울타리를 짝지우는 수형도

매장되고, 세 번째 방법은 토러스에 매장된다. 따라서 4각형의 울타리 변을 두 개씩 짝지어 서로 다른 방향으로 동일시하여 종수(genus) 0인 구면 S^2를 만들 수 있는 경우의 수는 2이고, 종수(genus) 1인 토러스 S_1을 만들 수 있는 경우의 수는 1이다.

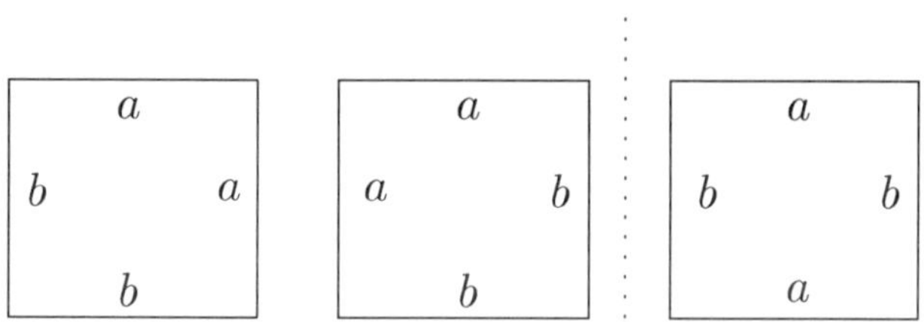

그림 4.2 4각형의 울타리 변 짝짓기

같은 방법으로 $n = 3$인 경우를 생각해 보자. 6각형의 경우에도 수형도를 그려보면 서로 다른 방법이 15가지가 있고, 이는 그림 4.3과 같다. 그림 4.3에서 처음 5가지 경우는 구면에 매장되고, 나머지 10가지는 토러스에 매장된다. 따라서 6각형에서 구면 S^2를 만들 수 있는 경우의 수는 5이고, 종수(genus) 1인 토러스 S_1을 만들 수 있는 경우의 수는 10이다.

두 변씩 동일시하여 $2n$각형에서 만들어지는 곡면의 종수(genus) 계산은 간

라서 unrooted와 rooted $2n$각형의 울타리 변 짝짓기 경우의 수는 일반적으로 틀린다. 본 절에서는 arc-rooted 혹은 arc-labelled인 경우만 다룬다. unrooted의 경우는 더 어려운 문제가 된다.

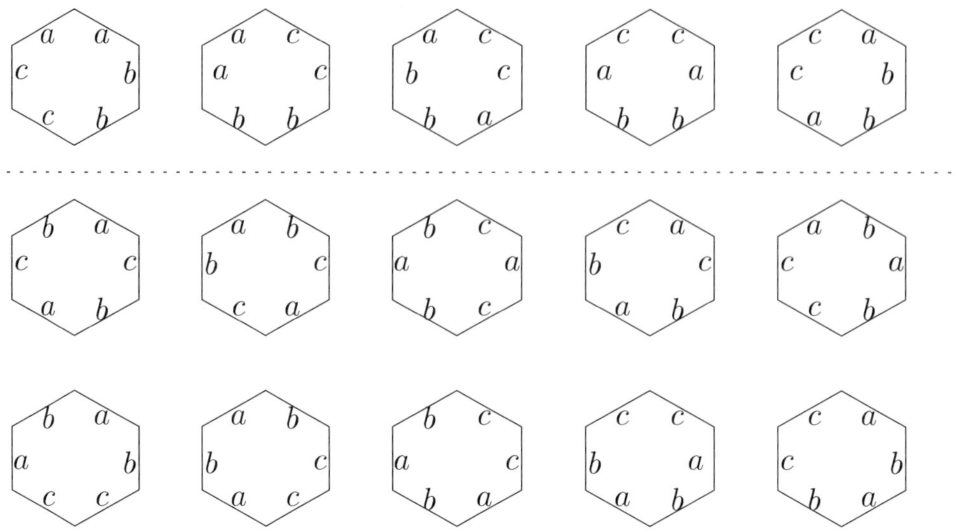

그림 4.3 (arc-rooted 혹은 arc-labelled) 6각형의 울타리 변 짝짓기

단하다. 변의 개수 E는 n이고, 영역의 개수 F는 1이므로, Euler 공식에 의해

$$2 - 2g = V - E + F = V - n + 1$$

이고, 따라서 종수(genus)는 꼭짓점의 개수 $V = n - 2g + 1$에 의하여 결정된다. 그림 4.4를 예로 들어보자. 여기서 주의할 점은 동일시되는 두 변이 변 d와 같이 연속하여 붙어 있는 경우는 손잡이를 만들지 못하고 하나의 직선이 되므로, 곡면에 구면을 연결합(connected sum)하는 경우에 해당된다. 따라서 곡면의 종수(genus)에는 영향을 끼치지 않는다. 즉, 꼭짓점 2와 변 d는 없는 것으로 볼 수 있고, 따라서 $2 - 2g = V - E + F = 2 - 3 + 1 = 0$이므로, 그림 4.4는 토러스에 매장된다.

$2n$각형의 울타리 변을 두 개씩 짝지어 동일시하여 종수(genus) g인 곡면을 만들 수 있는 경우의 수를 계산하기 위하여 일반생성함수 $T_n = T_n(N)$을 다음과

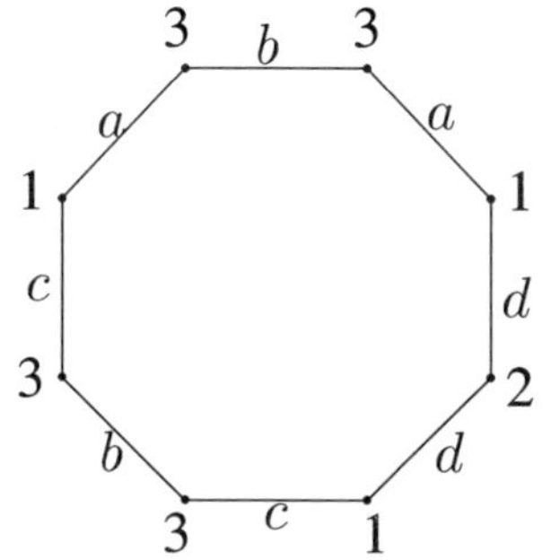

그림 4.4 다각형에서 두 변씩 짝지울 때 꼭짓점의 개수

같이 정의하자. N은 임의의 (자연수)변수이다. 편의상 $n = 0, 1$인 경우는

$$T_0(N) = N,\ T_1(N) = N^2$$

으로 정의하고[3], 일반적으로

$$T_n(N) = \sum_{\sigma} N^{V(\sigma)} = \sum_{g=0}^{\infty} \varepsilon_g(n) N^{n+1-2g}$$

로 정의하자[4]. 여기서 σ는 $2n$각형의 울타리 변의 모든 가능한 짝짓기이며 $V(\sigma)$는 이때 나타나는 꼭짓점의 개수이다. 즉, Euler 공식에 의하여 $V(\sigma) := V = n - 2g + 1$이고, 각 항 N^V의 계수 $\varepsilon_g(n)$은 바로 $2n$각형의 울타리 변을 두 개씩 짝지어 서로 다른 방향으로 동일시하여 종수(genus) g인 곡면 $S_g = gT$를 만드는 경우의 수이다. 다항식 $T_2(N)$과 $T_3(N)$은 그림 4.2와 그림 4.3에서 각각 보였다.

---

[3] $n = 0, 1$인 경우 $2n$각형은 각각 1개, 2개의 꼭짓점을 가지는 것으로 생각할 수 있다.

[4] 종수(genus)분포에 관심을 둔 $T_n(N) = \sum_{g=0}^{\infty} \varepsilon_g(n) N^g$로 정의하지 않고 꼭짓점 개수 분포에 관심을 둔 $T_n(N) = \sum_{\sigma} N^{V(\sigma)}$로 정의하였다. 후자로 정의하면 다항식의 차수가 $n+1$이 됨은 쉽게 알 수 있다.

초기의 다항식들을 다음과 같다.

$$\begin{aligned} T_0(N) &= N \\ T_1(N) &= N^2 \\ T_2(N) &= 2N^3 + N \\ T_3(N) &= 5N^4 + 10N^2 \\ T_4(N) &= 14N^5 + 70N^3 + 21N \\ T_5(N) &= 42N^6 + 420N^4 + 483N^2. \end{aligned}$$

정의에서 $T_n(N)$은 N에 대한 $(n+1)$차원 다항식이고, 다항식 $T_n(N)$의 모든 계수의 합, 즉 $N=1$에서의 다항식의 값 $T_n(1)$는 당연이 $(2n-1)!! = 1 \cdot 3 \cdot 5 \cdots (2n-1)$이다.

$2n$각형의 울타리 변을 두 개씩 짝지어 서로 다른 방향으로 동일시하여 종수(genus) g인 곡면 $S_g = gT$를 만드는 경우의 수 $\varepsilon_g(n)$을 구하는 것은 쉽지 않다. 우리는 대칭군에서 연산을 이용하는 군론적 방법과 생성함수를 이용하는 방법을 차례로 다루고자 한다.

문제 4.1 $2n$각형 울타리 변 짝짓기 경우의 計數문제에서 $2n$각형을 rooted, unlabelled, labelled 다각형으로 보는 데에 따라 동일한 짝짓기로 보는 관점을 달리할 수 있다. 이 세 가지 관점 각각에서, $n = 1, 2, \ldots, 5$에 대하여 $2n$각형의 울타리 변 짝짓기 경우의 수를 計數하여라.

4.1.1 군론적 計數와 Jackson 정리

우리는 이미 $2n$각형의 울타리 변 짝짓기 σ가 주어지면 만들어지는 곡면의 종수(genus)는 짝짓기에서 만들어지는 꼭짓점의 개수 $V(\sigma)$에 의하여 결정됨을 알고 있다. 즉 Euler 공식에 의하여 $\varepsilon_g(n)$은 꼭짓점의 개수가 $V(\sigma) = n - 2g + 1$인 울타리 변 짝짓기 σ의 개수이다.

이 과정을 그림 4.4에서의 정팔각형(octagon)을 예로하여 다시 살펴보자. 쌍대(dual)의 개념을 위하여 그림 4.5과 같이 각 울타리 변의 중점을 시계방향을 따라 $1, 2, \ldots, 8$로 labeling하고 이를 대칭군 $\mathbb{S}_8$에서의 long cycle

$$\rho = (1\ \ 2\ \ 3\ \ \cdots\ \ 8)$$

로 표기하여 면(face)의 방향을 나타내는 것으로 보자. 그러면 그림 4.4에서 보여준 울타리 변 짝짓기 σ는 involution

$$\lambda = (1\ \ 3)(2\ \ 7)(4\ \ 5)(6\ \ 8)$$

로 나타난다. 여기서 우리는 $\lambda\rho$의 궤도(orbit)의 개수, 즉 이의 cycle 분해에서의 cycle의 개수에 관심을 가진다. 예를 들면 $1^{\lambda\rho} = 3^{\rho} = 4$이고 이를 계속하면

$$\lambda\rho = (1\ \ 4\ \ 6)(2\ \ 8\ \ 7\ \ 3)(5)$$

를 보일 수 있다. 이는 그림 4.5에서 울타리 변들이 모두 시계방향으로 방향이 주어졌을 때, 같은 궤도에 (혹은 같은 cycle에) 나타나는 $1, 4, 6$을 중점으로 가지는 유향변들의 출발점은 울타리 변 짝짓기에서 같은 꼭짓점이 됨을 의미한다. 상세히 보면, cycle $(1\ \ 3)$은 그림 4.4의 울타리 변 짝짓기에서 변 a로 동일시 됨을 보여주고, 이때 1을 중점으로 가지는 유향변의 출발점은 3을 중점으로 가지는 유향변의 끝점, 즉 $3^{\rho} = 4$를 중점으로 가지는 유향변의 출발점과 동일시 된다. 이상의 설명은 같은 궤도에 있는 $2, 8, 7, 3$ 등에서도 마찬가지이며, 이는 그림 4.4에서 보여준 꼭짓점의 동일시와 일치한다. 이를 일반화하여 다음의 보조정리를 얻

을 수 있다.

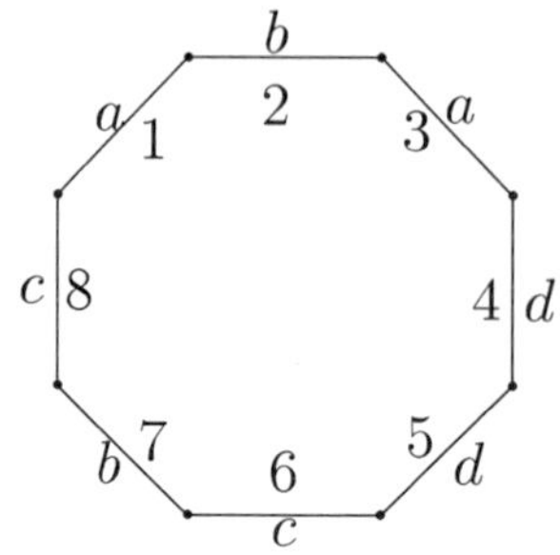

그림 4.5 울타리 변 짝짓기의 군론적 표현 $\lambda = (1\ \ 3)(2\ \ 7)(4\ \ 5)(6\ \ 8)$

보조정리 4.1 $2n$각형의 울타리 변 짝짓기 σ는 대칭군 $\mathbb{S}_{2n}$에서 $2n$-cycle $\rho = (1\ 2\ \cdots\ 2n)$과 cycle type이 2^n인, 즉 n개의 2-cycle들의 곱으로 표현된 λ에 의하여 결정된다. 더욱이 이때, $\lambda\rho$의 궤도(orbit)의 개수는 울타리 변 짝짓기 σ에서 나타나는 꼭짓점의 개수 $V(\sigma)$와 일치한다[5].

이제 보조정리 4.1에 의하여 종수(genus) g인 곡면 $S_g = gT$를 만드는 울타리 변 짝짓기 경우의 수 $\varepsilon_g(n)$은 대칭군에서 알려진 아래의 計數 공식을 이용하여 계산이 가능하다.

대칭군 $\mathbb{S}_{2n}$에서 $2n$-cycle $\rho = (1\ 2\ \cdots\ 2n)$을 고정해 두자. $C\ell(2^n)$을 cycle type이 2^n인, 즉 n개의 2-cycle들의 곱이 이루는 켤레류(conjugacy class)라고 하자. 그리고 집합

$$\{\lambda \in C\ell(2^n) \mid \rho \circ \lambda\text{는 } k\text{개의 cycle을 가진다}\}$$

의 cardinality를 $J_k(2^n)$이라고 쓰고 이를 Jackson 수라고 부르자.

[5] $\lambda\rho$와 $\rho\lambda$는 서로 켤레(conjugate)관계에 있어 이들의 궤도의 개수는 같다.

지금까지 이야기를 종합하면 우리는

$$\varepsilon_g(n) = J_{n-2g+1}(2^n) \tag{4.1}$$

을 보였다.

Jackson 수의 값은 Jackson에 의하여 다음과 같이 계산되었다.

보조정리 4.2 (Jackson, 1987)[6]

$$J_k(2^n) = \frac{1}{(2n+1)2^{n+k}} \sum_{m=n+k}^{2n+1} 2^m \binom{m}{k} \underline{s}(2n+1, m) S(m-k, n),$$

여기서, $\underline{s}(2n+1, m)$, $S(m-k, n)$는 각각 제1종 signed Stirling 수, 제2종 Stirling 수이다.[7] 더욱이

(1) 만약 $n-k$가 짝수이면 $J_k(2^n) = 0$이다.

(2) $J_k(2^n)$은 다음의 점화식을 만족한다.

$$(n+1)J_k(2^n) = (2n-1)(2n-3)(n-1)J_k(2^{n-2}) + 2(2n-1)J_{k-1}(2^{n-1}). \tag{4.2}$$

---

[6]증명은 Jackson, D. M., Counting cycles in permutations by group characters, with an application to a topological problem. Trans. Amer. Math. Soc. 299 (1987) 785-801 참조. 이 논문에서는 $N = 2n$을 확장하여 대칭군 $\mathbb{S}_N$에서 $N = pn$인 경우를 다루고 이 때의 Jackson 수를 $J_k(p^n)$으로 표기 함.

$$J_k(p^n) = \frac{1}{(pn+1)p^{n+k}} \sum_{m=n+k}^{pn+1} p^m \binom{m}{k} \underline{s}(pn+1, m) S(m-k, n).$$

최근에 관련된 새로운 증명으로 G. Schaeffer, E. Vassilieva, A bijective proof of Jackson's formula for the number of factorization of a cycle, J. Comb. Th. Ser. A 115(2008),903-924가 있다.

[7]제2장으로부터 $\overline{s}(n,k) = (-1)^{n-k}\underline{s}(n,k)$는 정확히 k개의 cycle로 분해되는 $\mathbb{S}_n$에서의 순열의 개수이고, $S(n,k)$는 집합 $[n]$을 정확히 k개의 nonempty block으로 분할하는 경우의 수임을 알고 있다.

이때 초기값은

(i) $k \leq 0$ 이면, $J_k(2^n) = 0$

(ii) $J_k(2^n) = \begin{cases} 0 & n < 0\text{일 때}, \\ \delta_{k1} & n = 0\text{일 때}. \end{cases}$

Jackson 수 $\varepsilon_g(n) = J_{n-2g+1}(2^n)$의 초기값들은 표 4.1.1과 같다.

$n \backslash g = \frac{1}{2}(n+1-V)$	0	1	2	3	Total
0	1	0	0	0	1
1	1	0	0	0	1!!=1
2	2	1	0	0	3!!=3
3	5	10	0	0	5!!=15
4	14	70	21	0	7!!=105
5	42	420	483	0	9!!=945
6	132	2310	6468	1485	11!!=10395

표 4.1 (arc-rooted) $2n$각형의 울타리 변을 짝지어 곡면 S_g를 만드는 경우의 수 $\varepsilon_g(n)$

따름정리 4.3 특별히, $k = n + 1$이면 (최소 종수(genus) $g = 0$가 되고)

$$\varepsilon_0(n) = J_{n+1}(2^n) = \frac{1}{n+1}\binom{2n}{n}$$

는 Catalan 수 C_n이다.

증명: 보조정리 4.2의 Jackson 공식을 쓰지 않고 $\varepsilon_g(n)$의 정의를 따라 직접 증명해 보면 다음과 같다. 다각형의 울타리 변을 짝짓기 위하여 두 쌍의 서로 다른 두 변의 짝이 주어졌다고 하자. 이때, 두 번째 짝을 이루는 변 중에서 단 한 개가 첫째 짝의 변 사이에 끼어 있으면 이를 *교대짝*이라 부르자. 동치적으로, 곡면의 펼

친그림인 다각형에서 첫째 짝의 변들의 중점을 연결하는 선분이 둘째 짝의 변들의 중점을 연결하는 선분과 만나면, 이들은 교대짝이 된다.

다각형의 변을 두 개씩 짝지어 방향을 줄 수 있는 곡면을 만들 때, 교대짝을 이어붙이면 손잡이(handle)가 되므로(그림 3.5와 문제 3.5 참조), 교대짝을 가질 경우 곡면은 구면이 될 수 없다. 반대로, 교대짝이 없으면, 만들어 진 곡면은 반드시 구면이 된다.

이제 $2n$각형에서 교대짝이 없도록 두 변씩 짝지우는 경우의 수는 n개의 괄호"( )"가 만드는 정칙 괄호의 개수와 일치함을 보여보자. 우선 후자의 경우의 수는 n 번째 Catalan 수 C_n임은 제2장, 예제 2.1에서 보였다.

$2n$각형에서 꼭짓점 한 개를 바탕 꼭짓점으로 지정하고 바탕 꼭짓점으로 부터 다각형의 울타리를 따라 시계반대방향으로 울타리 변을 읽어가자. 각 울타리 변에 왼쪽 괄호나 오른쪽 괄호를 다음 규칙에 따라 대응시키자. 변이 처음으로 나타나면 왼쪽 괄호를, 이미 앞에서 나타난 변의 짝으로 나타나면 오른쪽 괄호를 대응시키자. 독자들은 이 대응이 일대일 관계에 있음을 보일 수 있을 것이다. 따라서 증명이 완료된다. □

$2n$각형의 울타리 변 짝짓기에서 나타날 수 있는 꼭짓점의 최대수는 $(n+1)$임은 자명하다. 따라서 $T_n(N) = \sum_\sigma N^{V(\sigma)} = \sum_{g=0}^{\infty} \varepsilon_g(n) N^{n+1-2g}$은 N에 대한 $(n+1)$ 차원 다항식이다. 한편 $2n$각형의 울타리를 짝지어 이어붙인 경우에 Euler 공식에 의하여

$$2 - 2g = V - E + F = V - n + 1$$

이다. 종수(genus) g는 음수가 아니므로

$$V = n + 1 - 2g \leq n + 1$$

이다. 따라서 V의 최댓값, 즉 T_n의 최고차수는 마지막 부등식이 등식이 되는 경우이고 이는 곡면이 구면인 경우($g = 0$)에만 가능하다. 이때 다항식 $T_n(N)$의 최고차수의 계수는

$$\varepsilon_0(n) = J_{n+1}(2^n) = \frac{1}{n+1}\binom{2n}{n} = C_n,$$

즉, n 번째 Catalan 수임을 따름정리 4.3에서 이미 보았다.

따라서 다음의 정리를 얻는다.

따름정리 4.4 다항식 $T_n(N) = \sum_\sigma N^{V(\sigma)} = \sum_{g=0}^{\infty} \varepsilon_g(n) N^{n+1-2g}$은 N에 대한 $(n+1)$ 차원 다항식이고 최고 차수의 계수는 n 번째 Catalan 수 C_n이다.

문제 4.2 (1) $n = 1, 2, 3, 4$에 대하여 Jackson 수 $J_k(2^n)$을 정의에 의하여 직접 구하여라.

(2) 보조정리 4.2를 $n = 1, 2, 3, 4$에 대하여 직접 확인하여라.

문제 4.3 대칭군 $\mathbb{S}_n$내에서의 Jackson 수 $J_k(2^n)$를 구하는 것과 같은 연산문제는 대부분 경우 어려운 문제이다. 예를 들어 고정된 cycle $\rho = (1\ 2\ \cdots\ n) \in \mathbb{S}_n$에 대하여 ρ를 transposition의 곱으로 분해할 때, 그 길이의 최솟값 #를 구해 보자. $n = 2$이면 $(1\ 2) = (1\ 2)$이므로 답은 $\# = 1$이다. $n = 3$이면 $(1\ 2\ 3) = (1\ 2)(1\ 3); = (2\ 3)(2\ 1); = (3\ 1)(3\ 2)$이므로 답은 $\# = 3$이다. $n = 4$일 때, $\# = 16$임을 보여라. 일반적인 n에서는 $\# = n^{n-2}$이다. 이를 보여라.

4.1.2 생성함수를 이용한 計數와 Harer-Zagier 정리

$\varepsilon_g(n) = J_{n-2g+1}(2^n)$의 값을 구하기 위하여 생성함수를 이용하는 방법을 시도해 보자. 하지만 생성다항식

$$T_n(N) = \sum_{\sigma} N^{V(\sigma)} = \sum_{g=0}^{\infty} \varepsilon_g(n) N^{n+1-2g}$$

를 구체적 함수로 표현하기는 쉽지 않다. 따라서, 두 변수 N과 s를 가지고, 변수 N에 대한 일반생성함수(ordinary generating function)이며, 변수 s에 대한 지수 생성함수(exponential generating function)인 다음의 새로운 생성함수를 생각해 보자.

$$\begin{aligned} T(N;s) &= 1 + 2sT_0(N) + 2s\sum_{n=1}^{\infty} \frac{T_n(N)}{(2n-1)!!} s^n \\ &= 1 + 2Ns + 2N^2s^2 + \frac{2}{3}(2N^3+N)s^3 + \frac{2}{15}(5N^4+10N^2)s^4 + \cdots \end{aligned}$$

Harer와 Zagier는 종수 g인 곡면의 moduli 공간의 Euler 지표를 구하는 계산에서 다음과 같은 생성함수 $T(N;s)$의 구체적 함수를 다음과 같이 구하였다.

정리 4.5 [Harer, Zagier, 1986][8]

$$T(N;s) = \left(\frac{1+s}{1-s}\right)^N.$$

[8] Harer, J.; Zagier, D. The Euler characteristic of the moduli space of curves. Invent. Math. 85 (1986), 457-485 참조.

정리의 증명은 뒤로 미루기로 하자. 우선 Harer-Zagier 정리를 쓰면

$$\begin{aligned}T(N;s) &= (1+s)^N(1-s)^{-N} = \\ &= \left(1+\frac{N}{1!}s+\frac{N(N-1)}{2!}s^2+\frac{N(N-1)(N-2)}{3!}s^3+\cdots\right)\\ &\quad\times\left(1+\frac{N}{1!}s+\frac{N(N+1)}{2!}s^2+\frac{N(N+1)(N+2)}{3!}s^3+\cdots\right)\\ &= 1+2Ns+2N^2s^2+\frac{2}{3}(2N^3+N)s^3+\frac{2}{15}(5N^4+10N^2)s^4+\cdots\end{aligned}$$

이고 여기에서 함수 $T_n(N)$의 값을 구할 수 있다. 적어도 처음의 세 개의 항이 이미 우리가 알고 있는 값과 동일함을 확인할 수 있다.

한편 관계식

$$\left(\frac{1+s}{1-s}\right)^N = (1+s)(1+s+s^2+\cdots)\left(\frac{1+s}{1-s}\right)^{N-1}$$

을 이용하면 $\varepsilon_g(n)$의 점화식을 다음과 같이 구할 수 있다.

따름정리 4.6 N^V의 계수 $\varepsilon_g(n)$은 다음의 점화식(recurrence relation)을 만족한다.

$$(n+2)\varepsilon_g(n+1) = (4n+2)\varepsilon_g(n) + (4n^3-n)\varepsilon_{g-1}(n-1), \tag{4.3}$$

여기서

$$\varepsilon_g(0) = \begin{cases} 1 & g=0\text{일 때} \\ 0 & g\neq 0\text{일 때.}\end{cases}$$

이는 식 (4.1)의 관계식 $\varepsilon_g(n) = J_{n-2g+1}(2^n)$을 이용하면 (그리고 $n-2g+1$을 k로 치환하면) Jackson 수의 점화식 (4.2)와 일치한다.

위의 두 점화식 (4.3)의 조합적 해석은 알려지지 않고 있다. 만약 적절한 조합적 증명을 얻게 되면 Harer-Zagier 정리나 보조정리 4.2의 Jackson 공식의 새로운 증명이 가능하게 된다.

Harer-Zagier 정리의 증명은 다음의 두 보조정리에 의하여 가능하다.

보조정리 4.7 N을 고정하고, 식

$$\tau_N(n) := \frac{T_n(N)}{(2n-1)!!} = \sum_{\sigma} \frac{N^{V(\sigma)}}{(2n-1)!!} = \sum_{g=0}^{\infty} \frac{\varepsilon_g(n)}{(2n-1)!!} N^{n+1-2g}$$

를 n의 함수로 생각하자. 그러면, $\tau_N(n)$은 n에 대하여도 다항식이 되고 이의 최고 차수는 $(N-1)$이다.

위의 증명은 $N \times N$ Hermitian 행렬 공간상의 Gauss 적분이라는 해석학적 개념을 필요로 한다. 최근에 순수한 조합론적 증명이 B. Lass에 의하여 주어졌지만, 이 증명도 쉽지 않다. 관심이 있는 독자는 원문[9]을 참조하기로 하고, 위 보조정리의 증명은 제6장으로 넘긴다(6.5.1절 참조). 위 보조정리를 받아들이고 Harer-Zagier 정리 증명을 계속해 보자.

$2n$각형의 꼭짓점들이 몇 개의 색으로 채색되었다고 하자. 이때 울타리 변의 짝짓기에서 만약 동일한 색으로 채색된 꼭짓점끼리만 짝짓기가 가능할 때, 이 짝짓기와 주어진 꼭짓점 채색은 서로 **어울린다**고 부르자. 특별한 예로서 모든 꼭짓점을 한 개의 색으로 채색하였다면, 울타리 변의 어떠한 짝짓기와도 어울리는 채색이 된다.

---

[9]Lass B., Demonstration combinatorie de la formule de Harer-Zagier, C.R. Acad. Sci. Paris, 2001, 333, 255-160. 최근에 관련된 새로운 증명으로 I.P. Goulden, A. Nica, A direct bijection for the Harer-Zagier formula, J. Comb. Th. Ser. A 111(2005)224-238와 G. Schaeffer, E. Vassilieva, A bijective proof of Jackson's formula for the number of factorization of a cycle, J. Comb. Th. Ser. A 115(2008)903-924가 있다.

보조정리 **4.8** 수 $T_n(N)$은 $2n$각형에서 N개의 색깔에 의한 꼭짓점 채색에 어울리는 울타리 변 짝짓기 경우의 수와 일치한다. (이때 N개의 색깔을 모두 이용할 필요는 없다.)

증명: $2n$각형의 울타리 변을 짝지어 이어 붙여 꼭짓점 V개를 가지는 그래프 G가 만들어졌다고 하자. 이제 그래프의 각 꼭짓점을 N개의 색 중 하나로 채색하자. 이는 울타리 변 짝짓기에 어울리는 $2n$각형의 꼭짓점 채색이 된다. V개의 꼭짓점을 N개의 색으로 채색하는 경우의 수는 N^V이다 (이 경우, 반드시 N개의 색을 모두 이용할 필요는 없다). 따라서, N개의 색깔을 이용한 채색에 어울리는 울타리 변 짝짓기의 총수는 모든 울타리 변 짝짓기 σ에 따라 수 $N^{V(\sigma)}$의 합 $\sum_\sigma N^{V(\sigma)}$이다. 이는 정확히 다항식 $T_n(N)$의 정의와 일치한다. 따라서 보조정리가 증명된다. □

이제 **정확히** ℓ개의 색깔을 이용한 $2n$각형의 꼭짓점 채색에 어울리는 울타리 변 짝짓기 경우의 수를 $\overline{T}_n(\ell)$이라 하자. 그러면 N개의 색깔 중에 ℓ개의 색을 선택하는 경우의 수는 $\binom{N}{\ell}$이다. 따라서 보조정리 4.8에 의하여 다음의 관계식을 얻는다.

$$T_n(N) = \sum_{\ell=1}^{N} \binom{N}{\ell} \overline{T}_n(\ell). \tag{4.4}$$

정의에 의하여 $\overline{T}_0(N) = \overline{T}_1(N) = \cdots = \overline{T}_{N-2}(N) = 0$임은 자명하다. 즉, 따름정리 4.4에 따라, $2n$각형에서 $(n+1)$개 이상의 색깔을 모두 이용한 꼭짓점 채색에 어울리는 울타리 변 짝짓기는 불가능하다. 하지만 만약 $n \geq N-1$이면 $\overline{T}_n(N) \neq 0$이다.

보조정리 4.7과 식 (4.4)를 이용하면 N을 고정할 때, 다항식 $\tau_N(n) = \frac{T_n(N)}{(2n-1)!!}$와 같이 새로운 식

$$\overline{\tau}_N(n) = \frac{\overline{T}_n(N)}{(2n-1)!!}$$

도 차수 $(N-1)$인 n의 다항식임을 보일 수 있다. 더욱이 이는 $N-1$개의 자명한 근 $n=0,1,2,\ldots,N-2$를 가진다. 따라서

$$\begin{aligned}\overline{\tau}_N(n) &= A_N n(n-1)\cdots(n-N+2)\\ &= A_N\binom{n}{N-1}(N-1)!\end{aligned}$$

인 상수 A_N가 존재한다. 위의 식을 식 (4.4)에 대입하면

$$\begin{aligned}T_n(N) = \sum_{\ell=1}^{N}\binom{N}{\ell}\overline{T}_n(\ell) &= \sum_{\ell=1}^{N}\binom{N}{\ell}(2n-1)!!\overline{\tau}_N(\ell)\\ &= (2n-1)!!\sum_{\ell=1}^{N}A_\ell\binom{n}{\ell-1}\binom{N}{\ell}(\ell-1)!\end{aligned}$$

이고, 여기서 N^{n+1}의 계수는

$$(2n-1)!!\frac{A_{n+1}}{n+1}$$

이다. 한편, 따름정리 4.4에 의하여 $T_n(N)$에서 N의 최고차수 N^{n+1}의 계수는 n번째 Catalan 수 C_n으로 이미 알고 있다. 즉,

$$(2n-1)!!\frac{A_{n+1}}{(n+1)} = C_n = \frac{(2n)!}{n!(n+1)!}.$$

여기서부터, $A_{n+1} = 2^n/n!$이고, 따라서

$$T_n(N) = (2n-1)!!\sum_{\ell=1}^{N}2^{\ell-1}\binom{N}{\ell}\binom{n}{\ell-1}$$

이 된다. 그러므로

$$\begin{aligned} T(N;s) &= 1 + 2T_0(N)s + 2s\sum_{n=1}^{\infty}\frac{T_n(N)}{(2n-1)!!}s^n \\ &= 1 + 2Ns + 2s\sum_{n=1}^{\infty}\sum_{\ell=1}^{N}2^{\ell-1}\binom{N}{\ell}\binom{n}{\ell-1}s^n \end{aligned}$$

이다.

한편 $\left(\frac{1+s}{1-s}\right)^N$의 전개에서

$$\begin{aligned} \left(\frac{1+s}{1-s}\right)^N &= \sum_{\ell=0}^{N}\binom{N}{\ell}\left(\frac{2s}{1-s}\right)^{\ell} \\ &= 1 + \sum_{\ell=1}^{N}\binom{N}{\ell}2^{\ell}s^{\ell}\left(\frac{1}{1-s}\right)^{\ell} \\ &= 1 + \sum_{\ell=1}^{N}2^{\ell}\binom{N}{\ell}s^{\ell}\sum_{k=0}^{\infty}\binom{\ell+k-1}{k}s^k \\ &= 1 + \sum_{\ell=1}^{N}2^{\ell}\binom{N}{\ell}\sum_{n=\ell-1}^{\infty}\binom{n}{n-\ell+1}s^{n+1} \\ &= 1 + 2Ns + 2s\sum_{n=1}^{\infty}\sum_{\ell=1}^{n+1}2^{\ell-1}\binom{N}{\ell}\binom{n}{\ell-1}s^n \end{aligned}$$

이고 따라서 Harer-Zagier 정리가 증명된다.

4.2 방향을 줄 수 없는 곡면을 만드는 울타리 변 짝짓기

마지막으로 방향을 줄 수 없는 곡면을 만드는 경우를 생각해 보자.

(5) (방향을 줄 수 없는 곡면에서 종수(genus) 분포문제) $2n$각형의 울타리 변을 두 개씩 짝지어 동일시하여 종수(genus) k인 방향을 줄 수 없는 닫힌 곡면 $N_k = kP^2$를 만들 수 있는 경우의 수는 얼마인가?

방향을 줄 수 없는 곡면의 경우는 Euler 공식 $2 - k = V - E + F$을 이용하여야 한다. $2n$각형에서 $E = n$이고 $F = 1$이므로, $2 - k = V - n + 1$이고, 따라서 $V = n - k + 1$이다. 방향을 줄 수 있는 곡면에서와 같이 생성함수 $L_n(N)$를 도입하고, $N^V = N^{n-k+1}$로 하면, 다항식은 $L_2(N) = 5N^2 + 4N$이고 $L_3(N) = 22N^3 + 42N^2 + 41N$임을 보일 수 있다. 하지만 아직도 Harer-Zagier 정리와 같은 일반적인 식은 알려지지 않고 있다.

4.3 연습문제

(1) 다각형의 변을 짝으로 이어붙여 만든 곡면에서 다각형의 변들로 구성된 그래프가 나무인 경우에, 그리고 이 경우에만 곡면이 구면이 됨을 증명하여라.

(2) 토러스를 생성하는 $2n$각형 울타리 변 짝짓기 경우의 수에 관한 생성함수를 구하여라.

(3) 변의 개수가 $4k + 4$개인 정다각형에서 서로 마주 보는 두 변끼리 꼬이지 않게 붙여서 만든 곡면을 S라 하면, 이 곡면 S는 방향을 줄 수 있고 $\chi(S) = -2k$이다. 이를 보여라.

(4) 다항식 $T_n(N)$는 n이 짝수이면 기함수이고, n이 홀수이면 우함수임을 증명하여라.

(5) n개의 선분을 가진 주어진 나무의 꼭짓점들을 $\{1, 2, \ldots, n+1\}$로 이름 붙이는 서로 다른 경우의 수는 같은 나무의 선분들을 $\{1, 2, \ldots, n\}$으로 이름 붙이는 경우의 수의 2배이다. 이를 보여라.

(6) **binary 나무**는 모든 꼭짓점의 차수가 1 혹은 3인 나무이다. 각 binary 나무의 꼭짓점의 개수는 짝수임을 증명하여라. $2n$개의 꼭짓점과 바탕점을 가진 binary 나무들의 개수는 Catalan 수 C_{n-1}와 일치하는 것을 증명하여라.

(7) 그래프 Γ를 정20면체(icosahedron)의 바탕 그래프라 하자. 정20면체에서 각 꼭짓점에서의 순환계를 (1 2 3 4 5)라 하자. 이 순환계를 (1 3 5 2 4)로 바꿀 때, 새로운 매장에서 곡면의 종수를 구하여라.

5 방향을 줄 수 있는 곡면으로 그래프 매장의 計數

그래프 매장이론에서 방향을 줄 수 있는(orientable) 곡면상의 그래프 매장은 회전계(rotation system) R에 의해서 결정되고, 방향을 줄 수 없는(nonorientable) 곡면상의 그래프의 매장은 회전계와 꼬임함수계의 쌍인 매장체계(embedding scheme) (R, τ)에 의해서 결정됨을 보았다. 본 장에서는 그래프 G와 곡면 S가 고정 되었을 때, 곡면 S에 그래프 G의 매장이 얼마나 많은가? 이의 計數문제에 관심을 두기로 하자.

우선 곡면의 분류정리를 복습해 두자.[1] 닫힌 곡면은 다음 중 하나이다:

(1) g개의 손잡이(handle)를 가지는 방향을 줄 수 있는 곡면 S_g,

(2) 구면 $S^2 = S_0$

(3) k개의 고깔(crosscap)을 가지는 방향을 줄 수 없는 곡면 N_k.

여기서 곡면 S_g의 손잡이 개수인 g나, 곡면 N_k의 고깔 개수인 k를 모두 곡면의 종수(genus)라고 부른다. 더욱이 정의에 의하여

(1) 그래프 G의 2-cell 매장 $G \hookrightarrow S$에 대하여 이의 Euler 표수는

[1]그래프 매장 이론에서의 곡면은 울타리(boundary)가 없고 긴밀(compact)한 닫힌곡면만 생각한다.

$$\chi(G \looparrowright S) = \text{꼭짓점의 수} - \text{변의 수} + \text{면의 수}, \; (:= v - \varepsilon + f),$$

(2) 곡면 S의 Euler 표수 $\chi(S)$는

방향을 줄 수 있는 곡면 S_g에 대하여, $\chi(S_g) = 2 - 2g$ 이고,
방향을 줄 수 없는 곡면 N_k에 대하여, $\chi(N_k) = 2 - k$ 이다.

(3) **Euler-Poincaré 정리**는 곡면 S가 S_g이거나 N_k일 때, 임의의 2-cell 매장 $G \looparrowright S$에 대하여 $\chi(G \looparrowright S)$는 매장되는 그래프 G에 무관하게 그 값은 항상 일정하고 이는

$$\chi(S) = v - e + f = \chi(G \looparrowright S).$$

즉,

$$\begin{aligned} 2 - 2g &= \chi(S_g) &= \text{꼭짓점의 수} - \text{변의 수} + \text{면의 수}, \\ 2 - k &= \chi(N_k) &= \text{꼭짓점의 수} - \text{변의 수} + \text{면의 수} \end{aligned}$$

임을 말한다. 이 식들을 **Euler 식**이라고 부른다.

5.1 어떤 map을 같은 map으로 볼 것인가(I)? (labelled 경우)

주어진 그래프의 매장이 얼마나 많은지 이를 計數하려면, 우선 어떤 매장을 같은 매장으로 볼 것인지를 결정하여야 한다. 아래의 정의는 그래프 G를 꼭짓점과 변에 label이 주어져 있는 labelled 그래프로 이해하고 '같은 매장으로 본다'는 개념을 소개하고 있다.

정의 5.1 그래프 G의 두 매장 $i : G \looparrowright S$와 $j : G \looparrowright T$가 주어져 있다고 하자.

(1) 두 곡면 S와 T는 방향이 주어진 곡면이고, 방향을 유지하는(orientation preserving) 위상동형함수 $h : S \to T$가 존재하여 $hi = j$가 성립할 때[2], 두 매장 i, j는 서로 **orientedly equivalent**(방향을 유지하는 동치)라고 말한다. 즉, 다음 사각형이 교환가능하다.

$$\begin{array}{ccc} G & \xrightarrow{\ i\ } & S \\ {\scriptstyle id}\downarrow & & \downarrow \text{방향을 유지하는 위상동형함수 } h \\ G & \xrightarrow{\ j\ } & T \end{array}$$

(2) 두 곡면 S와 T는 임의의 방향을 줄 수 있거나 혹은 방향을 줄 수 없는 곡면이고, 이들 사이에 위상동형함수 $h : S \to T$가 존재하여 $h \circ i = j$가 성립할 때, 두 매장은 서로 **unorientedly equivalent**(방향과 무관한 동치) (때로는, 단순히 **equivalent**(동치))라고 한다.

$$\begin{array}{ccc} G & \xrightarrow{\ i\ } & S \\ {\scriptstyle id}\downarrow & & \downarrow \text{방향과 무관한 위상동형함수 } h \\ G & \xrightarrow{\ j\ } & T \end{array}$$

위 정의 5.1(2)에서 만약 곡면 S와 T가 방향이 주어진(oriented) 곡면이면 위상동형함수 h는 방향을 유지하던지 혹은 방향을 reversing하게 된다. 따라서 두 매장이 서로 동치란 orientedly equivalent하던지 아니면 한 매장이 다른 매장의 거울상(mirror image)과 orientedly equivalent함을 뜻한다.

---

[2] 이는 G를 labelled 그래프로 보았을 때, G의 두 매장 $i : G \looparrowright S$와 $j : G \looparrowright T$가 동형임을 뜻한다. 즉, 위상동형함수 h가 각 꼭짓점의 label과 각 변의 label과 방향을 유지해야 한다. 예를 들면 $h(v) = v$임으로 위상동형함수 h는 v로 labelling된 꼭짓점은 v로 labelling된 꼭짓점으로 보낸다.

방향이 주어진(oriented) 곡면으로 그래프 G의 매장이 주어지면 이로부터 간략화된 띠 분해(reduced band decomposition)를 구성할 수 있고 이 띠 분해는 G의 회전계를 결정한다. 하지만 이 역도 사실이다. 즉, 그래프 G의 회전계 $R = \{R_v\}_{v\in V(G)}$이 주어지면 이로부터 띠 분해를 구성할 수 있고 이 띠 분해는 방향이 주어진 곡면으로 그래프 G의 매장을 결정한다. 더욱이 방향이 주어진 곡면으로 G의 매장과 G의 회전계 사이에는 일대일 대응관계가 있고 이는 다음 정리로 요약된다.

정리 5.1 (Dyck 1888, Heffter 1891, Edmonds 1960) 방향이 주어진 곡면으로 두 매장[3]이 서로 orientedly equivalent할 필요충분조건은 그들이 동일한 회전계를 가지는 것이다. 따라서, 주어진 그래프 G에 대하여 방향이 주어진 곡면으로 G의 매장의 oriented equivalence class(방향을 유지하는 동치류)와 G의 회전계 사이에는 일대일 대응관계가 있다.

증명: (⇒:) 방향이 주어진 곡면상의 두 매장 $i : G \hookrightarrow S$와 $j : G \hookrightarrow T$가 orientedly equivalent하다고 하자. 그러면 방향을 유지하는 위상동형함수 $h : S \to T$가 존재하여 $hi = j$가 성립한다. 증명을 위하여 매장 i와 j에 대응하는 회전계를 각각 R, Q라 하자. 그러면 그래프 G의 각 꼭짓점 v에 대하여, v에서 회전계 R_v를 유향변들의 순환순열로 $R_v = (a\ b\ c \cdots)$라고 하면 방향을 유지하는 위상동형함수 h의 image는 $R_{h(v)} = (h(a)\ h(b)\ h(c) \cdots)$가 된다. 하지만 $hi = j$이므로 $h(v) = v$이고 이는 곧 꼭짓점 $h(v) = v$에서 회전계 Q_v가 된다. 즉, $R = Q$이다.

(⇐:) 이제 $R = Q$를 가정하고 v를 그래프 G의 임의의 꼭짓점이라 하자. $R_v = Q_v$이므로 $i(v)$와 $j(v)$는 같은 방향을 가지는 0-띠(0-band)를 가지며 이들 사이에 방향을 유지하는 위상동형함수 h가 존재한다. 이제 그래프 G의 각 변을 따라 변의 양 꼭짓점에 대응한 매장 i에서 두 개의 0-띠(0-band)를 방향을 유지하

[3] oriented 매장(embedding)이라 부른다.

는 1-띠(1-band)로 이어 붙임으로서 매장 i를 구성하는 '간략화된 띠 분해'를 만들 수 있다. 매장 j에서도 같은 띠 분해를 만들 수 있다. 이제 0-띠(0-band)들 사이에 정의된 위상동형함수 h는 매장 i, j를 구성하는 각각의 간략화된 띠 분해들 사이에 방향을 유지하는 위상동형함수로 확장이 가능하다. 이 확장된 동형함수를 역시 h로 쓰면 이는 보조정리 3.6에 의하여 곡면 S와 T사이에 방향을 유지하는 위상동형함수로 확장이 가능하다. 이렇게 확장된 위상동형함수 h에 의하여 매장 $i : G \hookrightarrow S$와 $j : G \hookrightarrow T$는 orientedly equivalent하게 된다. □

따름정리 5.2 그래프 G의 꼭짓점 $v_1, v_2, \ldots, v_n$의 차수를 각각 $d_1, d_2, \ldots, d_n$ 이라 하면 방향이 주어진 곡면으로 G의 매장들의 oriented equivalence 동치류의 총 개수는

$$\prod_{i=1}^{n}(d_i - 1)! \tag{5.1}$$

이다.

주의: 구 S^2로의 그래프 G의 2-cell 매장 $G \hookrightarrow S^2$이 있으면, 투시도법(stereographic projection)을 이용하여 $\mathbb{R}^2$로의 2-cell 매장 $G \hookrightarrow \mathbb{R}^2$를 구할 수 있다. 이의 역도 사실이다. 하지만 그래프 G를 평면에 매장할 때 서로 다른 두 매장이 구면으로의 매장으로 확대할 때 이들이 같아질 수 있다. 예를 들어 그림 5.1에서 루프는 평면을 외부 영역과 내부 영역으로 나눈다. 이런 두 영역은 평면의 동상변환으로 변형시켜 서로 겹치게 할 수는 없다. 하지만, 구면에서는 내부 영역과 외부 영역이 (즉 북반구와 남반구는) 구별되지 않는다. 그림 5.2에서도 마찬가지이다.

예제 5.1 *(방향이 주어진 곡면상으로 완전그래프 K_4의 매장들의 oriented equivalence 동치류의 개수):* 완전그래프 K_4의 모든 회전계들을 생각해 보자. K_4는 3-regular이므로, 식 (5.1)에 따라 $((3-1)!)^4 = 16$개의 서로 다른 회전계들이 있

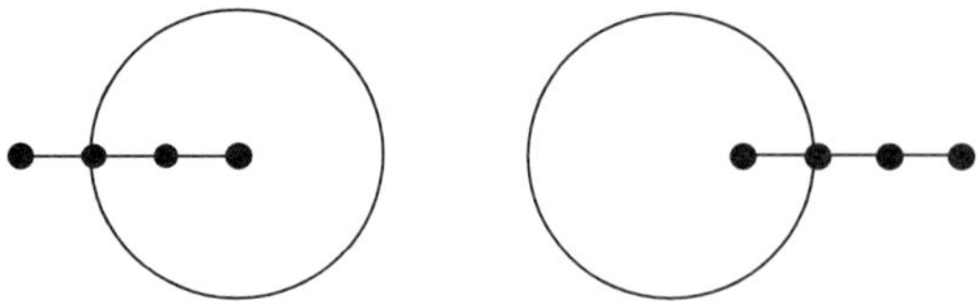

그림 5.1 평면에서는 서로 다른 두 매장이 구면에서는 같아지는 경우 (1)

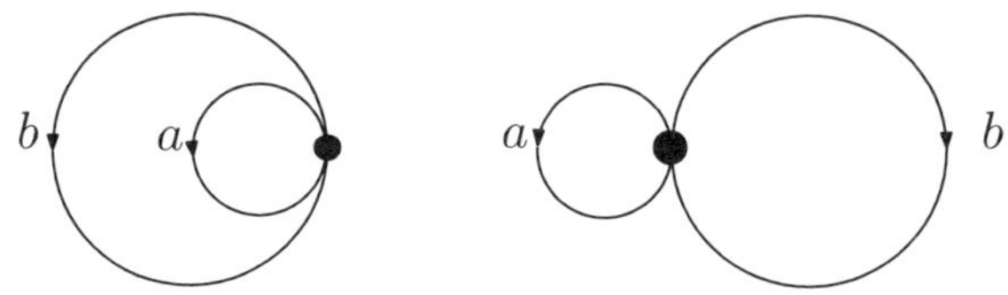

그림 5.2 평면에서 서로 다른 두 매장이 구면에서는 같아지는 경우 (2)

고, 이들은 방향이 주어진 곡면상으로 $((3-1)!)^4 = 16$개의 서로 다른 매장을 유도한다. 이들 16개의 회전계들을 모두 조사해 보면 2개는 구면에, 14개는 토러스에 매장된다. 이들의 구체적 구성은 그림 5.3과 같다.

문제 5.1 그림 5.3의 각 매장에 대하여 군 $\langle R\rangle$, $\langle L\rangle$, $\langle RL\rangle$의 궤도(orbit)를 조사하여 보아라. 여기서 R은 회전계, L은 arc-reversing involution이다.

예제 5.2 *(방향이 주어진 곡면상으로 bouquet (of circles) B_n의 매장들의 oriented equivalence 동치류의 개수):* 한 개의 꼭짓점에 n개 루프가 있는 bouquet B_n의 매장의 oriented equivalence 동치류를 計數해 보자. 우선 pseudo 그래프인 bouquet B_n 매장의 oriented equivalence 동치류를 計數하기 위하여, 각 루프에 주어진 label과 각 loop의 방향을 고려하여야 함에 유의하자(정의 1.5 참조). 동치류 전체의 개수는 $|R(B_n)| = (2n-1)!$이다.

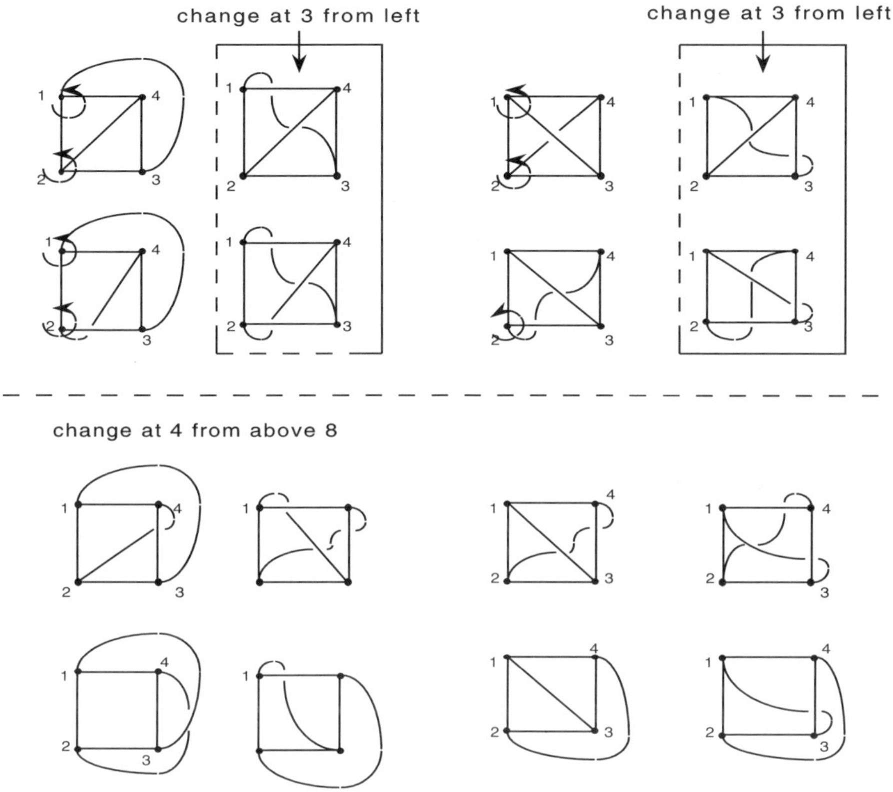

그림 5.3 16개의 K_4 매장과 회전계

B_1 매장의 oriented equivalence 동치류의 개수는 한 개이다. 루프 B_1은 그림 5.5의 왼쪽 삼각형과 같이 두 개의 서로 다른 labelling을 가지므로 평면상의 매장으로서는 두 개의 서로 다른 oriented equivalence 동치류를 가지지만 구면상에서는 이들도 동치이다.

B_2는 $3! = 6$개의 회전계를 가지며, 이들은 방향이 주어진 곡면상으로 6개의 서로 다른(orientedly inequivalent 한) 매장을 유도한다. 이들 중 구면상의 4개의

매장은 그림 5.4, 혹은 그림 5.5의 네 개의 매장 $B_2 \hookrightarrow S^2$와 같고[4] 토러스 상의 2개의 매장은 그림 5.6에서와 같다.

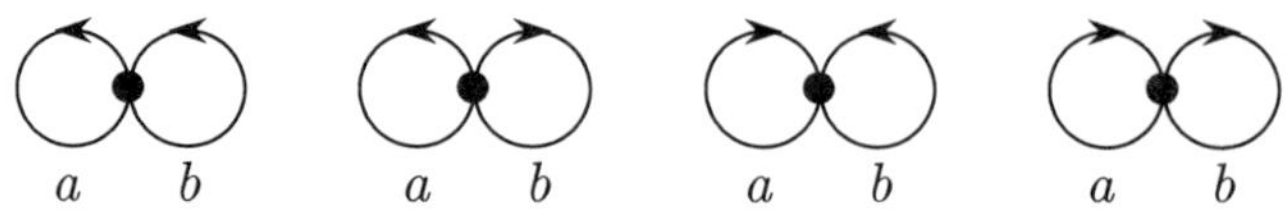

그림 5.4 4개의 orientedly inequivalent한 매장 $B_2 \hookrightarrow S^2$

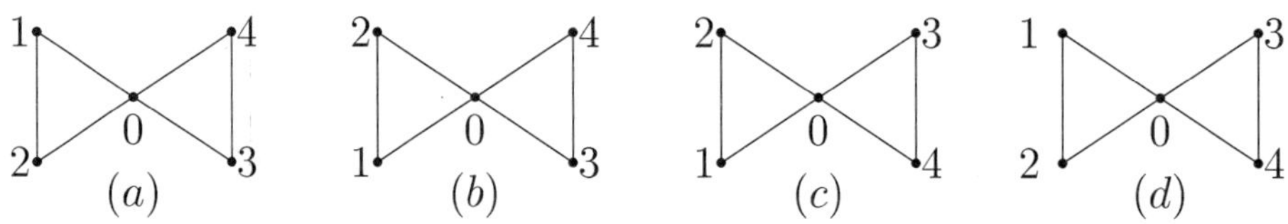

그림 5.5 4개의 orientedly inequivalent한 매장 $B_2 \hookrightarrow S^2$

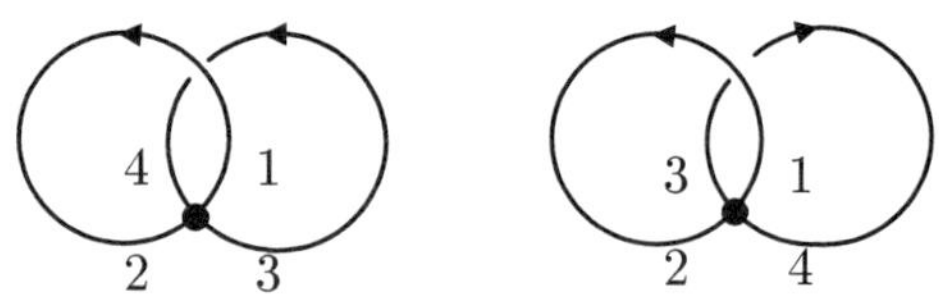

그림 5.6 2개의 orientedly inequivalent한 매장 $B_2 \hookrightarrow$ 토러스

문제 5.2 그림 5.5 (a), (c)에서 왼쪽 삼각형만 생각하면 이 두 삼각형은 서로 다른 labelling을 가지므로 평면상의 매장으로서는 서로 다른 oriented equivalence 동치류를 가지지만 구면상에서는 이들도 orientedly equivalent하다. 이를 보여라.

---

[4]여기서는 각 루프의 방향을 표시하기 위하여 그리고 단순그래프로서의 동치 개념을 쓰기 위하여 루프를 삼각형으로 도형화 하였고, 루프를 이용한 도형은 그림 5.4에서와 같다.

문제 5.3 그림 5.7의 S^2로의 두 매장 $B_2 \looparrowright S^2$는 orientedly equivalent하지만, 이를 평면 $\mathbb{R}^2$로의 매장 $B_2 \looparrowright \mathbb{R}^2$로 보면 orientedly equivalent하지 않다. 그리고 그림 5.8의 S^2로의 두 매장 $B_2 \looparrowright S^2$는 (꼭짓점을 중심으로 180도 회전에 의하여) 서로 orientedly equivalent하다. 이를 각각 보여라.

그림 5.7 orientedly equivalent한 2개의 매장 $B_2 \looparrowright S^2$

그림 5.8 orientedly equivalent한 2개의 매장 $B_2 \looparrowright S^2$

Orientedly equivalent한 두 매장 $i : G \looparrowright S$와 $j : G \looparrowright T$는 당연히 unorientedly equivalent하기도 하다. 하지만 그 역은 일반적으로 사실이 아니다. 주어진 그래프 G의 매장들의 oriented equivalence 동치류나 unoriented equivalence 동치류의 計數문제는 뒤에 다시 다루기로 하자.

문제 5.4 예제 3.12에서 완전그래프 K_4의 꼭짓점을 $0, 1, 2, 3$으로 쓸 때, 정4면체(Tetrahedron) T의 회전계(rotation system)를 보았다(그림 3.29 참조). K_4의 꼭짓점 $0, 1, 2, 3$을 $1, 2, 3, 4$로 차례로 쓸 때, 정4면체 T와 동일한 회전계를 가지는 매장을 그림 5.3에서 찾아라. 답: 그림 5.3의 네 번째줄의 두 번째.

5.2 방향이 주어진 곡면으로 labelled 그래프 매장의 計數

그래프가 각 꼭짓점에서 차수가 2이하이면 이는 path이거나 cycle이고 이들의 매장분포는 쉽게 다룰 수 있다. 또한 차수가 3 이상인 꼭짓점이 있는 경우에도 차수가 2인 꼭짓점에서는 이 점을 무시하고 이 점이 만나는 양 변을 한 개의 변으로 바꾸어도 그래프의 매장을 구성하는 데는 차이점이 없다. 따라서, 앞으로 매장분포를 다룰 때는 특별한 언급이 없는 한 모든 꼭짓점의 차수가 3 이상인 것으로 가정한다.

이 절에서는 방향이 주어진(oriented) 곡면상에서 그래프 G의 매장들의 동치류, 즉 oriented equivalence 동치류(방향을 유지한 동치류)를 計數해 보자. 또한 매장되는 곡면의 종수(genus)에 따라 그 분포를 조사해 보자.

우선 그래프 G의 매장의 oriented equivalence 동치류의 개수는 그래프 G의 회전계의 개수와 일치하고, 이는

$$\prod_{v \in V(G)} (d(v) - 1)!$$

이다(정리 5.1 참조).

정의 5.2 S_j를 종수(genus)가 j인 방향이 주어진 곡면이라 하고 $g_j(G)$를 매장 $G \hookrightarrow S_j$들의 oriented equivalence 동치류의 개수라고 하자.

(1) 그래프 G의 **종수 분포**(genus distribution)는 수열

$$g_0(G),\ g_1(G),\ g_2(G),\ \ldots$$

를 말한다.

(2) 그래프 G의 **genus 다항식**(genus polynomial)[5] 은

$$g[G](x) = g_0 + g_1 x + g_2 x^2 + \cdots, \quad \text{여기서 } g_i = g_i(G)$$

를 말한다.

예제 5.3 (1) *(Cycle C_n의 genus 다항식):* Cycle C_n 혹은 완전그래프 K_3는 차수 2인 그래프이며 $((2-1)!)^n = 1$개의 회전계를 가지고, 따라서 이의 genus 다항식은

$$g[C_n](x) = g[K_3](x) = 1.$$

(2) *(완전그래프 K_4, K_5의 genus 다항식):* 예제 5.1에서 K_4는 방향이 주어진 곡면상으로 $((3-1)!)^4 = 16$개의 서로 다른 매장을 가지고, 이중 두 개는 구면 S_0상에 매장이고, 나머지 14개는 토러스 S_1상에 매장임을 예제 5.1에서 보았다. 따라서 이의 genus 다항식은

$$g[K_4](x) = 2 + 14x$$

이다. 완전그래프 K_5는 방향이 주어진 곡면상으로 $((4-1)!)^5 = 7776$개의 서로 다른 매장을 가지고, 이의 genus 다항식은[6]

$$g[K_5](x) = 462x + 4974x^2 + 2340x^3$$

이다. 일반적인 n에 대한 완전그래프 K_n의 genus 다항식 계산은 아직도

[5] 이는 수열 $g_0(G), g_1(G), g_2(G), \ldots$의 일반생성함수이다.

[6] 때로는 이런 계산은 컴퓨터를 이용할 수 있다. 추천할 수 있는 software는 The GAP Group, *GAP - Groups, Algorithms, and Programming, Version 4.4*; 2007, (http://www.gap-system.org), Magma 등이 있다.

계산되지 않은 상당이 어려운 미해결 문제이다.

(3) *(완전이분 그래프 $K_{3,3}$의 genus 다항식)*: $K_{3,3}$는 $((3-1)!)^6 = 64$개의 매장을 가진다. 이의 genus 다항식은

$$
\begin{aligned}
g[K_{3,3}](x) &= 40x + 24x^2 \\
g[K_{4,4}](x) &= 108x + 24984x^2 + 565020x^3 + 1089504x^4
\end{aligned}
$$

이다. 일반적인 완전이분 그래프 $K_{n,n}$, 혹은 $K_{m,n}$의 genus 다항식 계산도 아직 계산되지 않은 미해결 문제이다.

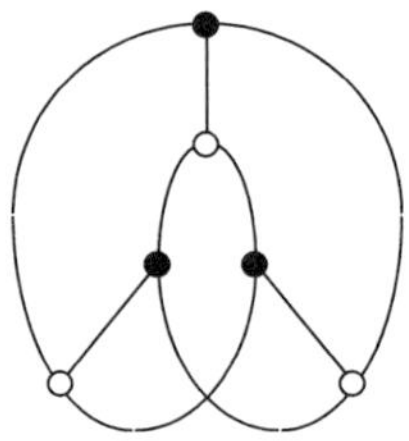

그림 5.9 완전이분 그래프 $K_{3,3}$

(4) *Prism* $K_3 \times K_2$는 방향이 주어진 곡면상으로 64개의 매장을 가진다. 이의 genus 다항식은

$$2 + 38x + 24x^2.$$

위의 그래프 외에도 Möbius ladder나 circular ladder의 매장연구도 관심을 가지는 문제들이다. Möbius ladder ML_n은 $2n$개의 꼭짓점 $v_1, \ldots, v_{2n}$을 가지는 $2n$-cycle C_{2n}에 대각선상의 꼭짓점을 연결하는 n개의 변 $e_j = \{v_j, v_{j+n}\}$를 추가한 그래프이다. 그리고 circular ladder CL_n은 n-cycle C_n과 완전그래프 K_2의 Cartesian 곱으로 정의된다. 예를 들면, Möbius ladder ML_3는 $K_{3,3}$와 동형이고 circular ladder CL_3는 prism $K_3 \times K_2$와 동형이다.

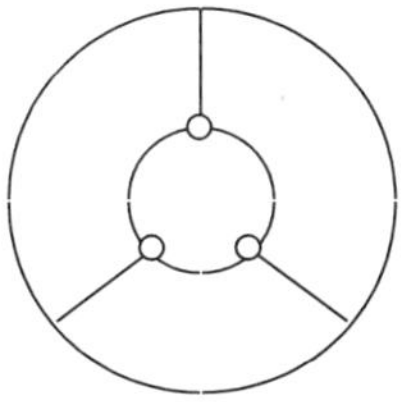

그림 5.10 Prism $K_3 \times K_2$

주의: 그래프의 매장분포를 나타내는 다항식들은 그래프의 불변량으로 그래프 동형 문제를 해결하는 데 응용되기도 한다. 예를 들면, Möbius ladder ML_3와 circular ladder CL_3는 (예제 5.3(3)(4)에서 보인 바와 같이) 이들의 genus 다항식이 틀리기 때문에 동형이 될 수 없다. 한편, 동형이 아닌 그래프가 같은 매장분포(embedding distribution)를 가지는 경우도 있다. 예를 들면, 모든 cycle C_n은 동일한 genus 다항식 $g[C_n](x) = 1$을 가진다. 자명하지 않은 예로는, 그림 5.11의 두 그래프가 있다. 이들의 genus 다항식은 $64(1 + 8x)$이다.

그림 5.11 genus 다항식은 같으나 동형이 아닌 두 그래프

문제 5.5 (*그래프 동형 문제*) "X"자의 네 가장자리 꼭짓점을 원으로 둘러 싼 그래프와 "Y"자의 가장자리 세 꼭짓점을 원으로 둘러 싼 그래프는 모두 완전그래프 K_4와 동형이라 할 수 있고 이의 genus 다항식은 $2 + 14x$이다. 같은 방법으로, "XX"자의 여덟 꼭짓점을 원으로 둘러 싼 그래프와 "YY"자의 여섯 꼭짓점을 원

으로 둘러 싼 그래프를 동형으로 볼 수 있는가 아닌가? 이들의 genus 다항식을 구하여라.

답: 동형이고 genus 다항식은 $4 + 92x + 160x^2$이다.

문제 5.6 (*그래프 동형 문제*) 그림 5.12의 두 그래프는 동형인가 아닌가?

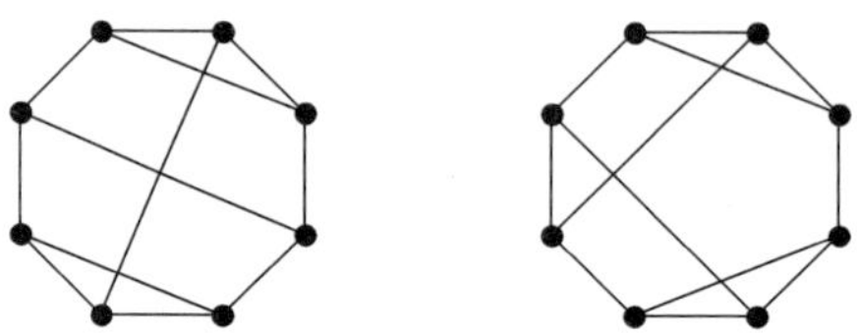

그림 5.12 그래프 동형인가?

5.2.1 한 개의 꼭짓점을 가지는 그래프(Bouquet)의 genus 다항식

우리는 이미 예제 5.2에서 방향이 주어진 곡면상으로 초기값 n에 대하여 bouquet B_n 매장들의 oriented equivalence 동치류를 計數하고 이들의 genus 분포를 조사한 적이 있다. 그리고 이들의 초기 genus 다항식으로 $g[B_1](x) = 1$, $g[B_2](x) = 4 + 2x$임을 보았다. 이를 계속하여 모든 n에 대하여 bouquet B_n의 genus 다항식 계산을 시도해보자.

보조정리 5.3 n개의 루프 $e_1, \ldots, e_n$을 가지는 bouquet B_n에 대하여,

$$L = (e_1^+ \ e_1^-)(e_2^+ \ e_2^-) \cdots (e_n^+ \ e_n^-)$$

을 arc-reversing involution이라 하고 $\mathbb{S}_{2n}$을 유향변 $e_1^+, e_1^-, e_2^+, e_2^-, \ldots, e_n^+, e_n^-$의 대칭군이라 하자. 그러면, labelled 그래프 B_n 매장 $B_n \hookrightarrow S_m$의 oriented equivalence 동치류의 개수 $g_m(B_n)$는 집합[7]

$$\{R \in \mathbb{S}_{2n} : R\text{은 } 2n\text{-cycle이고, } R \circ L = LR\text{은 } n-2m+1\text{개의 cycle의 곱}\}$$

의 개수와 같다.

이 수의 구체적인 값은 다음 정리에서 주어진다.

증명: 우리는 $B_n \looparrowright S_m$들의 oriented equivalence 동치류는 B_n의 회전계 R에 일대일 대응됨을 이미 알고 있다. 매장 $B_n \looparrowright S_m$의 회전계를 R이라 하면 Euler 공식에 의하여

$$2-2m = |V| - |E| + |F| = 1 - n + [R \circ L\text{의 cycle의 개수}]$$

이다. 따라서 $[R \circ L$의 cycle의 개수$] = n - 2m + 1$이다. □

정리 5.4 (Gross, Robbins, Tucker 1989[8]) Bouquet B_n의 genus 분포는 다음과 같다.

(1) 그래프 B_n을 labelled 그래프로 볼 때, $B_n \looparrowright S_m$의 oriented equivalence 동치류 개수는 $g_m(B_n) = (2n-2)!!\ J_{n-2m+1}(2^n)$이다.[9] 따라서, B_n의 genus 다항식은

$$g[B_n](x) = (2n-2)!! \sum_{g=0}^{\infty} J_{n-2g+1}(2^n) x^g$$

[7] 여기서 "$R \circ L = LR$은 $n-2m+1$개의 cycle의 곱"이란 엄격히 말하여 "$R \circ L = LR$을 (disjoint) cycle로 분해 했을 때 $n-2m+1$개의 cycle의 곱으로 나타난다는 뜻이다.

[8] Gross, J.L.; Robbins, D.P.; Tucker, T.W., Genus distributions for bouquets of circles. J. Combin. Theory Ser. B 47(1989), 292-306 참조.

[9] $(2n-2)!! = (2n-2)(2n-4)\cdots 4 \cdot 2 \cdot 1 = (n-1)!2^{n-1}$이다. 이는 B_n에서 root arc 하나를 정한 뒤 나머지 positively oriented 변의 labelling의 개수이다.

이다. 여기서 J_{n-2g+1}은 Jackson 수이다(보조정리 4.2 참조) .

(2) $n > 2$에 대하여 $g_m(n) := g_m(B_n)$으로 표기하면, 이는 점화식

$$\begin{aligned}(n+1)g_m(n) = 4(2n-1)(2n-3)(n-1)^2(n-2)g_{m-1}(n-2)\\ +4(2n-1)(n-1)g_m(n-1)\end{aligned}$$

를 만족하고 이때 초기값은

$m < 0$ 또는 $n < 0$일 때는 $g_m(n) = 0$,
$g_0(0) = g_0(1) = 1$, $m > 0$일 때는 $g_m(0) = g_m(1) = 0$,
$m > 1$일 때는 $g_0(2) = 4$, $g_1(2) = 2$, $g_m(2) = 0$이다.

증명: (1) 보조정리 5.3에서 bouquet B_n의 n개의 루프를 $e_1, \ldots, e_n$이라 하고, $L = (e_1^+\ e_1^-)(e_2^+\ e_2^-)\cdots(e_n^+\ e_n^-)$이라 할 때, 매장 $B_n \hookrightarrow S_m$들의 oriented equivalence 동치류의 개수 $g_m(B_n)$는 집합

$$\{R \in \mathbb{S}_{2n} : R\text{은 } 2n\text{-cycle이고}, R \circ L = LR\text{은 } n-2m+1\text{개의 cycle의 곱}\}$$

의 개수와 같음을 보았다. 이제 집합

$$\begin{aligned}\{(R, L) : R\text{은 } 2n\text{-cycle}, \quad L\text{은 } n\text{개의 involution의 곱},\\ R \circ L = LR\text{은 } k\text{개의 cycle의 곱}\}\end{aligned}$$

의 원소의 개수를 두 가지 방법에서, 즉 R이 주어지고 L을 , 아니면 L이 먼저 주어지고 R을 차례로 計數하면

$$(2n-1)!J_k(2^n) = (2n-1)!!g_m(n)$$

을 얻게 된다. 여기서 $k = n - 2m + 1$이다. 따라서 (1)이 증명된다.

(2) Jackson 보조정리 4.2에서의 $J_k(2^n)$의 점화식에 따른다. □

한편 따름정리 4.3에 의하여 다음을 보일 수 있다.

따름정리 **5.5** 구면 S_0상으로 bouquet B_n의 매장 $B_n \hookrightarrow S_0$의 oriented equivalence 동치류 개수는 $g_0(B_n) = (2n-2)!!C_n$이다. 여기서 C_n은 n 번째 Catalan 수 $C_n = \frac{1}{n+1}\binom{2n}{n}$이다.

$n\backslash m$	0	1	2	3	Total
0	1	0	0	0	1
1	1	0	0	0	1=1!
2	4	2	0	0	6=3!
3	40	80	0	0	120=5!
4	672	3,360	1,008	0	5,040=7!
5	16,128	161,280	185,472	0	362,880=9!
6	506,880	8,870,400	24,837,120	5,702,400	39,916,800=11!

표 5.1 $g_m(n) := g_m(B_n)$의 초기값

주의: 표 5.1에서의 각 $g_m(B_n)$은 표 5.2의 각 $J_{n-2m+1}(2^n)$에 $(2n-2)!!$을 곱한 값이다. 실제로 정리 5.4(1)에서 관계식 $g_m(B_n) = (2n-2)!!\ J_{n-2m+1}(2^n)$을 우리는 이미 보았다. 이 관계식의 근거는 다음과 같다. Jackson 수 $J_{n-2m+1}(2^n)$는 arc-rooted 다각형에서 울타리 변 짝짓기의 개수 $\varepsilon_m(n)$과 같고, arc-rooted 다각형에서는 root arc가 주어지면 면의 (시계)방향을 따라 root arc를 제외한 나머지 울타리 변들의 label은 저절로 정해진다. 이를 dual 매장에서 생각하면 bouquet B_n에서 arc 하나만 root로 정해진다. 하지만 B_n 매장의 oriented equivalence 동치류 $g_m(B_n)$의 計數를 위해서는 bouquet B_n은 labelled 그래프라야 한다. Bouquet

$n\backslash g=\frac{1}{2}(n+1-V)$	0	1	2	3	Total
0	1	0	0	0	1
1	1	0	0	0	1!!=1
2	2	1	0	0	3!!=3
3	5	10	0	0	5!!=15
4	14	70	21	0	7!!=105
5	42	420	483	0	9!!=945
6	132	2310	6468	1485	11!!=10395

표 5.2: arc-rooted $2n$-다각형의 울타리 변을 짝지어 곡면 S_g를 만드는 경우의 수 $J_{n-2g+1}(2^n)$

B_n에서 root arc를 제외한 나머지 arc를 labelling하는 경우의 수는 $(2n-2)!!$이고 따라서 위의 관계식이 설명된다.

문제 5.7 Bouquet B_n의 최대 genus는 $\gamma_M(B_n)=\lfloor\frac{n}{2}\rfloor$임을 보여라.

문제 5.8 Bouquet B_n의 genus 분포는 strongly unimodal이다. 즉, 정의에 의하여

$$g_m^2(B_n)\geq g_{m+1}(B_n)\cdot g_{m-1}(B_n)$$

이다. 이를 보여라.

5.2.2 두 개의 꼭짓점을 가지는 그래프(Dipole)의 genus 다항식

두 개의 꼭짓점과 이들 사이에 n개의 다중변 $e_1,e_2,\ldots,e_n$을 가지는 dipole D_n의 매장을 計數해 보자.

Dipole D_n도 다중변을 가지는 pseudo 그래프이며 이들 매장의 oriented equivalence 동치류를 計數하기 위하여, 각 다중변에 label과 방향을 고려하여야 함에

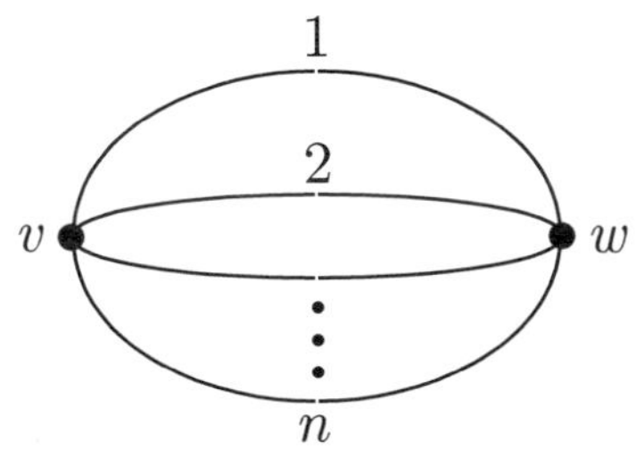

그림 5.13 Dipole D_n

유의하자. Dipole D_n 매장의 oriented equivalence 동치류를 計數하고 이로부터 genus 다항식을 계산해 보자.

우선 dipole D_n의 회전계의 개수는 $|R(D_n)| = ((n-1)!)^2$이고 $g[D_1](x) = g[D_2](x) = 1$은 자명하다. $g[D_3](x) = 2 + 2x$이고 구면상의 2개의 매장은 그림 5.14와 같고 토러스 상의 2개의 매장은 그림 5.15에서와 같다.

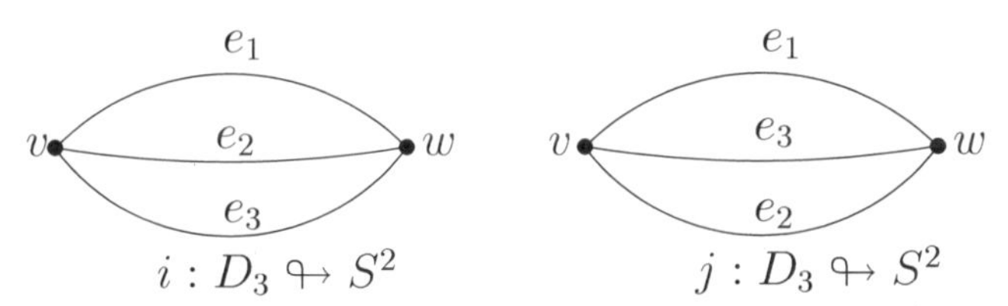

그림 5.14 orientedly inequivalent한 두 개의 $D_3 \hookrightarrow S^2$

일반적인 경우를 위하여 D_n의 변을 $e_1, e_2, \ldots, e_n$이라 하고, 회전계 R_v는 이들의 순환순열, R_w는 $e_1^-, e_2^-, \ldots, e_n^-$의 순환순열, arc-reversing involution은

$$L = (e_1^+ \; e_1^-)(e_2^+ \; e_2^-) \cdots (e_n^+ \; e_n^-)$$

라 하자. 우리는 D_n에서 arc의 치환군 $\mathbb{S}_D$에서 $R \circ L = R_v R_w L$의 cycle type을 알고자 한다. 계산의 편의를 위하여, 그림 5.13과 같이 $e_i = e_i^- = i$로 부르면, R_v, R_w는 공히 $1, 2, \ldots, n$의 치환군인 $\mathbb{S}_n$에 속하고 $L = (1\;1) \cdots (n\;n) = id$가 된다.

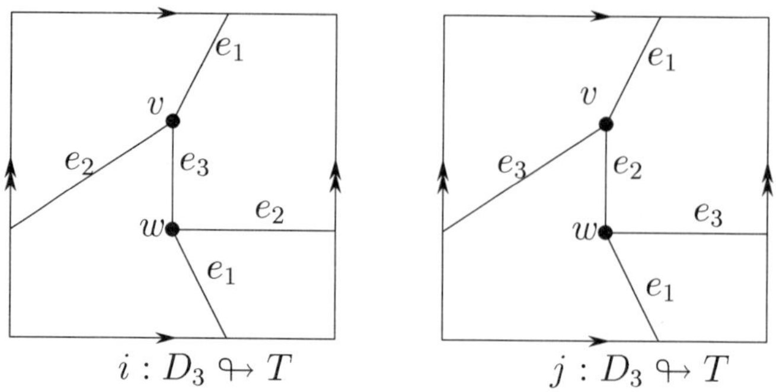

그림 5.15 orientedly inequivalent한 두 개의 $D_3 \hookrightarrow$ 토러스 T

더욱이 $R \circ L = R$이고 이는 치환군 $\mathbb{S}_n$에 속한다. 이렇게 새로운 labelling에 의하여 $\mathbb{S}_n$의 치환으로 대응된 R_v, R_w를 각각 $\tilde{R}_v$, $\tilde{R}_w$로 표기하자.

이제 임의로 주어진 arc e_i^+에 대하여 R_vR_wL을 계속 적용하여 e_i^+의 궤도를 추적해 보면

$$\begin{aligned} r(D_n, R) &= [\text{치환군 } \mathbb{S}_D\text{에서 } RL = R_vR_wL\text{의 cycle의 개수}] \\ &= [\text{치환군 } \mathbb{S}_n\text{에서 } \tilde{R}_v\tilde{R}_w\text{의 cycle의 개수}] \end{aligned}$$

임을 알 수 있다. 따라서 다음을 얻는다.

보조정리 5.6 Dipole D_n의 매장을 위한 회전계를 R이라 하자. 편의를 위하여 다중변 $e_1, e_2, \ldots, e_n$을 $1, 2, \ldots, n$으로 쓰고 $R = R_vR_w$를 $\mathbb{S}_n$의 순열로 보자[10]. 그러면, 회전계 $R = R_vR_w$에 의하여 유도되는 D_n의 매장에서 면의 개수는 $R = R_vR_w$의 cycle decomposition에서 cycle의 개수와 같다. 더욱이 Euler 공식에 의하여

$$r(D_n, R) = n - 2g(D_n, R) = R_vR_w\text{에서 cycle의 개수}$$

[10]이제 R은 대칭군 $\mathbb{S}_n$에서 두 개의 long cycle의 곱이다.

이다.

정리 **5.7** 그래프 D_n을 labelled 그래프로 볼 때, $D_n \looparrowright S_m$의 oriented equivalence 동치류 개수는 $g_m(D_n) = (n-1)!J_{n-2m}(n^1)$이다. 여기서 $J_{n-2m}(n^1)$는 Jackson 수이다.

증명: 보조정리 5.3의 증명과 유사하다. 보조정리 5.6에 의하여 구하는 수 $g_m(D_n)$은

$$|\{(R_v, R_w) \in \mathbb{S}_n \times \mathbb{S}_n \mid R_vR_w\text{의 cycle의 개수는 } n-2m\}|$$

와 동일하다. 대칭군 $\mathbb{S}_n$내에 R_v의 선택을 위한 n-cycle은 $(n-1)!$개가 있고, 고정된 R_v (예를 들어 $R_v = (1\ 2\ \cdots\ n)$)에 대하여 R_w를 선택할 수 있는 경우의 수는 Jackson 수 $J_{n-2m}(n^1)$이다. 따라서 증명이 완료된다. □

초기의 n에 대하여, D_n의 genus 다항식은 다음과 같다.

$$g[D_2](x) = 1.$$
$$g[D_3](x) = 2(1+x).$$
$$g[D_4](x) = 6(1+5x).$$
$$g[D_5](x) = 24(1+15x+8x^2).$$
$$g[D_6](x) = 120(1+35x+84x^2).$$
$$g[D_7](x) = 720(1+70x+469x^2+180x^3).$$
$$g[D_8](x) = 5040(1+126x+1869x^2+3044x^3).$$
$$g[D_9](x) = 40320(1+210x+5985x^2+26060x^3+8064x^4).$$

따름정리 **5.8** Labelled dipole D_n의 매장분포, 즉, 이의 genus 다항식은

$$g[D_n](x) = \frac{-2(n-1)!}{n(n+1)} \sum_{m=0}^{\lfloor \frac{n-1}{2} \rfloor} \underline{s}(n+1, n-2m)x^m$$

이다.

문제 5.9 다음을 보여라.

(1) 방향을 줄 수 있는 곡면상으로 D_n의 매장을 생각할 때, 최대, 최소 genus는 각각 $\left\lfloor \dfrac{n-1}{2} \right\rfloor$과 0이다.

(2) D_n은 구면으로 정확히 $(n-1)!$개의 매장을 가진다.

(3) D_n은 토러스로 정확히 $(n+1)!(n-1)(n-2)/24$개의 매장을 가진다.

(4) 한 개의 영역을 가지는 D_n의 매장의 개수는 정확히

$$(n-1)!J_1^{(n)}(1) = \begin{cases} \dfrac{2((n-1)!)^2}{n+1} & n\text{이 홀수일 때,} \\ 0 & n\text{이 짝수일 때} \end{cases}$$

이다.

문제 5.10 완전이분그래프 $K_{n,2}$의 매장분포, 즉 이의 genus 다항식을 구하여라. Hint: $K_{n,2}$은 dipole D_n에서 이의 다중변들을 세분(subdivision)하여 얻어진다. 따라서 두 그래프는 위상적으로 동형이다.

5.3 어떤 map을 같은 map으로 볼 것인가(II)? (unlabelled 경우)

우리는 5.1절의 정의 5.1에서는 그래프 G를 꼭짓점과 변에 label이 주어져 있는 labelled 그래프로 볼 때, 어떤 매장을 같은 매장으로 볼 것인가를 소개하였다. 이제 그래프 G를 꼭짓점과 변에 label이 없는 unlabelled 그래프로 이해할 때, 어떤 매장을 같은 매장으로 볼 것인가를 소개해 보자.

정의 5.3 그래프 G의 두 매장 $i : G \hookrightarrow S$와 $j : G \hookrightarrow T$가 주어져 있다고 하자.

(1) 두 곡면 S와 T는 방향이 주어진(oriented) 곡면이고, 두 매장 i와 j가 방향을 유지하는(orientation preserving) 위상동형함수 $h : S \to T$와 그래프 자기동형함수 $\alpha \in \mathrm{Aut}(G)$가 존재하여 $h \circ i = j \circ \alpha$ 가 성립할 때, 즉 사각형

$$\begin{array}{ccc} G & \xrightarrow{\ i\ } & S \\ {\scriptstyle\alpha}\big\downarrow & & \big\downarrow \text{방향을 유지하는 위상동형함수 } h \\ G & \xrightarrow{\ j\ } & T \end{array}$$

이 교환가능할 때, 두 매장은 **orientedly congruent**(방향을 유지하고 닮은) 한 매장이라고 부른다.

(2) 곡면 S와 T는 동시에 방향을 줄 수 있거나 혹은 방향을 줄 수 없는 곡면이고, 이들 사이에 위상동형함수 $h : S \to T$와 그래프 동형함수 $\alpha \in \mathrm{Aut}(G)$가 존재하여 $h \circ i = j \circ \alpha$ 가 성립할 때, 두 매장은 서로 **unorientedly congruent**(방향과 무관하게 닮은) (단순히 **congruent**(닮은))한 매장이라고 한다.[11] 즉, 다음 사각형이 교환가능하다.

---

[11] 이는 그래프 G를 unlabelled 그래프로 보았을 때, 그래프 G의 두 매장 $i : G \hookrightarrow S$와 $j : G \hookrightarrow T$가 동형(isomorphic)임을 뜻한다. 이때 위상동형함수 h는 각 꼭짓점의 labelling과 각 변의 labelling과 방향, 모두를 유지할 필요가 없다.

$$\begin{array}{ccc} G & \xrightarrow{\;i\;} & S \\ {\scriptstyle\alpha}\big\downarrow & & \big\downarrow \text{임의의 위상동형함수 } h \\ G & \xrightarrow{\;j\;} & T \end{array}$$

예제 5.4 (1) 그림 5.16는 네 개의 orientedly congruent(방향을 유지하고 닮은)한 매장을 보여준다. 여기서 바탕곡면은 (시계방향, 혹은 반시계 방향으로) 방향이 주어진 $\mathbb{R}^2$ (혹은 구면 S^2)이다. 이들 중 단지 처음 두 개만 orientedly equivalent(방향을 유지한 동치) 하다. 예를 들면, 첫 번째와 세 번째 사이에는 주어진 labelling을 유지하고 $\mathbb{R}^2$ 상에서의 방향을 유지하는 위상동형함수 h는 존재하지 않는다. 하지만 그래프 동형함수 $\alpha \in \mathrm{Aut}(G)$를 $u \mapsto w, v \mapsto v, w \mapsto u, x \mapsto x, y \mapsto y$로 하고 위상동형함수 h를 항등함수 id로 하면 정의 5.3(1)을 만족하여 orientedly congruent하게 된다.

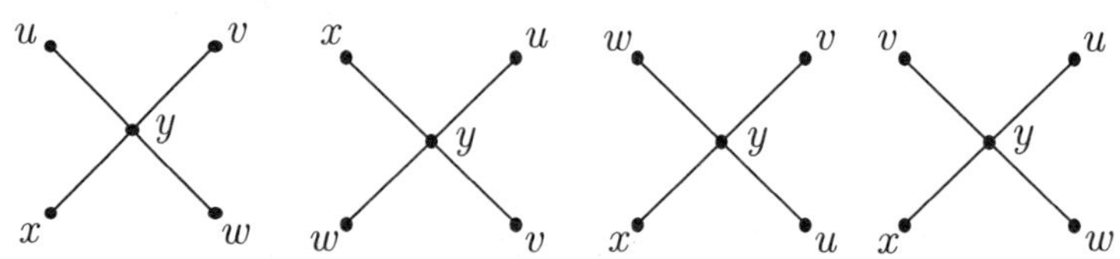

그림 5.16 4개의 orientedly congruent한 매장

(2) (*서로 orientedly inequivalent한 네 개의 매장* $B_2 \hookrightarrow S^2$) 예제 5.2에서 2잎 bouquet B_2의 매장으로, 구면상으로 orientedly inequivalent한 4개의 매장을 그림 5.4에서 보았다. 하지만 이들은 모두 orientedly congruent하다. 왜냐하면 oriented congruence는 그래프에서 꼭짓점의 labelling이나 변의 방향을 무시할 수 있기 때문이다. 같은 이유로, 그림 5.6에서 주어진 토러스 상의 두 매장도 orientedly congruent하다.

예제 **5.5** 그림 5.17의 두 매장 '$K_4 \hookrightarrow$ 토러스'는 orientedly congruent하지만 orientedly equivalent하지는 않다.

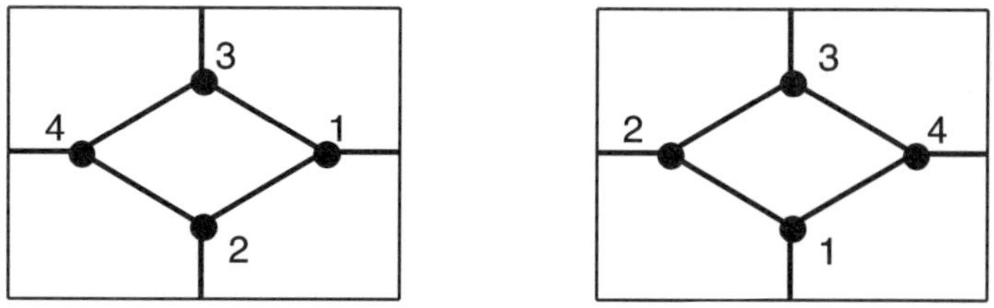

그림 5.17 orientedly congruent하지만 equivalent하지 않는 두 매장

우리는 정리 5.1에서 방향이 주어진 곡면으로 두 매장(oriented embedding)이 서로 orientedly equivalent할 필요충분조건은 그들이 동일한 회전계를 가지는 것임을 보았다.

이제 임의의 (방향을 줄 수 있거나 혹은 방향을 줄 수 없는) 곡면으로 그래프 G의 두 매장이 서로 unorientedly equivalent할 필요충분조건을 그들의 매장체계(embedding system)를 이용하여 구해보자. 우선 주어진 그래프 G의 매장은 (보조정리 3.6에 의하여) 그의 간략화된 띠 분해로 규정지어지고 띠 분해는 매장체계 (R, τ)로 표현되어진다.

이제 임의의 두 매장이 서로 unorientedly equivalent할 필요충분조건을 찾기 위하여 매장체계 (R, τ)에서 꼬임함수계 τ를 다시 살펴보자.

우선 주어진 매장의 간략화된 띠 분해에서 (그림 3.35의 설명과 같이) 유한번 1-띠를 twist 하더라도 (보조정리 3.6에 의하여) 동일한 매장을 가진다는 점에 유의하자. 이를 이용하여 그래프 G에서 주어진 spanning tree(모든 꼭짓점을 가지는 나무) T의 각 변(edge)에는 꼬임이 없는 간략화된 띠 분해를 만들 수 있다. 이를 상세히 기술하면 다음과 같다.

먼저, 그래프 G에서 spanning tree T를 하나 고정하고 T-reduced 꼬임함수계 τ_T를 정의하고자 한다. 이를 위하여 그래프 G에서 하나의 꼭짓점 v_*를 고정해 두자. 그리고 고정된 꼭짓점 v_*를 끝점으로 가지는 T의 변중에 꼬인 1-띠 e, 즉 $\tau(e) = -1$인 변 e가 있다면 이를 한 번 더 twist하여 꼬임을 풀어보자. 즉, 꼭짓점 v_*를 포함하는 0-띠의 국소방향은 고정해 두고 e의 다른 끝점 u를 포함하는 0-띠의 국소방향을 반대로 바꾸자[12]. 이때 주어진 1-띠 e는 꼬이지 않은 1-띠로 바뀌고 이의 끝점 u를 포함하는 모든 다른 1-띠의 꼬임도 반대로 바뀌게 된다. 이를 꼭짓점 v_*를 끝점으로 가지는 T의 모든 꼬인 변 e에 차례로 적용해 보자. 이때 그래프 G의 매장에는 어떠한 변화도 일으키지 않음에 유의하자. 이제 v_*를 끝점으로 가지는 T상의 모든 1-띠와 이에 연결된 0-띠의 방향을 고정해 두고, 다음에 이들에 연결된 T상의 변중에 꼬인 1-띠가 있다면 위의 방법을 반복하자. 이로부터 고정된 꼭짓점 v_*에서 거리가 2 이하인 T상의 모든 1-띠는 꼬임이 없는 꼬임함수계를 갖게 된다. 필요한 경우 이를 반복하여, 결과적으로 주어진 매장의 매장체계 (R, τ)에서 T상의 모든 1-띠는 꼬임이 없는 새로운 꼬임함수계 τ_T를 얻게 된다. 이때 두 매장체계 (R, τ)와 $(\widetilde{R}, \tau_T)$는 동일한(equivalent한) 매장을 유도한다. 여기서 $\widetilde{R}$은 위의 과정에서 꼬인 1-띠가 T상에 있는 경우에 이의 한 끝점에서 0-띠의 국소방향을 반대로 취하여 생겨진 새로운 회전계이다. 이와 같이 매장체계 (R, τ)에 대하여 만약 $\tau(e) = 1, \forall e \in E(T)$, 즉 나무(spanning tree) T상의 모든 변은 꼬여 있지 않을 때(untwisted) 이를 **T-매장체계**(T-reduced embedding system)라고 부른다.

예제 5.6 그림 5.18과 그림 5.19에서 진하게 표시된 부분을 spanning tree(모든 꼭짓점을 가지는 나무) T라 하고 이의 중심인 차수 3인 꼭짓점을 바탕 꼭짓점으로 고정하자. 그림 5.18에서는 바탕 꼭짓점을 끝점으로 가지는 모든 변이 꼬여 있고 (즉 $\tau(e) = -1$), 그림 5.19에서는 이들 중 v_2, v_3를 끝점으로 가지는 두 변만 꼬여있다. 이로부터 T-매장체계(T-reduced embedding system)를 구하는 과정을 각각의 그림에서 확인할 수 있다.

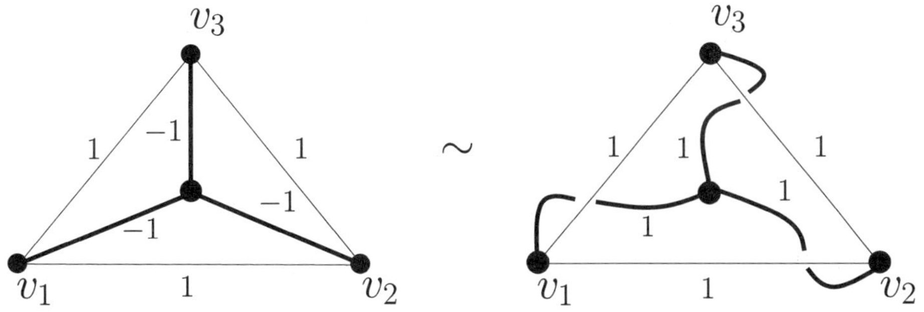

그림 5.18 방향을 줄 수 있는 곡면으로 매장체계 (R, τ)와 T-매장체계 $(\widetilde{R}, \tau_T)$

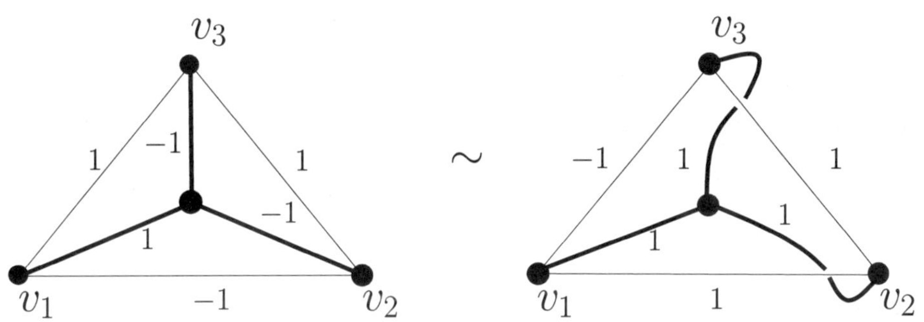

그림 5.19 방향을 줄 수 없는 곡면으로 매장체계 (R, τ)와 T-매장체계 $(\widetilde{R}, \tau_T)$

방향을 줄 수 있는 경우만 다룬 정리 5.1의 증명에서, 각 변에서 일어날 수 있는 꼬임함수계(twisting system)의 정보를 추가 설명함으로서 다음 정리를 보일 수 있다.

우선 그래프 G의 모든 꼭짓점의 degree가 ≥ 3 이라고 가정하자.

정리 **5.9** 그래프 G의 spanning tree(모든 꼭짓점을 가지는 나무) T를 고정하자. 임의의 (방향을 줄 수 있거나 혹은 방향을 줄 수 없는) 곡면으로 그래프 G의

[12]국소방향을 반대로 바꾸면 본래 0-띠의 거울상(mirror image)이 된다.

두 매장 i, j의 T-매장체계를 각각 $(R_1, \tau_1), (R_2, \tau_2)$라고 하자. 그러면 i, j가 서로 unorientedly equivalent할 필요충분조건은 $(R_1, \tau_1) = (R_2, \tau_2)$ 이거나 혹은 $(R_1, \tau_1) = (R_2^{-1}, \tau_2)$ 즉, 서로 거울상이 되는 것이다.

따라서, 모든 곡면을 걸쳐 그래프 G의 매장의 동치류(unoriented equivalence classes)의 총 개수는

$$2^{\beta(G)-1} \prod_{v \in V(G)} (d(v) - 1)! \tag{5.2}$$

이다.

모든 꼭짓점의 degree가 ≤ 3인 그래프를 (즉, path 혹은 cycle을) 제외한 모든 그래프 G에 대하여, 방향이 주어진 곡면으로 G의 매장은 그의 거울상과 orientedly equivalent할 수는 없지만 이들은 항상 unorientedly equivalent하다. 따라서, $G \hookrightarrow S_i$의 *oriented equivalence 동치류의 개수는* $G \hookrightarrow S_i$*의 unoriented equivalence 동치류의 개수의 2배이다.*

증명: (Sketch) 정리 5.1의 증명과 유사하다. 따라서 증명을 간단히 요약한다.

(⇒:) 방향이 주어진 곡면으로 두 매장 $i : G \hookrightarrow S$와 $j : G \hookrightarrow S'$가 unorientedly equivalent하다고 하자. 그러면 위상동형함수 $h : S \to S'$가 존재하여 $hi = j$가 성립한다. 증명을 위하여 v_0를 그래프 G의 임의의 꼭짓점으로 고정하자. $i(v_0)$와 $j(v_0)$에서 같은 국소방향(local orientation)을 가지는 0-띠(0-band)를 정의하여 이들 사이의 위상동형함수 h가 v_0에서의 순환계를 유지하도록 하자. 이제 이를 spanning tree(모든 꼭짓점을 가지는 나무) T의 변을 따라 매장체계를 확장하되 이들 사이의 위상동형함수 h가 매장체계를 유지하도록 확장하자. 그러면 두 매장 $i : G \hookrightarrow S$와 $j : G \hookrightarrow S'$는 동일한 매장체계를 가지게 된다. 한편 v_0에서부터 $i(v_0)$와 $j(v_0)$에서 반대의 국소방향(local orientation)을 가지도록

0-띠를 정의하여 위상동형함수 h가 v_0에서의 순환계를 reversing하도록 구성하였다면 $(R_1, \tau_1) = (R_2^{-1}, \tau_2)$인 매장체계를 갖게 된다.

($\Leftarrow$:) 이제 $(R_1, \tau_1) = (R_2, \tau_2)$나 혹은 $(R_1, \tau_1) = (R_2^{-1}, \tau_2)$에 따라 '간략화된 띠 분해' 사이에 위상동형함수 h가 국소적 방향을 유지하도록 혹은 reversing하도록 정의할 수 있다. 이제 보조정리 3.6에 의하여 곡면 S와 S'사이에 우리가 바라는 위상동형함수를 구할 수 있다.

매장의 동치류 개수, 즉 식 5.2의 증명은 독자에 남긴다. □

예제 5.7 (임의의 곡면으로 완전그래프 K_4의 매장): 완전그래프 K_4의 모든 매장체계들을 생각해 보자. K_4는 3-regular이므로, 식 (3.2)에 따라 $2^6((3-1)!)^4 = 2^{10}$개의 서로 다른 매장체계들이 있고, 이들 각각은 방향을 줄 수 있거나 혹은 방향을 줄 수 없는 곡면상으로 하나의 매장을 유도한다. 하지만 이들이 모두 서로 다른 매장이 되는 것은 아니다. 정리 5.9에 의하여 서로 다른(inequivalent 한) 매장의 개수는 2^6개 이다 □

5.4 방향이 주어진 곡면으로 **unlabelled** 그래프 매장의 計數

우리는 計數문제에서 計數할 대상물이 unlabelled이면 labelled인 경우보다 일반적으로 어렵다는 것을 알고 있다. 이는 매장의 경우에도 성립하여, unlabelled 그래프 매장(congruence 동치류)의 計數가 labelled 그래프 매장(equivalent 동치류)의 計數보다 일반적으로 어렵다. 실제로 unlabelled 그래프 매장(congruence 동치류)의 genus 분포는 거의 알려지지 않고 있다.

방향이 주어진 곡면에서 labelled 그래프를 다룬 정리 5.1의 증명에서, 각 꼭짓점의 labelling을 무시함으로서 다음 정리를 보일 수 있다.

정리 5.10 방향이 주어진 곡면 S에 두 매장 $i : G \hookrightarrow S$와 $j : G \hookrightarrow S$가 각각 회전계 R과 Q를 가진다고 하자. 그러면, i와 j가 orientedly congruent할 필요충분조건은

$$Q_{\alpha(v)} = \alpha \circ R_v \circ \alpha^{-1}, \quad \forall v \in V(G)$$

를 만족하는 그래프 동형함수 $\alpha \in \mathrm{Aut}(G)$가 존재하는 것이다.

증명: ($\Rightarrow$) 두 매장 i와 j가 orientedly congruent하고, $\alpha \in \mathrm{Aut}(G)$와 방향을 유지하는 위상동형함수 $h : S \to S$가 존재하여 $h \circ i = j \circ \alpha$라 하자. 꼭짓점 v에서 회전계 R_v가 유향변 (v, x)를 (v, y)로 보낸다고 가정해 보자. 그러면 매장 $h \circ i = j \circ \alpha$의 회전계는 꼭짓점 $h(v)$에서 유향변 $(h(v), h(x))$를 $(h(v), h(y))$로 보내게 된다. 각 꼭짓점 $u \in V(G)$에 대하여 $h(u) = \alpha(u)$이므로, 매장 $j : G \hookrightarrow S$의 회전계 Q는 꼭짓점 $\alpha(v)$에서는 유향변 $(\alpha(v), \alpha(x))$를 $(\alpha(v), \alpha(y))$로 보내게 된다. 즉, $Q_{\alpha(v)} = \alpha \circ R_v \circ \alpha^{-1}, \quad \forall v \in V(G)$가 된다(그림 5.20 참조).

($\Leftarrow$) $Q_{\alpha(v)} = \alpha \circ R_v \circ \alpha^{-1}$, $\forall v \in V(G)$를 만족하는 그래프 동형함수 $\alpha \in \mathrm{Aut}(G)$가 존재한다고 하자. 정리 5.1의 증명과 같은 방법을 이용하여, $h \circ i = j \circ \alpha$를 만족하고 곡면 S의 방향을 유지하는 위상동형함수 $h : S \to S$를 구성할 수 있다. 상세한 증명은 독자에 남긴다. □

이제 그래프 G를 바탕그래프로 하는 매장의 oriented congruence 동치류를 計數하기 위하여 다음의 군 작용을 이용해 보자. 그래프 G의 회전계 집합 $R(G)$상에 $\mathrm{Aut}(G)$-작용을 다음과 같이 켤레작용으로 정의하자: $\alpha \in \mathrm{Aut}(G)$와 $R \in R(G)$에 대하여

$$(\alpha R)_{\alpha(v)} = \alpha \circ R_v \circ \alpha^{-1}$$

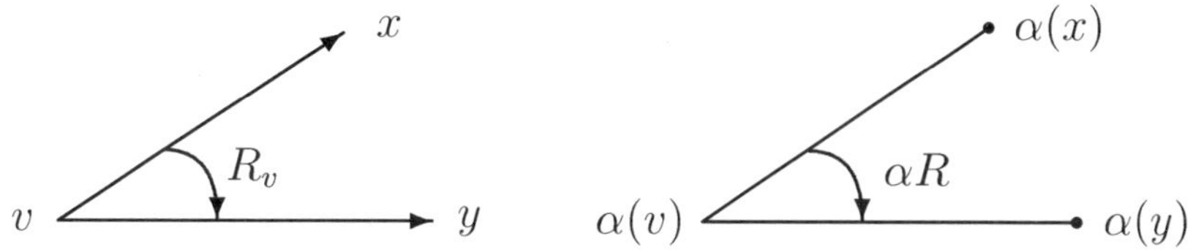

그림 5.20 회전계의 집합 $R(G)$상에 Aut(G)-작용

로 정의하자(그림 5.20 참조). 그러면, 정리 5.10에 의하여

따름정리 5.11 (1) 회전계 R과 Q를 가지는 매장 i와 j가 orientedly congruent할 필요충분조건은 R과 Q가 Aut(G)의 켤레작용에서 같은 궤도(orbit)에 속하는 것이다.

(2) 회전계 R을 가지는 매장을 map $\mathcal{M}$이라 하면, 이의 자기동형군 $\text{Aut}(\mathcal{M}) = \text{Aut}(G; R)$은 그래프의 자기동형군 Aut$(G)$의 켤레작용에서 R의 stabilizer이다. 즉,

$$\text{Aut}(\mathcal{M}) = \text{Aut}(G, R) = \text{Aut}(G)_R$$

이다.

(3) 회전계 R에 orientedly congruent한 매장의 개수는 R의 궤도의 크기, 즉 $|\text{Aut}(G)|/|\text{Aut}(G; R)| = |\text{Aut}(G)|/|\text{Aut}(\mathcal{M})|$이다. (Orbit-Stabilizer 정리에 의하여).

(4) G 매장의 oriented congruence 동치류 개수는 Burnside 보조정리에 의하여,

$$|OC(G)| = |R(G)/\text{Aut}(G)| = \frac{1}{|\text{Aut}(G)|} \sum_{\alpha \in \text{Aut}(G)} |\text{Fix}(\alpha)|$$

이다.[13]

주의: (1) 특별한 경우로 만약 Aut(G)가 $R(G)$상에 고정점없이 작용하면 G 매장의 oriented congruence 동치류 개수는 $|OC(G)| = |R(G)|/|\text{Aut}(G)|$이다.
(2) 만약 $\alpha, \beta \in \text{Aut}(G)$가 conjugate하면 $|\text{Fix}(\alpha)| = |\text{Fix}(\beta)|$이다.

예제 5.8 그림 5.21[14]은 그래프의 자기동형함수가 회전계나 map상에 어떻게 작용하는가를 보여준다. 여기서 $\alpha = (1\ 3)(2\ 4)$는 항등원은 아니지만 $\alpha \cdot R = R$임에 유의하자. 따라서 α는 map의 자기동형함수이다.

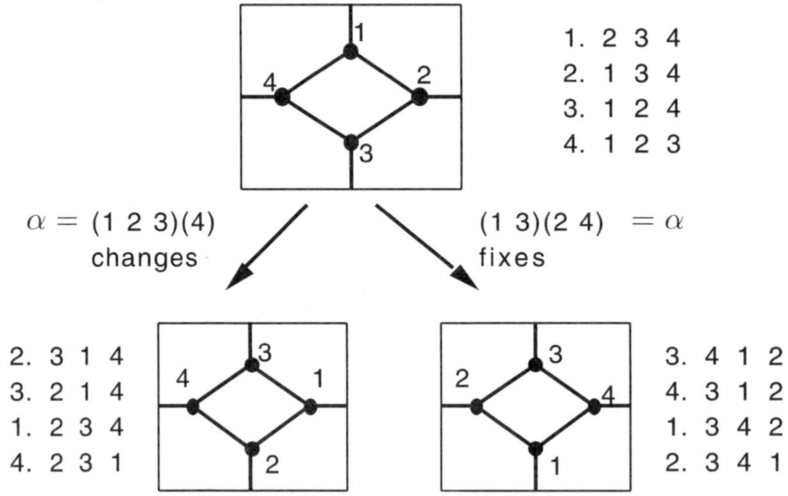

그림 5.21 회전계의 집합 $R(G)$상에 Aut(G)-작용

예제 5.9 (K_4 *매장의 oriented congruence 동치류*) 그래프 K_4의 매장의 oriented equivalence 동치류 개수는 genus가 0, 1인 각각의 경우에 2개와 14개가 있다는

[13]Mull et al. [Proc. Amer. Math. Soc. 103(1988), 321-330] 참조.

[14]여기서는 편의상 각 꼭짓점 u에서 회전계를 u에서 시작하는 유향선분 대신에 이들이 끝나는 꼭짓점의 이름을 이용하여 표기하였다.

것은 예제 5.1에서 보았다. 이제 그래프 K_4 매장의 oriented congruence 동치류를 計數해 보자.

(1) 그림 5.22의 (a)와 (b)는 orientably congruent하다. 실은 map (a)를 (K_4, R)이라 하면 회전계 R은 $R_1 = (12, 13, 14)$, $R_2 = (21, 24, 23)$, $R_3 = (31, 32, 34)$, $R_4 = (41, 43, 42)$이다. (여기서 ij는 꼭짓점 i에서 j로의 유향선분을 표기한다.) 그래프 동형함수 $\alpha = (1, 2) \in \mathrm{Aut}(K_4)$에 대하여 $Q = \alpha(R)$이라 하면 회전계 Q는 $Q_1 = (12, 14, 13)$, $Q_2 = (21, 23, 24)$, $Q_3 = (31, 34, 32)$, $Q_4 = (41, 42, 43)$이고 이는 K_4의 map (b)를 만든다.

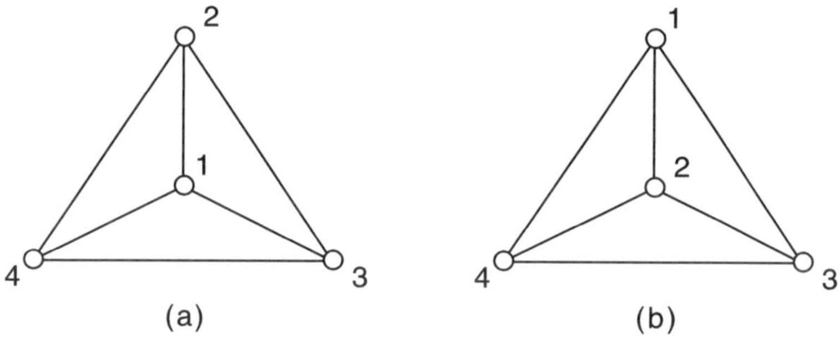

그림 5.22 Orientably congruent한 K_4의 두 매장

(2) $|R(K_4)| = 2^4 = 16$이다. 그림 5.22(a)에 주어진 map $\mathcal{M} = (K_4, R)$에 대하여 $\mathrm{Aut}(\mathcal{M}) = A_4$이다(예제 3.14 참조). $\mathrm{Aut}(K_4) = \mathbb{S}_4$이므로, map $\mathcal{M}$의 oriented congruence 동치류는 $[\mathbb{S}_4 : A_4] = 2$개의 map으로 이루어져 있다. 이는 map $\mathcal{M}$과 이의 "거울상"이며, 거울상은 그림 5.22의 (b)이다. K_4 매장의 oriented congruence 동치류를 計數하기 위하여 각 $\alpha \in \mathrm{Aut}(K_4) = \mathbb{S}_4$에 대하여 $|\mathrm{Fix}(\alpha)|$를 구하자. 우선 $|\mathrm{Fix}(\alpha)|$는 $\mathbb{S}_4$의 각 켤레류(conjugacy class)에서 동일한 값을 가지는 사실에 유의하자. 더욱이 다음을 알 수 있

다.

Conj Class (α) :	e	(12)	(123)	(12)(34)	(1234)
|Conj Class| :	1	6	8	3	6
$\|\text{Fix}(\alpha)\|$:	16	0	4	4	2

(3) Burnside 보조정리에 의하여, K_4 매장의 oriented congruence 동치류의 개수는 $(16+0+32+12+12)/24 = 3$이다. 이 중 첫째는 그림 5.22(a)와 같고 이는 구면으로 매장이다. 나머지 두 개는 토러스로의 매장이고 이는 각각 그림 5.23의 (c),(d)와 같다. 매장 (c)에서는 4각형과 8각형의 두 면이 있고 $\text{Aut}(\mathcal{M}) = \mathbb{Z}_4$이다. 따라서 이의 oriented congruence 동치류에는 $24/4 = 6$개의 map이 있다. 매장 (d)에서는 3각형과 9각형(nonagon)의 두 면이 있고 $\text{Aut}(\mathcal{M}) = \mathbb{Z}_3$이다. 따라서 이의 oriented congruence 동치류에는 $24/3 = 8$개의 map이 있다. □

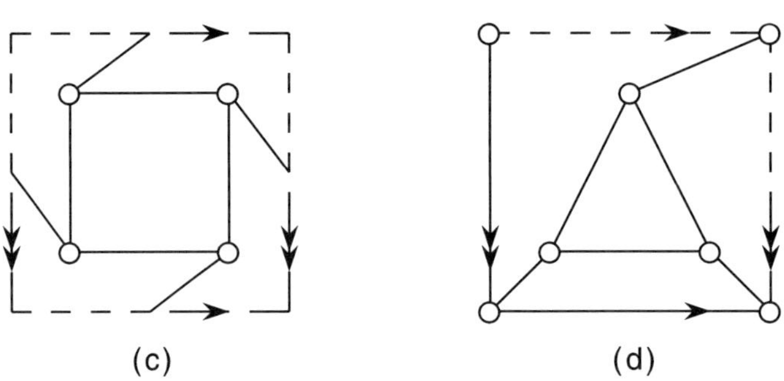

(c)와 같은 회전계가 6개 (d)와 같은 회전계가 8개

그림 5.23 K_4의 토러스 매장

이미 거론한 바와 같이 labelled 그래프 매장(equivalent 동치류)의 genus 분포인 genus 다항식은 일부 알려져 있지만 unlabelled 그래프 매장(congruence 동치류)의 genus 분포는 거의 알려져 있지 않다. 이 절의 마지막으로 알려진 몇 가

지 동치류의 計數를 증명없이[15] 소개한다.

그래프 매장의 oriented congruence 동치류의 計數는 Burnside 보조정리를 이용한 따름정리 5.11(4)의 計數식에 의하여 가능하다.

예를 들어 완전그래프 K_n을 생각해 보자. K_n 매장의 oriented equivalence 동치류의 총 개수는 쉽게 계산된다. 즉, $[(n-2)!]^n$이다. 하지만 완전그래프 K_n 매장의 oriented congruence 동치류의 計數는 좀 더 복잡한 문제이다. 이는 다음과 같다.

정리 5.12 (Mull, Rieper, White 1988)[16] 완전그래프 K_n의 매장의 oriented congruence 동치류의 개수는

$$|OC(K_n)| = \sum_{d|n} \frac{(n-2)!^{n/d}}{d^{n/d}(n/d)!} + \sum_{d|(n-1),\ d\neq 1} \frac{\phi(d)(n-2)!^{(n-1)/d}}{n-1}$$

이다.

n의 초기값에 대하여 $|OC(K_n)|$의 값은 표 5.3과 같다.

n	1	2	3	4	5	6	7
$\lvert OC(K_n)\rvert$	1	1	1	3	78	265,764	71,095,150,000

표 5.3 초기 $|OC(K_n)|$의 값

genus 다항식의 계산보다 oriented congruence 동치류의 genus 분포를 구하는 것은 더 어려운 문제이다. 실제로 K_n의 genus 다항식이나 oriented congruence 동치류의 genus 분포의 계산은 어려운 문제로 남아있다.

[15]증명은 참고 논문을 참조.

[16]Mull, Bruce P.; Rieper, Robert G.; White, Arthur T. Enumerating 2-cell imbeddings of connected graphs. Proc. Amer. Math. Soc. 103 (1988), 321-330 참조.

$n+1$개의 꼭짓점을 가지는 그래프 wheel W_{n+1}은 n개의 꼭짓점을 가지는 cycle C_n과 그 중심에 한점 ∞를 추가하여 이 중심점으로부터 cycle C_n의 각 꼭짓점에 변을 잇는 그래프 $W_{n+1} = C_n * \infty$이다. 예를 들어 W_4는 완전그래프 K_4이다. $n \geq 4$에 대하여 wheel W_{n+1}의 자기동형군은 order $2n$의 dihedral 군이다. Wheel W_n의 매장의 oriented congruence 동치류의 개수는 다음과 같다.

정리 5.13 (Mull, Rieper, White 1988)[17] Wheel 그래프 W_n의 매장의 oriented congruence 동치류의 개수는

$$|OC(W_{n+1})| = \begin{cases} \frac{1}{2n}\sum_{d|n}\phi^2(d)\cdot 2^{n/d}(\frac{n}{d}-1)!d^{n/d-1}, & n\text{이 홀수일 때} \\ \frac{1}{2n}\sum_{d|n}\phi^2(d)\cdot 2^{n/d}(\frac{n}{d}-1)!d^{n/d-1} + 2^{n-3}(\frac{n}{2}-1)!, & \\ & n\text{이 짝수일 때} \end{cases}$$

n의 초기값에 대하여 $|OC(W_n)|$의 값은 표 5.4와 같다.

n	3	4	5	6	7	8	9
$\lvert OC(W_{n+1})\rvert$	8	16	80	666	6,588	80,886	1,146,916

표 5.4 초기 $|OC(W_{n+1}|$의 값

완전 이분 그래프 $K_{n,n}$이나 Hypercube Q_n등도 대체로 좋은 대칭성을 가지고 있고, 이들의 oriented congruence 동치류의 計數도 시도할 수 있다[18].

---

[17]Mull, Bruce P.; Rieper, Robert G.; White, Arthur T. Enumerating 2-cell imbeddings of connected graphs. Proc. Amer. Math. Soc. 103 (1988), 321-330 참조.

[18]완전 이분 그래프 $K_{n,n}$의 oriented congruence 동치류의 計數에 관심 있는 독자는 B.P. Mull, Enumerating the orientable 2-cell imbeddings of complete bipartite graphs, J. Graph Theory 30(1999) 77-90을 참조.

문제 5.11 $|OC(K_{m,n})|$의 초기값은 표 5.5와 같다. $|OC(K_{2,3})|$와 $|OC(K_{2,3})|$의 값을 구하여라.

$m\backslash n$	1	2	3	4
1	1	1	1	1
2		1	2	3
3			3	34
4				1534

표 5.5 $|OC(K_{m,n})|$의 초기값

Oriented congruence 동치류의 計數 문제는 pseudo 그래프인 bouquet B_n과 dipole D_n에서도 가능하다. Bouquet B_n의 회전계는 $(2n-1)!$개가 있고 이들의 집합에 $\text{Aut}(B_n) = \mathbb{Z}_2 \wr \mathbb{S}_n$, wreath product[19]의 결레작용에 의한 궤도집합의 cadinality를 따름정리 5.11(4)의 計數식에 의하여 계산함으로서 우리가 원하는 $|OC(B_n)|$을 구할 수 있다.

문제 5.12 Bouquet B_n에 대하여 $|OC(B_n)|, n = 1, 2, 3, 4, \ldots$의 초기값은 $1, 2, 5, 18, \ldots$이다. 한편 Dipole D_n에서는 $|OC(D_n)|$, $n = 1, 2, 3, 4, \ldots$의 초기값은 $1, 1, 2, 3, 7, 19, \ldots$이다. 이들을 보여라[20].

우리는 주어진 그래프의 oriented congruence 동치류의 計數로부터 이들의 genus 분포를 조사하는 문제를 자연스럽게 야기할 수 있다. 하지만 이 문제는 상당히 어려워 연구 문제로 남기기로 하고 여기서 이 절을 마친다.

---

[19] $\text{Aut}(B_n)$은 각 루프의 돌림(flip) $\mathbb{Z}_2$와 loop의 자리바꿈 $\mathbb{S}_n$에서 생성되는 wreath product이다.

[20] 이들의 일반적인 경우의 계산은 Y.Q. Feng, J.H. Kwak, J.X. Zhou, Congruence classes of orientable 2-cell embeddings of bouquets and dipoles, Electronic J. Combinatorics 17(2010) #R41에서 찾을 수 있다.

5.5 매장의 거울 대칭성

거울에 비친 시계를 보자. 거울안의 시계바늘은 시계의 반대 방향으로 돌아가고 있음을 알 수 있다.

이런 원리를 이용하여 그래프 G를 바탕으로 하는 map $\mathcal{M} = (G; R)$의 거울상(mirror image)을 다음과 같이 정의하자.

정의 5.4 (매장의 거울상: mirror image) 방향을 줄 수 있는 곡면에서 방향은 주는 방법은 두 가지가 있다. 국소적으로 보아 시계방향과 시계반대방향이 있다. 이제 방향이 주어진 (oriented) 곡면으로 매장 $i : G \hookrightarrow S$가 회전계(rotation system) R을 가지고 있다고 하자. 이때 R^{-1}을 회전계로 가지는 S로의 매장 $j : G \hookrightarrow S$를 매장 i의 **거울상**이라고 한다.

이때, 매장 $j : G \hookrightarrow S$에서 바탕 곡면 S가 매장 $i : G \hookrightarrow S$에서 바탕 곡면 S의 방향을 반대방향으로 가지면 두 매장은 항등함수 id_S에 의하여 orientedly equivalent하다(labelled 그래프의 매장으로서). 하지만 이 두 곡면이 같은 방향을 가지고 그래프 G가 valency 3이상의 꼭짓점을 가진다면 이들은 orientedly equivalent 할 수 없지만 orientedly congruent 할 수는 있다. 우리는 이들이 언제 orientedly congruent한지에 관심을 가진다.

보통 사람의 얼굴은 오른쪽과 왼쪽이 정확히 대칭이다. 이제 거울에 비친 자기 얼굴을 보자. 머리 정수리-귀밑머리-귀-뺨-아래 턱으로의 길은 오른쪽은 시계방향으로, 왼쪽은 시계 반대방향으로 흐르는 것을 볼 수 있다. 이제 왼손을 거울에 비추어 보자. 이의 거울상은 오른손을 뒤집어 놓은 것과 같다. 얼굴모양은 좌우대칭이지만 손모양은 좌우대칭이 아니다. 이는 다섯 손가락의 길이가 모두 틀리기 때문이다.

정의 5.4에서 다룬 거울상의 개념을 이용하여 대칭성을 정의해 보자.

정의 5.5 방향이 주어진(oriented) 곡면 S에서의 map $i : G \looparrowright S$가 이의 거울상과 orientedly congruent하면 이를 **거울대칭(reflexible)**하다고 하고, 그렇지 않으면 **거울비대칭(chiral)** 혹은 **irreflexable**하다고 말한다.

정의로부터 주어진 그래프의 oriented congruence 동치류는 거울대칭한 것과 거울비대칭(chiral)한 것으로 양분된다.

예제 5.10 그림 5.5에서 주어진 orientably nonequivalent한 4개의 매장 $B_2 \looparrowright S^2$를 다시 생각해 보자. 여기서 (a)와 (c) (또한 (b)와 (d))는 서로 거울상이다. 따라서 unorientedly equivalent하고 또한 orientedly congruent하다. 하지만 orientedly equivalent하지는 않다. 따라서 이들은 모두 거울대칭(reflexible)이다. 예를 들면 (a)와 (c)는 그래프 자기동형함수 $\alpha = (1\ 2)(3\ 4)$와 S^2의 항등함수에 의하여 orientedly congruent할 조건을 만족한다. □

예제 5.11 g개의 손잡이를 가지는 방향이 주어진 곡면 S_g, $(g > 0)$로의 매장 $\imath : G \looparrowright S_g$는 매장체계 (R, τ)를 가지고 곡면 S_g는 펼친그림으로 $4g$-다각형의 울타리를 $\prod_{s=1}^{g} a_s b_s a_s^{-1} b_s^{-1}$의 단어를 따라 동일시한 것으로 보자. 이제 주어진 다각형의 diagonal reflection을 ς라 하면, $\jmath = \varsigma \circ \imath$는 새로운 매장 $\jmath : G \looparrowright S_g$가 되고 이는 바로 매장 $\imath$의 거울상이며 매장체계 (R^{-1}, τ)를 가진다. diagonal reflection은 곡면의 orientation-reserving 동형함수이고 따라서 방향이 주어진 곡면에서의 매장은 그의 거울상과 orientedly equivalent할 수는 없다.

방향을 줄 수 없는 곡면에서도 곡면의 펼친그림을 취하고 위와 같이 주어진 매장의 거울상을 생각할 수 있다. 한편 모든 곡면에서 매장은 그의 거울상과 unorientedly equivalent함은 쉽게 알수 있다.

예제 **5.12** 그림 5.24와 5.25에서 주어진 K_5를 바탕그래프로 하는 두 map은 서로 거울상이다. 먼저 그림 5.24의 $K_5 \hookrightarrow$ 토러스에서 방향을 시계방향으로 고정하고 각 꼭짓점 i에서 회전계 R_i를 생각해 보면, (여기서 ij는 꼭짓점 i에서 꼭짓점 j로의 유향변을 의미한다.)

$$
\begin{aligned}
R_1 &= (12\ \ 13\ \ 15\ \ 14),\\
R_2 &= (23\ \ 24\ \ 21\ \ 25),\\
R_3 &= (34\ \ 35\ \ 32\ \ 31),\\
R_4 &= (45\ \ 41\ \ 43\ \ 42),\\
R_5 &= (51\ \ 52\ \ 54\ \ 53)
\end{aligned}
$$

이고, RL의 cycle을 조사하여 각 면의 울타리를 보면,

$$RL = (12\ \ 25\ \ 54\ \ 41)(13\ \ 34\ \ 42\ \ 21)(14\ \ 43\ \ 35\ \ 51)(15\ \ 52\ \ 23\ \ 31)(24\ \ 45\ \ 53\ \ 32)$$

로 5개의 면을 가진다. 이는 거울비대칭(chiral)이다. 즉 그림 5.24와 5.25의 두 map은 orientedly congruent하지 않다. 왜냐하면, 이의 회전계 R은 이의 거울상의 회전계 R^{-1}와 $\mathrm{Aut}(K_5) \cong \mathbb{S}_5$내에서 서로 conjugate하지 않기 때문이다. 이들은 실제로 꼭짓점의 개수가 가장 적은 거울비대칭(chiral) map으로 알려져 있다.
□

문제 5.13 예제 5.1에서 완전그래프 K_4의 oriented map(방향이 주어진 곡면상으로 매장)은 16개가 있음을 보았다. 각자가 거울대칭(reflexible)인지 아니면 거울비대칭(chiral)인지를 구별 하여라.
답: 모두 거울대칭(reflexible)

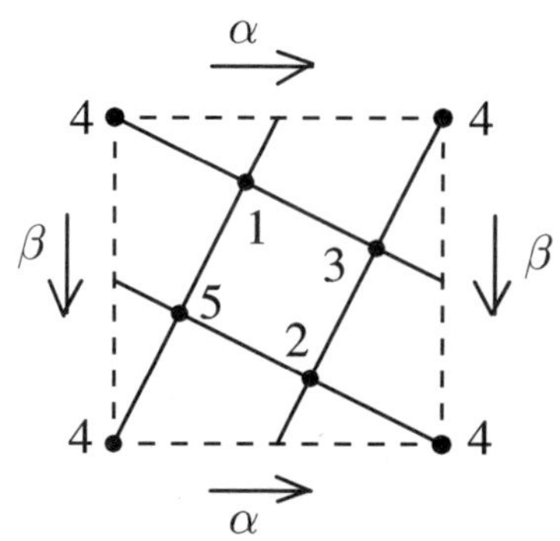

그림 5.24 $K_5 \hookrightarrow$ 토러스 (1)

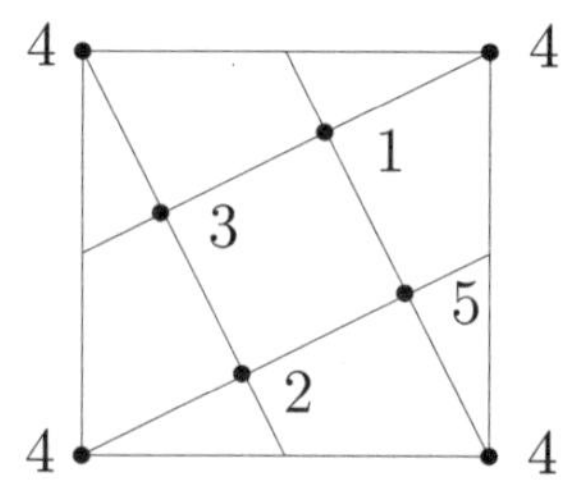

그림 5.25 $K_5 \hookrightarrow$ 토러스 (1)의 거울상

문제 5.14 Platonic solid는 모두 거울대칭(reflexible)이다. 이를 보여라.

이제 연결인 그래프 G의 거울대칭(reflexible) 매장의 oriented congruence 동치류 計數를 시도해 보자. 그래프 G의 회전계의 집합을 $R(G)$, 거울대칭 매장을 유도하는 회전계의 집합을 $R^{\mathcal{R}}(G)$로 표기하자. 그러면

$$R^{\mathcal{R}}(G) = \{R \in R(G) \mid \text{어떤 } g \in \text{Aut}(G)\text{에 대하여 } R^g = R^{-1}\}$$

이다. 자기동형함수 $g \in \text{Aut}(G)$와 회전계 $R \in R^{\mathcal{R}}(G)$가 $R^g = R^{-1}$인 관계에 있을 때, 회전계 R은 자기동형함수 g에 의하여 *거울대칭(reflexible)*이라고 말하고, 자기동형함수 g는 회전계 R의 *거울대칭함수(reflection)*라고 말한다. 자기동

형함수 $g \in \mathrm{Aut}(G)$와 회전계 $R \in R(G)$에 대하여

$$
\begin{aligned}
R^{\mathcal{R}}(g) &= \{R \in R(G) \mid R^g = R^{-1}\}, \\
\mathrm{Ref}(R) &= \{g \in \mathrm{Aut}(G) \mid R^g = R^{-1}\}
\end{aligned}
$$

라 두자. 즉, $R^{\mathcal{R}}(g)$는 자기동형함수 g에 의하여 거울대칭이 되는 회전계의 집합이고, $\mathrm{Ref}(R)$는 회전계 R의 거울대칭함수들의 집합이다.

다음 보조정리는 그래프 G의 거울대칭 매장을 유도하는 회전계의 기본성질을 소개한다.

보조정리 5.14 연결 그래프 G의 자기동형함수 $g \in \mathrm{Aut}(G)$와 회전계 $R \in R(G)$가 $R^g = R^{-1}$인 관계에 있고 $\mathcal{M} = (G; R)$을 회전계 R에 대응된 map이라 하자. 그러면 다음이 성립한다.

(1) $R^{\mathcal{R}}(G)$는 $\mathrm{Aut}(G)$의 켤레작용에서 불변(invariant)인 $R(G)$의 부분집합이다.

(2) $R^{\mathcal{R}}(g) = R^{\mathcal{R}}(g^{-1})$.

(3) $g^2 \in \mathrm{Aut}(\mathcal{M})$.

(4) $\mathrm{Ref}(R) = g\mathrm{Aut}(\mathcal{M}) = \mathrm{Aut}(\mathcal{M})g$이고, 특히 $|\mathrm{Ref}(R)| = |\mathrm{Aut}(\mathcal{M})|$이다.

(5) 임의의 자기동형함수 $h \in \mathrm{Aut}(G)$에 대하여 $R^{\mathcal{R}}(g^h) = R^{\mathcal{R}}(g)^h$이다. 여기서 $R^{\mathcal{R}}(g)^h = \{\sigma^h \mid \sigma \in R^{\mathcal{R}}(g)\}$이다. 특히 $|R^{\mathcal{R}}(g^h)| = |R^{\mathcal{R}}(g)|$이다.

증명: (1) $R \in R^{\mathcal{R}}(G)$이고 $R^g = R^{-1}$라 하자. 임의의 $h \in \mathrm{Aut}(G)$에 대하여 $R^h \in R^{\mathcal{R}}(G)$임을 보여보자. 한데 $(R^h)^{(h^{-1}gh)} = (R^g)^h = (R^{-1})^h = (R^h)^{-1}$이다. 따라서 (1)이 증명된다.

(2) $R \in R^{\mathcal{R}}(g) \;\Leftrightarrow\; g^{-1}Rg = R^{-1} \;\Leftrightarrow\; R = gR^{-1}g^{-1} = (gRg^{-1})^{-1} \;\Leftrightarrow\; R^{-1} = gRg^{-1} \;\Leftrightarrow\; R^{\mathcal{R}}(g^{-1})$.

(3) $R^g = R^{-1}$이므로, $R^{g^2} = (R^{-1})^g = (R^g)^{-1} = (R^{-1})^{-1} = R$이고, 따라서 $g^2 \in \text{Aut}(\mathcal{M})$이다.

(4) $h \in \text{Aut}^{\mathcal{R}}(R)$이면 $R^h = R^{-1}$이다. $R^g = R^{-1}$이므로, (2)에 의하여 $R^{g^{-1}} = R^{-1}$이다. 따라서, $R^{g^{-1}h} = (R^{g^{-1}})^h = (R^{-1})^h = (R^h)^{-1} = (R^{-1})^{-1} = R$이고, 따라서 $g^{-1}h \in \text{Aut}(\mathcal{M})$이고 $h \in g\text{Aut}(\mathcal{M})$이다.

역으로, 임의의 $g\alpha \in g\text{Aut}(\mathcal{M})$에 대하여 $\alpha \in \text{Aut}(\mathcal{M})$이고 $R^{g\alpha} = (R^{-1})^\alpha = (R^\alpha)^{-1} = R^{-1}$이다. 따라서 $g\alpha \in \text{Aut}^{\mathcal{R}}(R)$이고 $\text{Aut}^{\mathcal{R}}(R) = g\text{Aut}(\mathcal{M})$이다. 더욱이 임의의 $g^{-1}\beta g \in g^{-1}\text{Aut}(\mathcal{M})g$에 대하여, $\beta \in \text{Aut}(\mathcal{M})$이고 $R^{g^{-1}\beta g} = (R^{-1})^{\beta g} = (R^{-1})^g = (R^g)^{-1} = R$이다. 그리하여, $g^{-1}\beta g \in \text{Aut}(\mathcal{M})$이고 $g^{-1}\text{Aut}(\mathcal{M})g \subseteq \text{Aut}(\mathcal{M})$이다. 따라서 $g^{-1}\text{Aut}(\mathcal{M})g = \text{Aut}(\mathcal{M})$이다.

(5) 임의의 자기동형함수 $h \in \text{Aut}(G)$에 대하여, $\text{Ref}(g^h) = \{\sigma \in R(G) \mid \sigma^{g^h} = \sigma^{-1}\} = \{(\sigma^{h^{-1}})^h \in R(G) \mid (\sigma^{h^{-1}})^g = (\sigma^{h^{-1}})^{-1}\} = \{\sigma^h \in R(G) \mid \sigma^g = \sigma^{-1}\} = \{\sigma^h \in R(G) \mid \sigma \in \text{Ref}(g)\} = \text{Ref}(g)^h$이다. □

다음 정리는 연결인 그래프의 거울대칭(reflexible) 매장의 congruence classes를 計數하는 방법을 제시한다.

정리 5.15 $C^{\mathcal{R}}(G)$을 연결인 그래프 G의 거울대칭 매장의 congruence classes의 집합이라고 하자. 그러면

$$|C^{\mathcal{R}}(G)| = \frac{1}{|\text{Aut}(G)|}\sum_{i=1}^{m} |\text{Ref}(g_i)||C\ell(g_i)|,$$

여기서 $C\ell(g_i)(1 \le i \le m)$는 $\text{Aut}(G)$에서 g_i를 포함하는 켤레류(conjugacy class)이다.

증명: 보조정리 5.14(1)에 의하여 거울대칭(reflexible)인 회전계의 집합 $R^{\mathcal{R}}(G)$에 군 $\text{Aut}(G)$의 켤레작용이 잘 정의되고, 이때 이의 궤도 공간 $R^{\mathcal{R}}(G)/\text{Aut}(G)$가

G의 거울대칭 매장의 congruence classes의 집합이 된다. 이 궤도공간이 k개의 궤도 $\Delta_1, \Delta_2, \ldots, \Delta_k$를 가진다고 하자. 그러면 $k = |C^{\mathcal{R}}(G)|$이다. 집합

$$\Theta = \{(R, g) \mid R^g = R^{-1}, g \in \text{Aut}(G), R \in R^{\mathcal{R}}(G)\}$$

를 두 가지 방법에서 計數해 보자. 먼저

$$|\Theta| = \sum_{j=1}^{k} \sum_{R_j \in \Delta_j} |\text{Ref}(R_j)|$$

에 유의하자. $\mathcal{M}_j = (G, R_j)$라 하면 보조정리 5.14(4)에 의하여, $|\text{Ref}(R_j)| = |\text{Aut}(\mathcal{M}_j)|$이다. 한편, 모든 j에 대하여 (Orbit-Stabilizer 정리에 의하여) $|\text{Aut}(G)| = |\Delta_j||\text{Aut}(\mathcal{M}_j)|$이므로,

$$|\Theta| = \sum_{j=1}^{k} |\Delta_j||\text{Aut}(\mathcal{M}_j)| = \sum_{j=1}^{k} |\text{Aut}(G)| = k|\text{Aut}(G)| \tag{5.3}$$

이다. 한편,

$$|\Theta| = \sum_{g \in \text{Aut}(G)} |R^{\mathcal{R}}(g)| = \sum_{i=1}^{m} \sum_{g \in C\ell(g_i)} |R^{\mathcal{R}}(g)|.$$

여기서 $C\ell(g_i)(1 \leq i \leq m)$는 $\text{Aut}(G)$에서 g_i를 포함하는 결레류이다. 보조정리 5.14(5)에 의하여, 각 $g \in C\ell(g_i)$에 대하여 $|R^{\mathcal{R}}(g)| = |R^{\mathcal{R}}(g_i)|$이고, 따라서

$$|\Theta| = \sum_{i=1}^{m} |R^{\mathcal{R}}(g_i)||C\ell(g_i)| \tag{5.4}$$

이다. 이제 식 (5.3)과 (5.4)를 비교하여 정리에서 구하는 등식을 얻는다. □

위 정리 5.15는 주어진 그래프 G의 거울대칭(reflexible)인 매장의 congruence classes의 計數는 자기동형군 Aut(G)의 각 켤레류(conjugacy class)의 대표 g에 대하여 $|\text{Ref}(g)|$를 구함으로서 가능함을 보여준다. 구체적 그래프에 대하여 이들 計數 문제는 독자의 연습문제로 남긴다.

5.6 연습문제

(1) **(Plane과 planar의 차이)** 평면에 매장 될 수 있는 (동치적으로, 구면에 매장 될 수 있는) 그래프를 **planar**라고 부른다. 그리고 평면이나 구면으로 매장된 map을 **plane map**이라 부른다. 따라서 planar 그래프와 plane map이 있다. 예를 들어 K_4는 planar이고 K_5는 planar가 아니다. K_4의 매장중에서 plane인 것과 plane이 아닌 것이 있다. 이를 구별하여 計數하여라.

(2) 꼭짓점의 개수가 ≤ 6인 unlabelled planar 그래프를 연결인 것과 연결이 아닐 수도 있는 경우를 구별하여 計數하여라. 꼭짓점 개수의 제한 없이 일반적인 경우의 計數는 아직도 많은 연구가 계속되고 있지만 너무 어렵고 정확한 計數공식은 불가능해 보인다. (근삿값이나 알고리즘을 만드는 연구가 대부분이다.)

(3) 다소 혼돈스럽지만 평면에 매장되어진 그래프를 **plane** 그래프라고 부르기도 한다. 즉 plane 그래프는 planar map의 바탕그래프이다. 예를 들면, 모든 나무(tree)는 planar이다. ≤ 5개의 변은 가지는 모든 plane 그래프를 計數하여라. 이들 중 거울대칭인 그래프를 計數하여라. (관심 있는 독자는 V.A. Liskovets, T.R. Walsh의 논문 Advances Appl. Math. 36(2006), 364-387을 참고하여라.)

(4) 위 문제에서 평면으로의 매장 대신에 구면 S^2로 매장 되어진 ≤ 5개의 변은 가지는 모든 그래프를 計數하여라. 이들 중 거울대칭인 그래프를 구별하여라. Hint: 평면으로의 map은 distinguished outside 면을 가지는 구면으로의 map과 일치한다.

(5) 예제 5.1에서 우리는 방향이 주어진 곡면상으로 완전그래프 K_4의 매장들의 oriented equivalence 동치류를 모두 구하였다. 그림 5.3 참조. 각 매장의 자기동형군과 monodromy 군을 구하여라

6 행렬적분과 그래프 매장의 計數

6.1 Euclid 공간 $\mathbb{R}^n$ 상의 Gauss 측도

본 절에서는 Euclid 공간 $\mathbb{R}^n$ 상에 Gauss 측도(Gaussian measure)를 소개하고 이 측도공간상에서 함수의 적분이 우리가 다루는 map의 計數문제에 어떻게 관련되는지를 알아보고자 한다.

실수선 $\mathbb{R}^1$ 상의 Gauss 측도:

우선 미적분학에서 다룬 적분 $\int_{-\infty}^{\infty} e^{-\frac{x^2}{2}}dx$를 생각해 보자. 이 적분값을 I라 하면

$$I^2 = \int_{-\infty}^{\infty}\int_{-\infty}^{\infty} e^{-\frac{x^2}{2}}e^{-\frac{y^2}{2}}dxdy$$

가 되고 이를 극좌표(polar coordinate)로 치환하면

$$I^2 = \int_0^{\pi/2}\int_0^{\infty} re^{-\frac{r^2}{2}}drd\theta = \pi/2$$

를 얻게 된다. 따라서

$$\int_{-\infty}^{\infty} e^{-\frac{x^2}{2}}dx = \sqrt{2\pi}$$

이다.

한편 실수공간 $\mathbb{R}^1$에서의 표준 Gauss 측도(standard Gaussian measure) μ는 (고등학교에서 다룬) 확률론의 표준정규분포(standard Gaussian distribution 또는 standard normal distribution)를 위하여 정의된 밀도함수 (density function)[1]

$$d\mu(x) = \frac{1}{\sqrt{2\pi}} e^{-\frac{x^2}{2}} dx, \quad x \in \mathbb{R} \tag{6.1}$$

로 정의된다. 이때 Lebesque 측도 가능한 집합 $A \subset \mathbb{R}^1$에 대하여, A의 표준 Gauss 측도는

$$\mu(A) = \int_A d\mu(x) = \frac{1}{\sqrt{2\pi}} \int_A e^{-\frac{x^2}{2}} dx$$

로 정의되고, 이는 곧 A의 확률이다. 확률밀도함수(density function) $\frac{1}{\sqrt{2\pi}} e^{-\frac{x^2}{2}}$의 그래프는 그림 6.1과 같이 잘 알려져 있다.

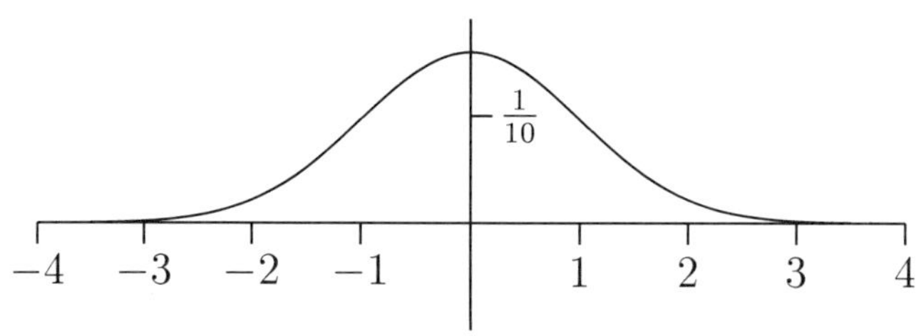

그림 6.1 실수선 $\mathbb{R}^1$에서의 표준 Gauss 확률밀도함수

실수공간 $\mathbb{R}^1$상의 Gauss 측도 μ의 다음 성질도 이미 잘 알려진 사실이다.

- 측도 μ는 normalize되어 있다. 즉, 확률측도(probability measure)이다:

$$\int_{\mathbb{R}} d\mu(x) = \frac{1}{\sqrt{2\pi}} \int_{\mathbb{R}} e^{-\frac{x^2}{2}} dx = 1.$$

[1]확률론에서 이를 확률밀도함수(probability density function)라 부른다. 이때, 확률변수 X에 대하여 $\mathrm{P}[a < X \leq b] = \int_a^b f(x)\,dx$이고, 만약 F를 누적분포함수 $F(x) = \int_{-\infty}^x f(u)\,du$라하면 $f(x) = \frac{d}{dx}F(x)$가 된다. 그리고 누적분포함수 $F(x)$를 확률분포함수(probability distribution function)라고도 부른다.

- 평균(mean, average 혹은 기댓값이라고도 함)은 0이다:

$$\int_{\mathbb{R}} x d\mu(x) = 0.$$

- 분포(variance)는 1이다:

$$\int_{\mathbb{R}} x^2 d\mu(x) = 1.$$

- 특성함수(characteristic function 혹은 Fourier transform)는

$$\int_{\mathbb{R}} e^{itx} d\mu(x) = e^{-t^2/2}$$

이다.

증명: 위의 성질들을 증명하면 다음과 같다. normalization은 다음 적분에 의하여 자명하다:

$$\begin{aligned}\left(\int_{\mathbb{R}} e^{-\frac{x^2}{2}} dx\right)^2 &= \left(\int_{-\infty}^{\infty} e^{-\frac{x^2}{2}} dx\right)\left(\int_{-\infty}^{\infty} e^{-\frac{y^2}{2}} dy\right) \\ &= \int_{-\infty}^{\infty}\int_{-\infty}^{\infty} e^{-\frac{x^2+y^2}{2}} dxdy = \int_0^{\infty}\int_0^{2\pi} re^{-\frac{r^2}{2}} d\theta dr \\ &= 2\pi \int_0^{\infty} re^{-\frac{r^2}{2}} dr = 2\pi \int_0^{\infty} e^{-\frac{r^2}{2}} d\left(\frac{r^2}{2}\right) = 2\pi.\end{aligned}$$

평균과 분포 계산은 생략하고, 특성함수를 구하기 위하여 적분

$$\int_0^{+\infty} e^{-ax^2} \cos tx dx \quad (a > 0)$$

를 구해보자. 우선 $I(t) = \int_0^{+\infty} e^{-ax^2} \cos tx dx$로 두자. 함수

$$\frac{\partial}{\partial t}(e^{-ax^2} \cos tx) = -xe^{-ax^2} \sin tx$$

는 $x \geq 0, -\infty < t < +\infty$상에서 연속함수이고, 동시에

$$|e^{-ax^2} \cos tx| \leq e^{-ax^2}, \quad |xe^{-ax^2} \sin tx| \leq xe^{-ax^2}$$

이다. 반면 적분 $\int_0^{+\infty} e^{-ax^2} dx$와 $\int_0^{+\infty} xe^{-ax^2} dx$는 수렴하므로, 적분

$$\int_0^{+\infty} e^{-ax^2} \cos tx dx \text{ 와 } \quad \int_0^{+\infty} xe^{-ax^2} \sin tx dx$$

는 $-\infty < t < +\infty$상에서 균등 수렴(uniformly convergent)한다. 따라서 적분기호하에서 미분을 할 수 있다. 미분을 하면

$$I'(t) = -\int_0^{+\infty} xe^{-ax^2} \sin tx dx \quad (-\infty < t < +\infty)$$

이다. 부분적분법을 적용하면,

$$\begin{aligned} \int_0^{+\infty} xe^{-ax^2} \sin tx dx &= -\frac{1}{2a} e^{-ax^2} \sin tx|_0^{+\infty} + \frac{t}{2a} \int_0^{+\infty} e^{-ax^2} \cos tx dx \\ &= \frac{t}{2a} I(t) \end{aligned}$$

이다. 따라서

$$I'(t) = -\frac{t}{2a} I(t) \quad (-\infty < t < +\infty).$$

그러므로

$$\int \frac{I'(t)}{I(t)} dt = -\frac{1}{2a} \int t dt,$$

즉

$$\ln I(t) = -\frac{t^2}{4a} + C \quad (-\infty < t < +\infty),$$

여기서 C는 미정 상수이다, 즉

$$I(t) = C_1 e^{-\frac{t^2}{4a}} \quad (-\infty < t < +\infty),$$

여기서 C_1은 또한 미정 상수이다. 하지만

$$C_1 = I(0) = \int_0^{+\infty} e^{-ax^2} dx = \frac{1}{\sqrt{a}} \int_0^{+\infty} e^{-t^2} dt = \frac{1}{2}\sqrt{\frac{\pi}{a}}.$$

따라서,

$$\int_0^{+\infty} e^{-ax^2} \cos tx dx = I(t) = \frac{1}{2}\sqrt{\frac{\pi}{a}} e^{-\frac{t^2}{4a}} \quad (-\infty < t < +\infty).$$

한편, $e^{-ax^2} \sin tx$는 기함수(odd function)이므로

$$\int_{-\infty}^{+\infty} e^{-ax^2} \sin tx dx = 0$$

이다. □

어떤 공간 X와 이 상의 측도 μ와 함수 $f : X \to \mathbb{R}$ 또는 $f : X \to \mathbb{C}$가 주어져 있을 때, 기호를 단순화하기 위하여 f의 적분을

$$\langle f \rangle := \int_X f(x) d\mu(x)$$

로 표기하고, 이를 f의 평균(mean 혹은 average)이라고 부른다. 이 기호를 따르

면 앞에서 다룬 표준 Gauss 측도 μ를 가지는 실수공간 $\mathbb{R}^1$에서는

$$\langle 1\rangle = 1, \quad \langle x\rangle = 0, \quad \langle x^2\rangle = 1, \quad \varphi(t) := \langle e^{itx}\rangle = e^{-t^2/2}$$

이 된다.

이를 계속하여 $\mathbb{R}^1$에 정의된 모든 다항식의 적분을 구하여 보자. 이는 함수 x^3, 또는 x^4의 평균 $\langle x^3\rangle$, $\langle x^4\rangle$를 시작으로 하여 x^k의 적분을 구할 수 있으면 충분하다.

예제 6.1

$$\int_{-\infty}^{\infty} x^{2k} d\mu(x) = (2k-1)!!$$

이다. 이는 부분적분법을 취하면

$$\begin{aligned}\int_{-\infty}^{\infty} x^{2k} d\mu(x) &= \int_{-\infty}^{\infty} x^{2k}\frac{1}{\sqrt{2\pi}}e^{-\frac{x^2}{2}}dx \\ &= \int_{-\infty}^{\infty} x^{2k-1}\frac{1}{\sqrt{2\pi}}xe^{-\frac{x^2}{2}}dx \\ &= (2k-1)\int_{-\infty}^{\infty} x^{2k-2} d\mu(x)\end{aligned}$$

를 얻게 되고 이를 반복하면 구하는 식을 얻게 된다.

한편, 홀수 차원 단항식(monomial) x^{2k+1}에 대하여는 $x^{2k+1}e^{-\frac{x^2}{2}}$이 기함수이므로

$$\int_{-\infty}^{\infty} x^{2k+1} d\mu(x) = 0$$

이다. 따라서 실수공간 $\mathbb{R}^1$에서 모든 다항식의 Gauss 적분을 구할 수 있다. □

실수공간 $\mathbb{R}^1$ 상의 Gauss 측도의 표준형을 일반화하는 방법으로

$$d\mu(x) = \frac{1}{\sqrt{2\pi}} e^{-\frac{1}{2}bx^2} dx, \quad x \in \mathbb{R},\ b > 0$$

등을 생각할 수 있다 (연습문제 1 참조). 주로 활용되는 $\mathbb{R}^1$ 에서의 일반화된 Gauss 측도(general Gaussian measure) μ는 밀도함수

$$d\mu(x) := \frac{1}{\sqrt{2\pi}\,\sigma} e^{-\frac{(x-m)^2}{2\sigma^2}} dx, \quad x, m, \sigma \in \mathbb{R},\ \sigma > 0 \tag{6.2}$$

를 가진다(그림 6.2 참조). 이때 정규화된(normalized) form, 평균, 분산, 특성함수는 각각

$$\langle 1 \rangle = 1; \ \ \langle x \rangle = m; \ \ \langle (x-m)^2 \rangle = \langle x^2 \rangle = \sigma^2; \ \ \varphi(t) := \langle e^{itx} \rangle = e^{imtx-(\sigma^2 t^2/2)}$$

이다.

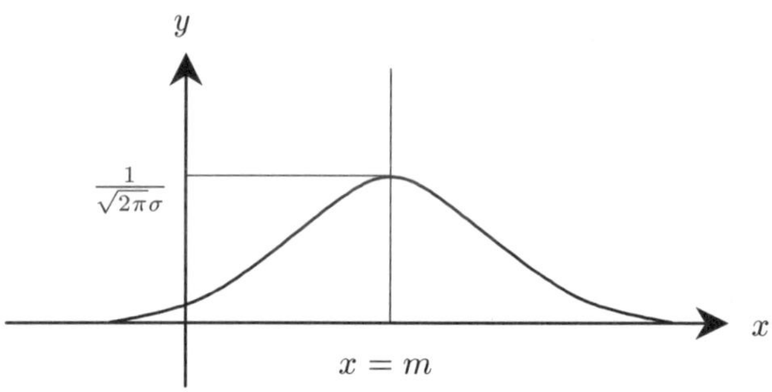

그림 6.2 실수선 $\mathbb{R}^1$ 에서 일반화된 Gauss 확률밀도함수

주의: 확률론에서 확률분포함수는 그의 특성함수에 의하여 유일하게 결정됨은 잘 알려진 사실이다. 따라서, 특성함수 $\varphi(t) = \langle e^{itx} \rangle = e^{imt-(\sigma^2 t^2/2)}$를 실수선 $\mathbb{R}^1$ 상의 Gauss 측도 μ로 정의하기도 한다.

문제 6.1 식 (6.2)에서 주어진 밀도함수를 가지는 일반화된 Gauss 측도 μ를 가지는 실수공간 $\mathbb{R}^1$에서 함수 $x^3, x^4, \ldots$등의 적분을 구하여라. 확장하여 다항식의 적분을 구하여라.

문제 6.2 일반화된 밀도함수

$$d\mu(x) = \frac{1}{\sqrt{2\pi}} e^{-\frac{1}{2}bx^2} dx, \quad x \in \mathbb{R},\ b > 0$$

에 대하여 적분 $\int_{\mathbb{R}} d\mu(x)$를 구하고 normalize 하여라.

n-차원 Euclid 공간 $\mathbb{R}^n$ 상으로 확장된 Gauss 측도

이제 고차원 Euclid 공간 $\mathbb{R}^n$에서 Gauss 측도를 정의해 보자. 우선 $\mathbb{R}^n$ 상의 Euclidean 내적(dot product)을 (x, y)로 쓰기로 하자. 따라서 $(x, x) = \|x\|^2_{\mathbb{R}^n}$이다.

정의 6.1 Euclid 공간 $\mathbb{R}^n$에서의 Gauss 측도(standard Gaussian measure)의 표준형 μ는 밀도함수(density function)

$$d\mu(x) = Constant \times e^{-\frac{1}{2}(x,x)}\, dx_1 \cdots dx_n, \quad x = (x_1, x_2, \ldots, x_n) \in \mathbb{R}^n \quad (6.3)$$

에 의하여 정의된다. 정규화(normalized) 조건 $\langle 1 \rangle = \int_{\mathbb{R}^n} d\mu(x) = 1$을 추가하면

$$Constant = \left(\frac{1}{\sqrt{2\pi}}\right)^n$$

가 된다. 이를 (일반 내적을 이용하여) 일반화하기 위하여 positive-definite $n \times n$ 대칭행렬 B를 취하고

$$d\mu(x) = Constant \times e^{-\frac{1}{2}(Bx,x)} dv(x), \quad x \in \mathbb{R}^n$$

로 정의하자. 여기서 volume form $dv(x)$는 $dv(x) = dx_1 \cdots dx_n$이다. 이를 정규화(normalize)하면

$$Constant = \left(\frac{1}{\sqrt{2\pi}}\right)^n \sqrt{\det B}$$

이다.

이 정규화과정을 증명해 보자. 방향을 유지하는 직교(orthogonal)변환 $x = Oy$에 대하여

$$\begin{aligned}\int_{\mathbb{R}^n} e^{-\frac{1}{2}(Bx,x)} dv(x) &= \int_{\mathbb{R}^n} e^{-\frac{1}{2}(BOy,Oy)} dv(Oy) \\ &= \int_{\mathbb{R}^n} e^{-\frac{1}{2}(O^{-1}BOy,y)} dv(y)\end{aligned}$$

이다. 여기서 마지막 등식은 직교변환 $x = Oy$는 항상 내적(dot product)과 volume form을 유지하기 때문이다. 이제 행렬 B를 직교행렬 O를 취하여 대각화하면 대각선은 양수인 고유치 $b_1, b_2, \ldots, b_n$으로 구성된다. 따라서, 적분에서 변수분리가 가능하고

$$\begin{aligned}\int_{\mathbb{R}^n} e^{-\frac{1}{2}(Bx,x)} dv(x) &= \prod_{i=1}^{n} \left(\frac{2\pi}{b_i}\right)^{1/2} \\ &= (2\pi)^{n/2} \left(\prod_{i=1}^{n} b_i\right)^{-1/2} = (2\pi)^{n/2} (\det B)^{-1/2}\end{aligned}$$

이 된다. 이제 일반화된 Gauss 측도 μ는 밀도함수

$$d\mu(x) = \left(\tfrac{1}{\sqrt{2\pi}}\right)^n \sqrt{\det B} \cdot e^{-\frac{1}{2}(Bx,x)}\, dx_1 \cdots dx_n, \quad x \in \mathbb{R}^n$$

로 정의되고, 따라서 정규화과정이 증명되었다. □

다시 적분으로 돌아가 $\mathbb{R}^n$ 상에서 밀도함수(density function)

$$d\mu(x) = \left(\frac{1}{\sqrt{2\pi}}\right)^n \sqrt{\det B} \cdot e^{-\frac{1}{2}(Bx,x)}\, dx_1 \cdots dx_n, \quad x \in \mathbb{R}^n \tag{6.4}$$

로 표현된 일반화된 Gauss 측도(general Gaussian measure) μ를 가지는 n차원 실수공간 $\mathbb{R}^n$ 상에서 다항식의 적분을 시도하여 보자.

확률 통계학에서와 같이 다음 정리에서 보여주는 공분산 $\langle x_i x_j \rangle = c_{ij}$로 이루어진 행렬 $C = (c_{ij}) = B^{-1}$를 **공분산(covariance, 共分散) 행렬**이라고 부른다.

정리 6.1 $\langle 1 \rangle = 1$; $\langle x_i \rangle = 0$; $\langle x_i x_j \rangle = c_{ij}$이다. 여기서, $B^{-1} = C = [c_{ij}]$이다.

증명: 행렬 B와 $C = [c_{ij}] = B^{-1}$는 대칭행렬이므로 대각화가 가능하다. 대각행렬인 경우에는 적분에서 변수분리가 가능하고 따라서 실수선상의 Gauss 측도 μ의 성질을 이용할 수 있다: B와 $C = (c_{ij}) = B^{-1}$가 대각화되었다고 가정하자. 만약 $i = j$이면

$$\begin{aligned}
\langle x_i x_j \rangle &= \int_{\mathbb{R}^n} x_i x_j \, d\mu(x) \\
&= \left(\frac{1}{\sqrt{2\pi}}\right)^n \sqrt{\det B} \cdot \int_{\mathbb{R}^n} x_i x_j \; e^{-\frac{1}{2}(Bx,x)} dv(x) \\
&= \left(\frac{1}{\sqrt{2\pi}}\right)^n \sqrt{\det B} \cdot \int_{\mathbb{R}^n} x_i x_j \; e^{-\frac{1}{2}\sum_k b_k x_k^2}\, dx_1 \cdots dx_n \\
&= \left(\frac{1}{\sqrt{2\pi}}\right)^n \sqrt{\det B} \cdot \left[\int_{\mathbb{R}} x_i^2 e^{-\frac{1}{2} b_i x_i^2} dx_i\right] \left[\prod_{k \neq i} \int_{\mathbb{R}} e^{-\frac{1}{2} b_k x_k^2} dx_k\right] \\
&= \left(\frac{1}{\sqrt{2\pi}}\right)^n \sqrt{\det B} \cdot \left[\sqrt{2\pi} \frac{1}{b_i \sqrt{b_i}}\right] \left[\prod_{k \neq i} \sqrt{2\pi} \frac{1}{\sqrt{b_k}}\right] = \frac{1}{b_i} = c_i.
\end{aligned}$$

만약 $i \neq j$이면 위 세 번째 적분값에서 $\langle x_i x_j \rangle = 0$이다 ($\mathbb{R}^1$ 에서 $\langle x \rangle = 0$이므로).

이제 B를 대각화시키는 직교행렬을 Q, 즉 $Q^{-1}BQ = D$라하면, $D^{-1} = Q^{-1}B^{-1}Q = Q^{-1}CQ$가 되어 $C = B^{-1}$도 Q에 의하여 대각화된다. $Q = [q_{ij}]$, $Q^{-1} = [\tilde{q}_{ij}]$, $D = [d_{ij}]$, $D^{-1} = [\tilde{d}_{ij}]$라 하고 변수치환 $\mathbf{y} = Q^{-1}\mathbf{x}$를 취하면 위의 증명에 의하여 $\langle y_i \rangle = 0$; $\langle y_i y_j \rangle = \tilde{d}_{ij}$를 얻게 된다. 따라서,

$$\begin{aligned}\langle x_i x_j \rangle &= \left\langle \sum_{\ell=1}^{n} q_{i\ell} y_\ell \sum_{k=1}^{n} q_{jk} y_k \right\rangle = \sum_{\ell=1}^{n} q_{i\ell} q_{j\ell} \tilde{d}_{\ell\ell} \\ &= \sum_{\ell=1}^{n} q_{i\ell} \tilde{d}_{\ell\ell} q^t_{\ell j} = [QD^{-1}Q^t]_{ij} = c_{ij}\end{aligned}$$

이다. □

주의: Euclid 공간 $\mathbb{R}^n$ 상에서 측도를 정의하기 위한 측도가능한 집합의 모임, 즉 측도의 정의역은 다음과 같이 정의된다.

일반적으로, 집합 X의 부분집합들의 모임(family) Σ가 아래 조건을 만족할 때 이를 σ**-대수**라 부른다.

(1) $\Sigma \neq \emptyset$,

(2) Σ는 countable union에 대하여 닫혀 있다. 즉, Σ에 속하는 집합의 countable family의 합(union)은 역시 Σ에 속한다,

(3) Σ는 complement에 대하여 닫혀 있다. 즉, $E \in \Sigma \ \Rightarrow X \setminus E \in \Sigma$.

위 정의에 따라, 집합 X와 빈 집합(empty set) $\emptyset$는 항상 σ-대수 Σ에 속한다. 더불어 De Morgan's 법칙에 의하여 Σ는 countable intersection에 대하여도 닫혀 있다.

Euclid 공간 $\mathbb{R}^n$ 상의 Borel σ-대수는 $\mathbb{R}^n$ 상의 모든 열린집합을 포함하는 최소의 σ-대수로 정의된다. 그리고 Borel σ-대수상의 Lebesque 측도는 '체적(volume)' 으

로 정의된다. 하지만 이 측도 공간은 complete하지 않다. 즉,

$$S \subseteq N \in \Sigma\text{이고 } \mu(N) = 0\text{라 하더라도 } S \notin \Sigma\text{일 수 있다.}$$

Completeness를 위하여 우리는 $B_0(\mathbb{R}^n)$을 Borel σ-대수와 측도가 0인 집합의 모든 부분집합을 포함하는 최소의 σ-대수로 정의하고, 이상에서 n 차원 Lebesque 측도 $\nu : B_0(\mathbb{R}^n) \to [0, +\infty)$를 자연스럽게 확장하여 정의할 수 있다.

이제 Gauss 측도의 표준형 $\mu : B_0(\mathbb{R}^n) \to [0, +\infty)$는 측도 가능한 집합 $A \in B_0(\mathbb{R}^n)$에 대하여

$$\mu(A) = \left(\frac{1}{\sqrt{2\pi}}\right)^n \int_A e^{-\frac{1}{2}(x,x)} d\nu(x)$$

로 정의된다. 즉, 이의 Radon-Nikodym 도함수는

$$\frac{d\mu}{d\nu}(x) = \left(\frac{1}{\sqrt{2\pi}}\right)^n e^{-\frac{1}{2}(x,x)}$$

이다.

문제 6.3 일반적으로, 평균 $m = (m_i) \in \mathbb{R}^n$과 분산 $\sigma^2 > 0$을 가지는 Gauss 측도는

$$\mu_{m,\sigma^2}(A) := \frac{1}{\sqrt{2\pi\sigma^2}^n} \int_A e^{-\frac{1}{2\sigma^2}(B(x-m),x-m)} d\nu(x)$$

로 정의된다. 여기서 B는 positive-definite $n \times n$ 대칭행렬이다. $\langle x_i \rangle = m_i$와 $\langle (x_i - m_i)(x_j - m_j) \rangle = c_{ij}$를 보여라.

주의: [Radon-Nikodym 정리의 복습] 주어진 측도공간 (X, Σ)에서, 만약 σ-finite인[2] 측도 μ와 ν사이에 "$\nu(A) = 0 \Rightarrow \mu(A) = 0,\ {}^\forall A \in \Sigma$"이 만족하면

[2]측도공간 X상의 측도 μ에 대하여 $\mu(X) < \infty$이면 μ를 *finite(유한)*, X가 $\mu(A_i) < \infty$인

μ를 ν에 대하여 절대 연속(absolutely continuous)이라고 하고 $\mu << \nu$로 표기한다. 이 경우에 측도 가능한 함수 $f : X \to [0, +\infty)$가 유일하게 존재하여 모든 측도 가능한 집합 A에 대하여 $\mu(A) = \int_A f d\nu$를 만족한다. 이 함수 f를 Radon-Nikodym 도함수라 부르고 $f = \frac{d\mu}{d\nu}(x)$로 표기한다.

6.2 Gauss 측도공간 $\mathbb{R}^n$ 상에서 다항식 적분을 위한 Wick 공식

우리는 예제 6.1에서 표준정규분포를 위하여 정의된 확률밀도함수 (즉, Gauss 측도) $d\mu(x) = \frac{1}{\sqrt{2\pi}} e^{-\frac{x^2}{2}} dx,\ x \in \mathbb{R}$를 가지는 실수공간 $\mathbb{R}^1$에서 모든 다항식의 적분을 구할 수 있음을 보았다. 즉, $\int_{-\infty}^{\infty} x^{2k} d\mu(x) = (2k-1)!!$이고 $\int_{-\infty}^{\infty} x^{2k+1} d\mu(x) = 0$이다.

그리고 앞 절에서는 $\mathbb{R}^n$ 상에서 밀도함수(density function)

$$d\mu(x) = \left(\frac{1}{\sqrt{2\pi}}\right)^n \sqrt{\det B} \cdot e^{-\frac{1}{2}(Bx,x)}\, dx_1 \cdots dx_n, \quad x \in \mathbb{R}^n$$

로 표현된 일반화된 Gauss 측도(general Gaussian measure) μ를 가지는 n차원 실수공간 $\mathbb{R}^n$ 상에서 $\langle x_i \rangle = 0$이고 $\langle x_i x_j \rangle = c_{ij}, 1 \le i, j \le k$임을 보았다. 따라서 $x_1, x_2, \ldots, x_n$의 2차 다항식의 적분은 모두 구할 수 있다. 2차 이상의 다항식의 적분은 어떻게 구할 것인지 알아보자.

보조정리 6.2 만약 (일반화된 Gauss 측도공간 $\mathbb{R}^n$ 상에서) 함수 $f : \mathbb{R}^n \to \mathbb{R}$가 홀수 차원의 단항식(monomial)이면, 이의 평균은 $\langle f \rangle = 0$이다.

증명: 홀수 차원의 단항식은 반드시 x_j^{odd}형인 변수 x_j를 가진다. 만약 x_j를 $-x_j$로

측도 가능 집합 A_i의 countable union으로 표현될 때 μ를 σ-*finite*라 부른다. 예를 들면 $\mathbb{R}^n$ 상의 Lebesque 측도는 finite(유한)는 아니지만 σ-finite이다.

변수치환하면 적분값 I는 부호만 바뀌어 $I = -I$가 된다. 따라서 $I = 0$이다. □

예를 들면, $\langle x_i \rangle = \langle x_i^3 \rangle = \langle x_i^5 \rangle = \cdots = 0$이고 $\langle x_i x_j x_k \rangle = 0$이다. 따라서 $\langle x_1 + x_2 \quad x_2 + x_3 \quad x_3 + x_4 \quad \cdots \quad x_{2n-1} + x_1 \rangle = 0$이다.

위 보조정리에 의하여 짝수 차원의 단항식에 대한 적분을 구하면 모든 다항식의 적분이 가능하게 된다. 다음 Wick 공식은 모든 짝수 차원의 단항식의 적분은 2차원 단항식의 적분을 이용하여 계산이 가능함을 보여준다.

정리 6.3 (Wick 공식) (일반화된 Gauss 측도공간 $\mathbb{R}^n$ 상에서) 함수 $f_1, f_2, \ldots, f_{2\ell}$가 변수 $x_1, x_2, \ldots, x_n$의 짝수개의 일차함수들(서로 다른 함수일 필요는 없다)이면, 이들 곱의 적분은

$$\langle f_1 f_2 \cdots f_{2\ell} \rangle = \int_{\mathbb{R}^n} f_1 f_2 \cdots f_{2\ell} \, d\mu(x) = \sum_{w.c.} \langle f_{p_1} f_{q_1} \rangle \langle f_{p_2} f_{q_2} \rangle \cdots \langle f_{p_\ell} f_{q_\ell} \rangle$$

이다. 여기서 합은 **Wick coupling**이라고 불리는 $1, 2, \ldots, 2\ell$의 모든 치환 (permutation) $p_1 q_1 p_2 q_2 \cdots p_\ell q_\ell$을 따라 취해진다. 이들 치환들은 (정의에 의하여) $p_1 < p_2 < \cdots < p_\ell$이고 모든 i에 대하여 $p_i < q_i$이라야 한다. 이러한 Wick coupling은 $(2\ell - 1)!!$개가 있다.

예를 들면, $1, 2$의 Wick coupling은 1 2로 한 개, $1, 2, 3, 4$의 Wick coupling은 1 2 3 4; 1 3 2 4; 1 4 2 3으로 세 개가 있고, $1, 2, 3, 4, 5, 6$의 Wick coupling은 1 2 3 4 5 6; 1 2 3 5 4 6; 1 2 3 6 4 5; 1 3 2 4 5 6; 1 3 2 5 4 6; 1 3 2 6 4 5; 1 4 2 3 5 6; 1 4 2 5 3 6; 1 4 2 6 3 5; 1 5 2 3 4 5; 1 5 2 4 3 6; 1 5 2 6 3 4; 1 6 2 3 4 5; 1 6 2 4 3 5; 1 6 2 5 3 4로 15개가 있다.

증명: • 특수한 경우: 우선 내적을 나타내는 행렬 B를 대각행렬이라 하고 $f_1 = f_2 = \cdots = f_{2\ell} = x_j$라 하자. 그러면 $\langle f_1 f_2 \cdots f_{2\ell} \rangle = \int_{\mathbb{R}^n} x_j^{2\ell} \, d\mu(x)$는 (아래 네 번

째 등식을 위하여) 예제 6.1의 증명과 같이 부분적분법을 계속하면

$$\begin{aligned}
\int_{\mathbb{R}^n} x_j^{2\ell}\, d\mu(x) &= \left(\frac{1}{\sqrt{2\pi}}\right)^n \sqrt{\det B}\cdot \int_{\mathbb{R}^n} x_j^{2\ell}\, e^{-\frac{1}{2}(Bx,x)} dv(x) \\
&= \left(\frac{1}{\sqrt{2\pi}}\right)^n \sqrt{\det B}\cdot \int_{\mathbb{R}^n} x_j^{2\ell}\, e^{-\frac{1}{2}\sum_k b_k x_k^2}\, dx_1\cdots dx_n \\
&= \left(\frac{1}{\sqrt{2\pi}}\right)^n \sqrt{\det B}\cdot \left[\int_{\mathbb{R}} x_j^{2\ell} e^{-\frac{1}{2}b_j x_j^2} dx_j\right] \left[\prod_{k\neq j}\int_{\mathbb{R}} e^{-\frac{1}{2}b_k x_k^2} dx_k\right] \\
&= \left(\frac{1}{\sqrt{2\pi}}\right)^n \sqrt{\det B}\cdot \left[\frac{\sqrt{2\pi}}{\sqrt{b_j}}(2\ell-1)!!\left(\frac{1}{b_j}\right)^\ell\right] \left[\prod_{k\neq j}\frac{\sqrt{2\pi}}{\sqrt{b_k}}\right] \\
&= (2\ell-1)!!\left(\frac{1}{b_j}\right)^\ell \\
&= \sum_{w.c.} \langle x_j^2\rangle^\ell
\end{aligned}$$

이 되어 정리가 성립한다.

• 일반적인 경우: 변수를 직교변환하여 행렬 $B, C = B^{-1}$를 모두 대각행렬로 바꿀 수 있다. Wick 공식의 양변식은 모두 선형이기 때문에 우리는 좌표함수(coordinate function)의 곱 $x_1^{\ell_1}\cdots x_k^{\ell_k}$에 대하여 증명하면 충분하다. 보조정리 6.2에 의하여 홀수인 ℓ_j가 있으면 $\langle x_1^{\ell_1}\cdots x_k^{\ell_k}\rangle = 0$이다. 그리고 대각행렬 C에 대하여, $\langle x_i^2\rangle = c_{ii}$이고, $i \neq j$이면 $\langle x_i x_j\rangle = c_{ij} = 0$이다. 이제 Wick 공식의 좌변식은 각 변수에 대한 일차원 적분들의 곱으로 분해되고, 따라서 식은 다음과 같아진다.

$$\langle x_1^{2n_1}\cdots x_k^{2n_k}\rangle = \langle x_1^{2n_1}\rangle\cdots\langle x_k^{2n_k}\rangle = \left(\sum_{w.c.}\langle x_1^2\rangle^{n_1}\right)\cdots\left(\sum_{w.c.}\langle x_k^2\rangle^{n_k}\right).$$

여기서 i 번째 합은 $2n_i$개의 단항식 x_i에서 $(2n_i-1)!!$개의 Wick coupling을 따라 취해지고, 마지막 등식은 위의 특수한 경우에 의하여 성립한다. Wick 공식

의 우변식에서 위의 모양이 아닌 모든 다른 coupling의 적분은 0이다. 예를들어 $\langle x_i x_j \rangle = 0, (i \neq j)$를 포함하는 모든 coupling의 적분은 0이다. □

예제 6.2 표준 Gauss 측도 ν를 가지는 실수선 $\mathbb{R}^1$상에서 $f_1 = f_2 = f_3 = f_4 = x$를 취하면, Wick 공식에 의하여

$$\langle x^4 \rangle = \langle f_1 f_2 f_3 f_4 \rangle = \langle f_1 f_2 \rangle \langle f_3 f_4 \rangle + \langle f_1 f_3 \rangle \langle f_2 f_4 \rangle + \langle f_1 f_4 \rangle \langle f_2 f_3 \rangle = 3$$

이고, 따라서

$$\langle x^4 \rangle = \int_{\mathbb{R}} xxxx d\mu(x) = \frac{1}{\sqrt{2\pi}} \int_{-\infty}^{\infty} x^4 e^{-\frac{x^2}{2}} dx = 3$$

이다. 일반화하면

$$\langle x^{2n} \rangle = (2n-1)!!$$

를 얻을 수 있다. 예제 6.1과 일치한다. □

멱급수의 로그함수를 이용하여 Wick공식을 증명할 수도 있다. 이를 위하여 우선 다음 기호를 소개하자[3]. 다중지수(multi-index)

$$\alpha = (\alpha_1, \ldots, \alpha_n), \quad \alpha_i \in \mathbb{N}$$

[3] 어렵게 생각되는 독자는 아래를 뛰어 넘어도 좋다.

에 대하여

$$\begin{aligned} |\alpha| &= \alpha_1 + \cdots + \alpha_n, \\ \alpha! &= \alpha_1! \times \cdots \times \alpha_n!, \\ t^\alpha &= t_1^{\alpha_1} \cdots t_n^{\alpha_n}, \quad \text{단 } t = (t_1, \ldots, t_n), \\ \frac{\partial^{|\alpha|} f}{\partial t^\alpha} &= \frac{\partial^{|\alpha|} f}{\partial t_1^{\alpha_1} \cdots \partial t_n^{\alpha_n}} \end{aligned}$$

로 표기하자. 이들 기호를 이용하면 임의의 다변수 함수 $f(t), t = (t_1, \ldots, t_n)$의 Taylor 급수전개는 다음과 같이 표현이 가능하다.

$$f(t) = 1 + \sum_{|\alpha|>0} \frac{m_\alpha}{\alpha!} t^\alpha, \quad \text{단} \quad m_\alpha = \left. \frac{\partial^{|\alpha|} f}{\partial t^\alpha} \right|_{t=0}.$$

단, $f(0) = 1$을 가정하였다. 그리고 $\log f(t)$의 Taylor 급수전개를

$$\log f(t) = \sum_{|\alpha|>0} \frac{s_\alpha}{\alpha!} t^\alpha$$

라 하자. 그러면 계수 s_α와 m_α는 다음의 관계식을 가진다.

정리 6.4 함수 f의 Taylor 전개의 계수 m_α는 $\log f$의 Taylor 전개의 계수 s_α에 의하여 다음과 같이 표현된다:

$$m_\alpha = \sum_{k=1}^{|\alpha|} \frac{1}{k!} \sum_{\substack{\beta^1 + \cdots + \beta^n = \alpha, \\ |\beta^i| > 0}} \frac{\alpha!}{\beta^1! \cdots \beta^n!} \prod_{i=1}^{k} s_{\beta^i}.$$

여기서 β^i도 역시 다중지수(multi-indices)이고, 중앙의 합은 다중지수의 모든 ordered k-tuple을 따라 취해진다. (하지만 이들의 순서는 분수 $1/k!$에 의하여

무시된다).

독자들은 2개의 변수를 가지는 다변수 함수에 대하여 (즉, $n = 2$일 때), 위 정리의 증명을 직접 시도해 볼 수 있을 것이다.

정리 **6.5** 공간 $\mathbb{R}^n$상에서 임의의 (Gaussian일 필요도 없는) 확률분포 μ를 생각하자. 그리고 이의 특성함수를

$$\varphi(t) = \langle e^{i(t,x)} \rangle = \int_{\mathbb{R}^n} e^{i(t,x)} d\mu(x)$$

라 하자. 만약 함수 $\varphi(t)$가 0의 근방에서 해석적(analytic)이면 모든 *moment*[4] $m_\alpha = \langle x^\alpha \rangle = \langle x_1^{\alpha_1} \cdots x_n^{\alpha_n} \rangle$가 존재하고

$$\varphi(t) = 1 + \sum_{|\alpha|>0} \frac{m_\alpha}{\alpha!} (it)^\alpha$$

가 된다.

급수 $\log \varphi(t) = \sum_{|\alpha|>0} \frac{s_\alpha}{\alpha!} (it)^\alpha$의 계수 s_α를 확률분포 μ의 semi-invariant라 부른다.

---

[4] 실변수함수 $f(x) : \mathbb{R} \to \mathbb{R}$에 대하여 점 c에서의 n 번째 **moment**는

$$\mu'_n = \int_{-\infty}^{\infty} (x-c)^n f(x)\, dx$$

로 정의된다. 우리는 확률변수 X의 moment, 즉 X의 밀도함수가 $f(x)$인 경우에 관심을 가지고 주로 점 $c = 0$에서 관심을 가진다. 함수 $f(x)$를 확률밀도함수라 하자. 그러면 $c = 0$에서 확률밀도함수 $f(x)$의 n 번째 moment는 X^n의 기댓값이 된다. 더욱 일반화하여 함수 F가 밀도함수 $f(x)$를 구체적으로 가지지 않는 어떤 확률분포의 누적분포함수라 하더라도 이의 n 번째 moment는 Riemann-Stieltjes 적분

$$\mu'_n = E(X^n) = \int_{-\infty}^{\infty} x^n\, dF(x)$$

으로 주어진다. 여기서, X는 확률변수, E는 기댓값을 의미한다.

특히, 확률분포 μ가 Gaussian이면 무한급수 $\log\varphi(t)$는 다음의 2차다항식으로 표현된다.

$$\log\varphi(t) = -\frac{1}{2}(Ct, t).$$

따라서 계수 $s_\alpha \neq 0$이면 $|\alpha| = 2$이고, 이 경우 $s_\alpha = m_\alpha = c_{ij}$이다. 여기서 $i \neq j$이면 $\alpha_i = \alpha_j = 1$이고, $i = j$이면 $\alpha_i = 2$이다. 그리고 다중지수 α의 모든 다른 성분(component)들의 값은 0이다.

보조정리 6.6 μ를 $\mathbb{R}^n$ 상에서의 Gauss 측도라 하고, $A : \mathbb{R}^n \to \mathbb{R}^k$는 선형변환이라고 하자. 그러면 A는 $\mathbb{R}^k$ 상에서의 측도 μ_A를 유도한다. 더욱이 측도 μ_A도 Gauss 측도이다.

증명: 행렬 C를 측도 μ의 covariance 행렬이라 하고, $x, t \in \mathbb{R}^n$, $y, s \in \mathbb{R}^k$, 그리고 $y = Ax$라 하자. 그러면,

$$\varphi_{\mu_A}(s) = \langle e^{i(s,y)} \rangle = \langle e^{i(s,Ax)} \rangle = \langle e^{i(A^*s,x)} \rangle = \varphi_\mu(A^*s)$$

이다. 여기서 $A^* : \mathbb{R}^k \to \mathbb{R}^n$은 A의 adjoint operator이다. 이제 $\varphi_\mu(t) = e^{-\frac{1}{2}(Ct,t)}$에 $t = A^*s$를 대입하면, φ_{μ_A}의 covariance 행렬 ACA^*를 얻게 된다. □

이제 Wick 공식의 증명을 다시 시도해 보자. 이를 위하여 정리 6.3에서와 같이, 함수 $f_1, f_2, \ldots, f_{2\ell}$를 (일반화된 Gauss 측도공간 $\mathbb{R}^n$ 상에서) 변수 $x_1, x_2, \ldots, x_n$의 짝수개의 일차함수라 하고 이들 곱의 적분은 구하여 보자. 우선 변수치환으로 $y_1 = f_1(x), \ldots, y_{2k} = f_{2k}(x)$라 하자. 위 보조정리 6.6을 따라 벡터 $(y_1, \ldots, y_{2k})$도 역시 Gauss 분포를 가진다. Moment $\langle y_1, \ldots, y_{2k} \rangle$는 다중지수(multi-index) $\alpha = (1, 1, \ldots, 1)$에 대응됨을 유의하자. 이제 정리 6.4를 이용하면 α는 다중지수

β^i의 합으로 표현이 가능하고 이들 중 영(zero)이 아닌 항은 정확히 2개의 $\neq 0$ entry를 가지는 벡터 $(0, \ldots, 0, 1, 0, \ldots, 0, 1, 0, \ldots, 0)$에서 가능하다. 따라서 Wick 공식의 새로운 증명을 얻게 된다.

6.3 Hermitian 행렬공간상의 Gauss 측도

모든 $N \times N$ 복소행렬들의 공간 $\mathcal{M}_N(\mathbb{C})$을 생각해 보자. 이는 좌표 $z_{ij} = x_{ij} + iy_{ij}$들로 이루어지는 N^2-차원 복소수 벡터공간, 혹은 $2N^2$-차원 Euclid 실수 벡터공간과 동형이다. 즉

$$\mathcal{M}_N(\mathbb{C}) \cong \mathbb{R}^{2N^2}$$

이다. 이 Euclid 공간 $\mathbb{R}^{2N^2}$상의 dot 내적에 대응되는 행렬공간 $\mathcal{M}_N(\mathbb{C})$상의 내적을 행렬로 표현해 보면, 두 복소행렬 $X = (a_{ij}), Y = (b_{ij})$에 대하여

$$X \cdot Y = \sum_{i,j} a_{ij}\overline{b_{ij}} = \sum_i \sum_j a_{ij}\overline{b_{ji}}^t = \text{tr}\,(X\bar{Y}^t)$$

이다. 한편, 이에 대응되는 이차형식(quadratic form)은 다음과 같다:

$$Z \mapsto \text{tr}\,(Z\overline{Z}^t) = \sum_{i,j} z_{ij}\overline{z_{ij}} = \sum_{i,j} |z_{ij}|^2 = \sum_{i,j=1}^{N} (x_{ij}^2 + y_{ij}^2).$$

이제 $\mathcal{M}_N(\mathbb{C})$의 부분공간으로 $N \times N$ Hermitian 행렬 $H = [h_{ij}]; h_{ij} \in \mathbb{C}, h_{ij} = \overline{h_{ji}}$로 이루어진 공간을 생각해 보자. $N \times N$ Hermitian 행렬은 N개의 대각선 상의 실변수 $x_{ii} = h_{ii} \in \mathbb{R}$와 좌표 h_{ij}가 $i < j$인 대각선 위쪽 삼각형에서 h_{ij}의 실수부분과 허수부분인 $x_{ij} = \Re(h_{ij})$와 $y_{ij} = \Im(h_{ij})$에 의하여 결정된다. 따라서,

$N \times N$ Hermitian 행렬공간 $\mathcal{H}_N$은 실수벡터공간 $\mathbb{R}^{N^2}$와 동형, 즉

$$\mathcal{H}_N \cong \mathbb{R}^{N^2}$$

이다. 그리고 $\mathbb{R}^{N^2}$에서의 일반 Lebesque 측도에 대응되는 $\mathcal{H}_N$상의 volume form $dv(H)$는

$$dv(H) = \prod_{i=1}^{N} dx_{ii} \prod_{i<j} dx_{ij} dy_{ij}$$

이다. 이제 식 (6.3)에서 주어진 실수공간 $\mathbb{R}^{N^2}$에서의 표준 Gauss 측도의 밀도함수 $d\mu(x)$에 대응되는 $\mathcal{H}_N$상에서의 밀도함수 $d\mu(H)$를 행렬로 표현하고자 한다.

우리는 밀도함수 $d\mu(H)$를 행렬로 표현하기 위하여 dot 내적에 대응되는 $\mathcal{M}_N(\mathbb{C})$상에서의 (nondegenerate) 이차형식 $Z \mapsto \mathrm{tr}\,(Z\overline{Z}^t)$를 $N \times N$ Hermitian 행렬공간 $\mathcal{H}_N$상으로 제한(restrict)하면 $\mathrm{tr}\,(H\overline{H}^t) = \mathrm{tr}\,(H^2)$이 된다. 이를 좌표 x_{ij}, y_{ij}에서 표현하면

$$\begin{aligned} \mathrm{tr}\,(H^2) &= \sum_{i,j=1}^{N} h_{ij}h_{ji} = \sum_{i,j=1}^{N} h_{ij}\overline{h_{ij}} \\ &= \sum_{i=1}^{N} x_{ii}^2 + \sum_{i\neq j}(x_{ij}^2 + y_{ij}^2) \\ &= \sum_{i=1}^{N} x_{ii}^2 + 2\sum_{i<j}(x_{ij}^2 + y_{ij}^2) \qquad (6.5) \end{aligned}$$

이다. 이 이차형식을 표현하는 대칭행렬[5]을 구하면 대각선상에 수 $1, \ldots, 1, 2,$

[5]이차형식 $q(H) = \mathrm{tr}\,(H^2) = \bar{h}^t Bh$, $h = [x_{11} \cdots x_{NN} \cdots x_{ij} \;\; y_{ij} \cdots]^t$ (column 벡터)를 만족하는 대칭행렬 B를 말한다.

$\ldots, 2$를 가지는 행렬

$$B = \mathrm{Diag}\,[1, \ldots, 1, 2, \ldots, 2]_{N^2 \times N^2}$$

가 된다. 여기서 처음 N개의 대각원소 1은 좌표 x_{ii}에 대응되고 나머지 $N^2 - N$개의 대각원소 2는 좌표 $x_{ij}, y_{ij}, (i < j)$에 대응된다. 자명하게 $\det B = 2^{N^2-N}$이다. 따라서, 우리가 구하고자 하는 Hermitian 행렬공간 $\mathcal{H}_N$상의 Gauss 측도 μ의 밀도함수를 식 (6.4)와 같이 표현하면

$$d\mu(H) = \left(\frac{1}{\sqrt{2\pi}}\right)^{N^2} \sqrt{2^{N^2-N}}\, e^{-\frac{1}{2}\mathrm{tr}\,(H^2)} dv(H) \tag{6.6}$$

가 된다.

이제 식 (6.6)에서 주어진 밀도함수로 정의된 Gauss 측도 μ를 가지는 Hermitian 행렬공간 $\mathcal{H}_N$에서 다음의 적분정리를 얻는다.

보조정리 6.7 (1) $\langle x_{ii}^2 \rangle = 1$ 이고, $i < j$에 대하여 $\langle x_{ij}^2 \rangle = \langle y_{ij}^2 \rangle = 1/2$ 이다.
(2) $\langle h_{ij} h_{ji} \rangle = 1$ 이고, 모든$(i, j) \neq (\ell, k)$에 대하여 $\langle h_{ij} h_{k\ell} \rangle = 0$ 이다.

증명: (1) Covariance 행렬 $C = (c_{ij}) = B^{-1}$는 대각선상에 (좌표 x_{ii}에 대응하는) N개는 1, (좌표 x_{ij} $(i < j)$에 대응하는) $N^2 - N$개는 $1/2$을 가진다. 그리하여, 정리 6.1에 따른다.

(2) 만약 $i = j$이면, $\langle h_{ij} h_{ji} \rangle = \langle h_{ii}^2 \rangle = \langle x_{ii}^2 \rangle = 1$이다. $i \neq j$이면, $\langle h_{ij} h_{ji} \rangle = \langle h_{ij} \overline{h_{ij}} \rangle = \langle x_{ij}^2 + y_{ij}^2 \rangle = 1/2 + 1/2 = 1$이다. 나머지 적분 $\langle h_{ij} h_{k\ell} \rangle$도 covariance 행렬 C를 이용하여 계산이 가능하다. □

이제 Wick 공식을 이용하여 Hermitian 행렬공간 $\mathcal{H}_N$에서 정의된 다항식의 적분을 구할 수 있다. 특별한 경우로 $\mathcal{H}_N$에서 정의된 함수

$$\mathcal{H}_N \to \mathbb{R}; \quad H \mapsto \mathrm{tr}\left(H^{even}\right)$$

의 적분을 다음 절에서 다룬다.

문제 6.4 적분공간을 $N \times N$ Hermitian 행렬공간 $\mathcal{H}_N$의 부분공간으로 $N \times N$ 대칭행렬(symmetric matrix)들의 공간 $\mathcal{S}_N$을 생각해 보자. 다음을 보여라.

(1) 실수 벡터공간으로서 $\mathcal{S}_N$의 차원(dimension)을 구하여라.

(2) 함수 $S \mapsto \mathrm{tr}\,(S^2)$는 실수 벡터공간 $\mathcal{S}_N$상에서 nondegenerate한 이차형식(quadratic form)이고, 이는 dot 내적(dot product) $(X,Y) = \mathrm{tr}\,(XY^t)$와 (이의 restricition과) 일치한다.

(3) 이차형식 $S \mapsto \mathrm{tr}\,(S^2)$의 행렬과 dot 내적 $\langle s_{ij}^2 \rangle = \langle s_{ij}s_{ji} \rangle$의 행렬을 찾아라.

(4) $\langle s_{ij}s_{k\ell} \rangle \neq 0 \;\Leftrightarrow\; [i=k, j=\ell]$ 또는 $[i=\ell, j=k]$임을 보여라.

(5) 대칭행렬공간 $\mathcal{S}_N$상의 Gauss 측도를 위한 밀도함수를

$$d\mu(S) = c_N \exp\left\{-\frac{1}{2}\mathrm{tr}\,(S^2)\right\} dv(S); \;\; dv(S) = \prod_{i=1}^{N} ds_{ii} \prod_{i<j} ds_{ij}$$

로 두고, normalize하여

$$\int_{\mathcal{S}_N} d\mu(S) = 1$$

로 할 때, 상수 c_N을 찾아라.

6.4 한 개의 꼭짓점을 가지는 그래프의 종수 다항식을 적분으로 계산하기

앞 절 식 (6.6)에서 주어진 밀도함수

$$d\mu(H) = \left(\frac{1}{\sqrt{2\pi}}\right)^{N^2} \sqrt{2^{N^2-N}}\, e^{-\frac{1}{2}\mathrm{tr}\,(H^2)} dv(H)$$

에 의하여 정의된 Gauss 측도 μ를 가지는 행렬공간 $\mathcal{H}_N$에서 정의된 함수의 적분 계산을 시도해 보자. 우리는 특히 $\mathcal{H}_N$에서 정의된 함수

$$\mathcal{H}_N \to \mathbb{R}; \quad H \mapsto \mathrm{tr}\,(H^{even})$$

의 적분에 관심을 가진다.

우선 함수 $H \mapsto \mathrm{tr}\,(H^4)$의 적분을 구해보자. 이 함수는 단항식의 합으로

$$\mathrm{tr}\,(H^4) = \sum_{i,j,k,\ell=1}^{N} h_{ij}h_{jk}h_{k\ell}h_{\ell\, i}$$

이다. 여기서 각 h_{pq}는 x_{pq}, y_{pq}의 일차함수이므로, Wick 공식에 의하여

$$\begin{aligned} \langle h_{ij}h_{jk}h_{k\ell}h_{\ell\, i}\rangle &= \langle h_{ij}h_{jk}\rangle\langle h_{k\ell}h_{\ell\, i}\rangle \\ &+ \langle h_{ij}h_{k\ell}\rangle\langle h_{jk}h_{\ell\, i}\rangle \\ &+ \langle h_{ij}h_{\ell\, i}\rangle\langle h_{jk}h_{k\ell}\rangle. \end{aligned} \tag{6.7}$$

여기서 첫 번째 항의 첫 번째 factor는 (보조정리 6.7에 의하여)

$$\langle h_{ij}h_{jk}\rangle \neq 0 \;\Leftrightarrow\; i = k$$

이고, 이때 $\langle h_{ij}h_{jk}\rangle$의 값은 1이다. 두 번째 factor에서도 같은 방법으로

$$\langle h_{k\ell}h_{\ell\, i}\rangle \neq 0 \;\Leftrightarrow\; i = k$$

이고, 이때 $\langle h_{k\ell}h_{\ell\, i}\rangle$의 값은 1이다. 이들의 경우를 모두 합하면

$$\sum_{i,j,k,\ell=1}^{N} \langle h_{ij}h_{jk}\rangle\langle h_{k\ell}h_{\ell\, i}\rangle = N^3$$

이다 (여기서 $j, \ell, i = k$는 세 개의 독립된 index이다).

같은 방법으로 두 번째 항에 대하여

$$\langle h_{ij}h_{k\ell}\rangle\langle h_{jk}h_{\ell\, i}\rangle \neq 0 \;\Leftrightarrow\; i = j = k = \ell$$

이고, 따라서

$$\sum_{i,j,k,\ell=1}^{N} \langle h_{ij}h_{k\ell}\rangle\langle h_{jk}h_{\ell\, i}\rangle = N$$

이고, 세 번째 항에서는 ($i, j = \ell, k$ 세 개의 독립된 index를 따라)

$$\sum_{i,j,k,\ell=1}^{N} \langle h_{ij}h_{\ell\, i}\rangle\langle h_{jk}h_{k\ell}\rangle = N^3$$

이다.

따라서 식 (6.7)의 오른쪽 세 개의 항에서 $\neq 0$ factor는 그림 6.3의 세 개의 울타리 변 짝짓기에 대응되고(그림 4.2 참조), 이 세 개의 항의 값은 생성함수 $T_2(N)$에서 N^V에 해당된다. 따라서 다음의 적분값을 얻는다.

$$\int_{\mathcal{H}_N} \mathrm{tr}\,(H^4)d\mu(H) = 2N^3 + N = T_2(N).$$

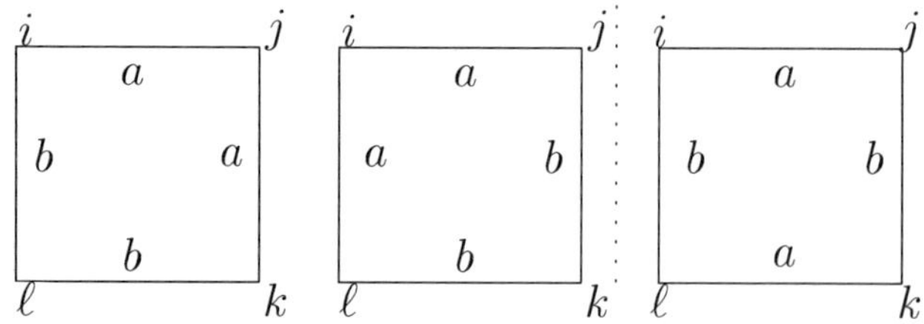

그림 6.3 4각형의 울타리 변 짝짓기에 따른 꼭짓점의 동일시

문제 6.5 $\int_{\mathcal{H}_N} \mathrm{tr}\,(H^2)d\mu(H) = N^2$을 보여라.

위의 적분을 일반화하여 생성함수

$$T_n(N) = \sum_{\sigma} N^{V(\sigma)} = \sum_{g=0}^{\infty} \varepsilon_g(n) N^{n+1-2g}$$

을 다음의 적분값으로 나타낼 수 있다. 다음 정리는 실제로

$2n$각형의 울타리를 짝지어 만들어지는 곡면의 종수(genus) 분포를 보여주는 생성함수 $T_n(N)$가 행렬공간 $\mathcal{H}_N$ 상에서 함수 $H \mapsto \mathrm{tr}\,(H^{2n})$의 적분으로 표현됨을 보여준다.

정리 6.8 $n = 1, 2, \ldots$에 대하여

$$\int_{\mathcal{H}_N} \mathrm{tr}\,(H^{2n})d\mu(H) = T_n(N)\text{이고} \quad T_n(1) = (2n-1)!!$$

이다.

상세한 증명을 하는 대신에 다음의 예를 보이고자 한다.

예제 6.3 $n = 4$일 때 정리 6.8에서의 적분 $\int_{\mathcal{H}_N} \mathrm{tr}\,(H^8) d\mu(H)$를 계산해 보자:

$$\mathrm{tr}\,(H^8) = \sum_{i_j=1}^{N} h_{i_1 i_2} h_{i_2 i_3} h_{i_3 i_4} h_{i_4 i_5} h_{i_5 i_6} h_{i_6 i_7} h_{i_7 i_8} h_{i_8 i_1}$$

은 N^2개의 변수 $h_{i,j}$에 대한 8차원 다항식이다. 여기서 각 $h_{i,j}$는 실변수 x_{ij}와 y_{ij}의 일차함수이고 합 $\sum_{i_j}$는 모든 N^8개의 중복순열인 지수 $i_1, i_2, \ldots, i_8$을 따른 합이다. Wick 공식을 이용하여

$$\langle h_{i_1 i_2} h_{i_2 i_3} h_{i_3 i_4} h_{i_4 i_5} h_{i_5 i_6} h_{i_6 i_7} h_{i_7 i_8} h_{i_8 i_1} \rangle$$

를 계산하기 위하여 이들의 7!! = 105개의 Wick coupling 중에 임의로 한 개를 택하자. 예를 들어, $h_{i_1 i_2}$를 $h_{i_4 i_5}$와, $h_{i_2 i_3}$를 $h_{i_5 i_6}$와, $h_{i_3 i_4}$를 $h_{i_8 i_1}$과, $h_{i_6 i_7}$을 $h_{i_7 i_8}$과 coupling해 보자. 그러면 이 coupling에 대하여 우리는

$$\langle h_{i_1 i_2} h_{i_4 i_5} \rangle \langle h_{i_2 i_3} h_{i_5 i_6} \rangle \langle h_{i_3 i_4} h_{i_8 i_1} \rangle \langle h_{i_6 i_7} h_{i_7 i_8} \rangle$$

의 계산을 필요로 한다. 한편 이 곱이 모두 $\neq 0$가 되어 1의 곱으로 나타날 필요 충분조건은

$$[i_1 = i_5, i_2 = i_4] \wedge [i_2 = i_6, i_3 = i_5] \wedge [i_3 = i_1, i_4 = i_8] \wedge [i_6 = i_8, i_7 = i_7]$$

이다. 즉,

$$\begin{aligned} i_1 &= i_5 = i_3, \\ i_2 &= i_4 = i_8 = i_6, \\ i_7 &= i_7 \end{aligned}$$

이다. 따라서 이 세 개의 독립된 index 군들은 각각 $1 \le i_j \le N$의 값을 취할 수

있고 이를 따른 적분의 합은 N^3가 된다. 이제 앞에서 다룬 함수 $H \mapsto \mathrm{tr}\,(H^4)$의 적분의 경우와 같이, 위 coupling에 대응되는 정8각형의 울타리 짝짓기를 생각할 수 있다 (이를 대수적 표현으로 나타내면 $a_1a_2a_3a_1^{-1}a_2^{-1}a_4a_4^{-1}a_3^{-1}$이다). 이는 생성함수 $T_4(N)$의 한 항을 이루게 된다. 나머지 대응관계는 독자에게 남긴다.□

문제 6.6 (문제 6.4을 계속하여) 적분공간을 $N \times N$ Hermitian 행렬공간 $\mathcal{H}_N$ 대신에 $N \times N$ 대칭행렬(symmetric matrix)들의 공간 $\mathcal{S}_N$을 생각해 보자.

(1) 다음의 적분을 구하여라.

$$\int_{\mathcal{S}_N} \mathrm{tr}\,(S^2)d\mu(S) =? \qquad \int_{\mathcal{S}_N} \mathrm{tr}\,(S^4)d\mu(S) =?$$

(2) 2각형과 4각형에서 울타리를 짝지어 붙일 때 생기는 모든 가능한 (방향을 줄 수 있거나 혹은 방향을 줄 수 없는) 곡면을 구하여라.

(3) 일반화하여 $2n$각형에서 울타리를 짝지어 붙일 때 생기는 모든 가능한 (방향을 줄 수 있거나 혹은 방향을 줄 수 없는) 곡면을 計數하여라.

(4) $m = 1, 2, \ldots$에 대하여 다음을 보여라.

$$\sum_{\sigma} N^{V(\sigma)} = \int_{\mathcal{S}_N} \mathrm{tr}\,(S^{2m})d\mu(S)$$

여기서 $\sum_\sigma$는 $2m$각형의 울타리를 짝지어 만들 수 있는 모든 (방향을 줄 수 있거나 혹은 방향을 줄 수 없는) 곡면의 경우를 따라 취해진다.

6.5 Unitary 변환과 이에 따른 치환적분

$N \times N$ 복소행렬 U가 $\overline{U}^T = U^{-1}$를 만족할 때, 이를 unitary 행렬이라고 부른다. 모든 $N \times N$ unitary 행렬의 집합은 곱에 대하여 실수 차원 N^2의 compact Lie군이 됨이 알려져 있다. 우리는 이를 **unitary 군** $\mathbf{U}(N)$이라 부른다. Unitary 군 $\mathbf{U}(N)$은 모든 $N \times N$ Hermitian 행렬공간 $\mathcal{H}_N$상에

$$H \mapsto U^{-1}HU$$

에 의하여 작용한다 (이는 adjoint 작용이라고 불린다). 실은 모든 Hermitian 행렬은 unitary행렬에 의하여 대각화(diagonalization)가 가능하다는 것은 잘 알려져 있다. 따라서, unitary 군 $\mathbf{U}(N)$은 자연스럽게 Hermitian 행렬공간 $\mathcal{H}_N$상에 정의된 함수 $f : \mathcal{H}_N \to \mathbb{R}$들의 공간에도 작용한다. 즉,

$$(U \cdot f)(H) = f(U^{-1}HU).$$

관계식 $f(U^{-1}HU) = f(H), {}^\forall U \in \mathbf{U}(N)$을 만족하는 함수 $f : \mathcal{H}_N \to \mathbb{R}$를 Unitary 군 $\mathbf{U}(N)$의 작용에 불변인 함수라 부르고, 줄여서 $\mathbf{U}(N)$-불변 함수라고 부른다. 예를 들면 trace 함수 tr 은 $\mathbf{U}(N)$-불변이다.

$\mathbf{U}(N)$-불변 함수 $f : \mathcal{H}_N \to \mathbb{R}$은 어떤 함수들인가?

- $U^{-1}HU, {}^\forall U \in \mathbf{U}(N)$는 H의 고유치(eigenvalue)로 이루어지는 대각행렬을 포함하고 있다. 따라서, $\mathbf{U}(N)$-불변 함수 $f : \mathcal{H}_N \to \mathbb{R}$은 실수로 이루어진 대각행렬 Λ들의 부분공간상에, 즉 이와 동형인 $\mathbb{R}^N$상에 정의된 함수 $f : \mathbb{R}^N \to \mathbb{R}$로 간주할 수 있다. 더욱이 고유치(eigenvalue) $\lambda_1, \lambda_2, \ldots, \lambda_N$을 가지는[6] 대각행렬 Λ에 대하여 $U^{-1}\Lambda U$, ${}^\forall U \in \mathbf{U}(N)$는 $\lambda_1, \lambda_2, \ldots, \lambda_N$의

[6]Hermitian 행렬의 고유치 λ_i는 항상 실수이다.

$N!$개의 순열들로 이루어지는 대각행렬을 포함하므로 $\mathbf{U}(N)$-불변 함수 $f : \mathbb{R}^N \to \mathbb{R}$은 실변수 λ_i의 대칭함수(symmetric function)들이다

- 따라서 $\mathbf{U}(N)$-불변 함수 f가 다항식이면, 이는 λ_i의 power sum, 즉 $\mathrm{tr}\,(\Lambda^k) = \sum_{i=1}^N \lambda_i^k,\ k = 1, 2, \ldots;$

$$\begin{aligned}
\mathrm{tr}\,(\Lambda^0)(\lambda_1, \lambda_2, \ldots, \lambda_N) &= N \\
\mathrm{tr}\,(\Lambda^1)(\lambda_1, \lambda_2, \ldots, \lambda_N) &= \lambda_1 + \lambda_2 + \cdots + \lambda_N\,, \\
\mathrm{tr}\,(\Lambda^2)(\lambda_1, \lambda_2, \ldots, \lambda_N) &= \lambda_1^2 + \lambda_2^2 + \cdots + \lambda_N^2 \\
\mathrm{tr}\,(\Lambda^3)(\lambda_1, \lambda_2, \ldots, \lambda_N) &= \lambda_1^3 + \lambda_2^3 + \cdots + \lambda_N^3 \\
&\ \vdots
\end{aligned}$$

들의 일차결합으로 나타난다 (6.5.2절 참조).

다음 정리는 행렬공간 $\mathcal{H}_N$상에 Unitary 군 $\mathbf{U}(N)$이 (conjugate) 작용할 때, 이에 따른 치환적분공식을 보여준다.

정리 **6.9** Unitary 군 $\mathbf{U}(N)$의 작용에 불변인 함수 $f : \mathcal{H}_N \to \mathbb{R}$에 대하여, 즉 실변수 λ_i의 대칭함수(symmetric function)인 함수 f에 대하여,

$$\begin{aligned}
\int_{\mathcal{H}_N} f(H)d\mu(H) &= c_N \int_{-\infty}^{\infty} \cdots \int_{-\infty}^{\infty} f(\Lambda)\ \mathrm{Jacob}(\lambda)\ d\mu(\lambda_1)\cdots d\mu(\lambda_N) \qquad (6.8) \\
&= c_N \int_{-\infty}^{\infty} \cdots \int_{-\infty}^{\infty} f(\Lambda) \prod_{1\le i<j\le N} (\lambda_i - \lambda_j)^2 d\mu(\lambda_1)\cdots d\mu(\lambda_N)
\end{aligned}$$

이다. 여기서 c_N은 행렬의 차수 N에 의하여 결정되는 상수, 행렬 Λ는 대각선에 H의 고유치 $\lambda_1, \ldots, \lambda_N$을 가지는 대각행렬이고

$$d\mu(\lambda) = \frac{1}{\sqrt{2\pi}} e^{-\lambda^2/2} d\lambda$$

(실수선 상에서의 Gauss 측도의 표준형)이다.

여기서, λ-Jacobian

$$\text{Jacob}(\lambda) = \prod_{1\le i<j\le N} (\lambda_i - \lambda_j)^2 = \det \begin{bmatrix} 1 & 1 & \cdots & 1 \\ \lambda_1 & \lambda_2 & \cdots & \lambda_N \\ \lambda_1^2 & \lambda_2^2 & \cdots & \lambda_N^2 \\ \cdots & \cdots & \ddots & \cdots \\ \lambda_1^{N-1} & \lambda_2^{N-1} & \cdots & \lambda_N^{N-1} \end{bmatrix}^2$$

는 $\lambda = (\lambda_1, \lambda_2, \ldots, \lambda_N)$의 대칭다항식이고, 중복도를 가지는 고유치 $(\lambda_i = \lambda_j)$가 있으면 이 값은 0이다. 따라서, 위 적분값도 0이다.

증명: $N \times N$ 복소행렬 공간 $\mathcal{M}_N(\mathbb{C})$는 $2N^2$-차원 Euclid 실수 벡터공간이다. 이 Euclid 공간상에서의 dot 내적에 대응되는 행렬공간 $\mathcal{M}_N(\mathbb{C})$에서의 내적은

$$X \cdot Y = \sum_{i,j} a_{ij}\overline{b_{ij}} = \sum_i \sum_j a_{ij}\overline{b_{ji}}^t = \text{tr}\,(X\bar{Y}^t)$$

이고 이에 대응되는 이차형식(quadratic form)은

$$Z \mapsto \text{tr}\,(Z\overline{Z}^t) = \sum_{i,j=1}^{N} (x_{ij}^2 + y_{ij}^2)$$

임은 이미 알고 있다. 한편, Euclid 공간상에서 dot 내적에 대응되는 $\mathcal{M}_N(\mathbb{C})$에서의 (Euclidean) volume form은

$$\prod_{i,j=1}^{N} dx_{ij}dy_{ij}$$

이다.

이 내적과 volume form을 $\mathcal{M}_N(\mathbb{C})$의 부분공간 $\mathcal{H}_N$에 제한(restrict)하면 어떻게 되는지 알아보자.

이차형식(quadratic form) $Z \mapsto \text{tr}\,(Z\overline{Z}^t)$를 부분공간 $\mathcal{H}_N$에 제한(restrict)하면, 이는 이미 주어진

$$H \mapsto \text{tr}\,(H^2) = \sum_{i,j=1}^{N} h_{ij}h_{ji} = \sum_{i=1}^{N} x_{ii}^2 + 2\sum_{i<j}(x_{ij}^2 + y_{ij}^2)$$

와 일치한다 (식 (6.5) 참조). 하지만, volume form은 그러하지 않다: 얼핏보아 $2N^2$-차원 Euclid 실수 벡터공간의 volume form을 제한(restrict)하면

$$dv(H) = \prod_{i=1}^{N} dx_{ii} \prod_{i<j} dx_{ij}dy_{ij}$$

이 될 것 같지만, 실제 volume form의 제한은

$$d\bar{v}(H) = \prod_{i=1}^{N} dx_{ii} \prod_{i<j} (\sqrt{2}dx_{ij})(\sqrt{2}dy_{ij}) = \prod_{i=1}^{N} dx_{ii} \prod_{i<j} (2dx_{ij}dy_{ij})$$

이다. 이는 $i < j$일 때, Hermitian 행렬에서 entry $z_{ij} = x_{ij} + iy_{ij}$와 $\bar{z}_{ji} = x_{ji} - iy_{ji} = z_{ij}$로 동일시하여 차원을 줄일 때 $x_{ij} = x_{ji}$, $y_{ij} = -y_{ji}$로 동일시되고, 이때 volume form은 대각선 $u = v$ 또는 $u = -v$에서 $dudv$에 해당하는 form이 $\sqrt{2}du$가 되기 때문이다.

이제 증명을 위하여 $H = U^{-1}\Lambda U$를 Λ로 치환해 보자. 행렬 $A = (a_{ij})$의 미

분을 $dA = (da_{ij})$로 정의하면

$$\begin{aligned} dH &= d(U^{-1}) \cdot \Lambda U + U^{-1} \cdot d\Lambda \cdot U + U^{-1}\Lambda \cdot dU \\ &= U^{-1} \cdot U \cdot d(U^{-1}) \cdot \Lambda U + U^{-1} \cdot d\Lambda \cdot U + U^{-1}\Lambda \cdot dU \cdot U^{-1} \cdot U \\ &= U^{-1}(-\Omega\Lambda + d\Lambda + \Lambda\Omega)U \\ &= U^{-1}LU \end{aligned}$$

이다. 여기서

$$\Omega = dU \cdot U^{-1} \text{ 이고 } L = -\Omega\Lambda + d\Lambda + \Lambda\Omega$$

이다. 위의 세 번째 등식에서는 $-\Omega = U \cdot d(U^{-1})$를 이용하였고, 이 등식은

$$0 = d(U \cdot U^{-1}) = dU \cdot U^{-1} + U \cdot d(U^{-1})$$

에서 유도된다. 행렬 Ω를 $\Omega = (\omega_{ij})$로 쓰면 행렬 $L = -\Omega\Lambda + d\Lambda + \Lambda\Omega$의 대각 entry는 $\ell_{ii} = d\lambda_i$이고 $i \neq j$일 때는 $\ell_{ij} = (\lambda_i - \lambda_j)\omega_{ij}$이다. 따라서, $\omega_{ij} = dx_{ij} + idy_{ij}$로 쓰면

$$\begin{aligned} \operatorname{tr}(L^2) = \sum_{i,j=1}^{N} \ell_{ij}\ell_{ji} &= \sum_{i,j=1}^{N} d\lambda_{ii}^2 + \sum_{i \neq j}(\lambda_i - \lambda_j)(\lambda_j - \lambda_i)\omega_{ij}\omega_{ji} \\ &= \sum_{i=1}^{N} d\lambda_{ii}^2 + 2\sum_{i<j}(\lambda_i - \lambda_j)^2(dx_{ij}^2 + dy_{ij}^2) \end{aligned}$$

이다. 대응되는 volume form은

$$\prod_{1 \leq i < j \leq N} (\lambda_i - \lambda_j)^2 \prod_{i=1}^{N} d\lambda_i \times \prod_{i<j}(2dx_{ij}dy_{ij})$$

이다.

마지막으로, 행렬 Z상에 unitary 행렬의 adjoint 작용을 취하더라도 행렬 Z에 대한 volume form이 불변임을 보여야 한다. 이를 위하여

$$dv(U^{-1}ZU) = c_U dv(Z)$$

라 하자. 여기서 c_U는 좌표 U, Λ의 함수이고 양의 실수값을 취한다.

이제 adjoint 작용을 k 번 취하면

$$dv(U^{-k}ZU^k) = c_U^k dv(Z)$$

이다. Unitary 군 $\mathbf{U}(N)$이 compact이므로 충분히 큰 어떤 k에 대하여 행렬 U^k를 항등행렬에 충분히 가깝게 할 수 있다[7]. 이때 상수 c_U^k는 1에 충분히 가까워진다. 이는 $c_U = 1$인 경우에만 가능하고 따라서 volume form은 불변이 된다. 즉, 정리가 증명되었다. □

문제 6.7 (문제 6.6을 계속하여)

(1) 방향을 유지하는 $N \times N$ 직교(orthogonal) 행렬이 이루는 군을 SO(N)이라 하자. 이 군 SO(N)은 $N \times N$ 대칭행렬(symmetric matrix)들의 공간 $\mathcal{S}_N$에 $S \mapsto O^{-1}SO, {}^\forall S \in \mathcal{S}_N, {}^\forall O \in$ SO(N)로 작용한다. 이를 보여라.

(2) $N \times N$ 대각(diagonal) 행렬들의 공간을 $\mathcal{D}_N$, 서로 다른 고유치를 가지는

[7]복소수의 단위 벡터들이 이루는 군 S^1에서 모든 무한부분군은 dense한 부분집합을 이룬다. (Kronecker 정리 참조). 따라서 임의의 Unitary 군 $\mathbf{U}(N)$의 고유치 λ에 대하여 $\lambda \in S^1$이고, 수열 $\lambda^n, n = 1, 2, \ldots$는 1에 수렴하는 부분 수열을 가진다. 따라서 항등행렬에 충분히 가까운 U^k가 존재한다.

$N \times N$ 대칭행렬(symmetric matrix)들의 공간을 $\tilde{\mathcal{S}}_N$라하자. 그러면 함수

$$\mathrm{SO}(N) \times \mathcal{D}_N \to \tilde{\mathcal{S}}_N; (O, \Lambda) \mapsto O^{-1}\Lambda O \quad \forall O \in \mathrm{SO}(N), \forall \Lambda \in \mathcal{D}_N$$

는 피복(covering)함수[8]이다. 이를 보여라. $N = 2$일 때 이 피복함수의 Jacobian을 구하여라.

(3) Orthogonal 군 $\mathrm{SO}(N)$의 작용에 불변인 함수 $f : \mathcal{S}_N \to \mathbb{R}$에 대하여,

$$\int_{\mathcal{S}_N} f(S) d\mu(S) = \bar{c}_N \int_{\mathbb{R}^n} f(\Lambda) \prod_{1 \le i < j \le N} (\lambda_i - \lambda_j) d\mu(\lambda_1) \cdots d\mu(\lambda_N),$$

여기서

$$d\mu(\lambda) = \frac{1}{\sqrt{2\pi}} e^{-\lambda^2/2} d\lambda$$

이고 상수 $\bar{c}_N$은 행렬의 차수 N에 의하여 결정되는 상수이다. 상수 $\bar{c}_N$을 군 $\mathrm{SO}(N)$의 volume으로 나타내어라.

6.5.1 Harer-Zagier 정리의 증명 마무리

우리는 4.1.2절에서 보조정리 4.7을 증명없이 소개하였다. 이제 앞에서 다룬 $N \times N$ Hermitian 행렬 공간상의 Gauss 적분을 이용하여 이를 증명해보자.

보조정리 4.7: *N을 고정하고, 식*

$$\tau_N(n) := \frac{T_n(N)}{(2n-1)!!} = \sum_{\sigma} \frac{N^{V(\sigma)}}{(2n-1)!!} = \sum_{g=0}^{\infty} \frac{\varepsilon_g(n)}{(2n-1)!!} N^{n+1-2g}$$

[8]피복의 정의는 교재 "조합적 곡면위상론", 제5장 참조. 참고문헌 [KL07].

를 n의 함수로 생각하자. 그러면, $\tau_N(n)$은 n에 대하여도 다항식이 되고 이의 최고 차수는 $(N-1)$이다.

우리는 정리 6.8에서

$$\int_{\mathcal{H}_N} \mathrm{tr}\,(H^{2n}) d\mu(H) = T_n(N) \text{이고} \quad T_n(1) = (2n-1)!!$$

을 보았고, 한편 정리 6.9의 식 (6.8)에 의하여

$$\int_{\mathcal{H}_N} \mathrm{tr}\,(H^{2n})\, d\mu(H) = c_N \int_{-\infty}^{\infty} \cdots \int_{-\infty}^{\infty} \mathrm{tr}\,(\Lambda^{2n}) \prod_{1\le i<j\le N} (\lambda_i - \lambda_j)^2 d\mu(\lambda_1) \cdots d\mu(\lambda_N)$$

을 얻는다. 여기서 $\mathrm{tr}\,(\Lambda^{2n})$은

$$\mathrm{tr}\,(\Lambda^{2n}) = \lambda_1^{2n} + \lambda_2^{2n} + \cdots + \lambda_N^{2n}$$

이고, 적분식이 모든 변수 λ_i에 대하여 대칭이므로 $\mathrm{tr}\,(\Lambda^{2n})$을 $N\lambda_1^{2n}$으로 대치하더라도 적분값에는 변함이 없다. 이제 Vandermonde 행렬식의 제곱

$$\prod_{1\le i<j\le N} (\lambda_i - \lambda_j)^2$$

을 λ_1의 다항식으로 전개하고 나머지 변수 $\lambda_2, \ldots, \lambda_N$에 대하여 적분을 취하자. 이제 적분을 취할 함수는 (λ_1에 대하여) 차수 $2n+2N-2$의 다항식이고 최고차수의 계수는 Nc_N이다. 이제 $\tau_N(n) = \frac{T_n(N)}{(2n-1)!!}$를 구하기 위하여 단항식 $\lambda_1^{2n+2N-2}$을 적분하고 $(2n-1)!!$로 나누면

$$\frac{(2n+2N-1)!!}{(2n-1)!!}$$

을 얻게 되고 이는 n에 대한 $(N-1)$차 다항식이다. 따라서 정리가 증명된다. □

6.5.2 대칭다항식(symmetric polynomial)의 복습

앞 절에서의 이야기를 계속하여 대칭다항식을 복습해 보자[9].

$\mathbb{S}_n$을 집합 $[n] = \{1, 2, \ldots, n\}$상에서의 대칭군이라 하자. $\mathbb{R}^n$상에 정의된 함수 $f : \mathbb{R}^n \to \mathbb{R}$가

$$f(x_1, x_2, \ldots, x_n) = f(x_{1^\sigma}, x_{2^\sigma}, \ldots, x_{n^\sigma}) \quad {}^\forall\sigma \in \mathbb{S}_n$$

을 만족할 때[10] 이를 **대칭함수(symmetric function)**라 부른다. 특히, 함수 f가 다항식이면 이를 **대칭다항식(symmetric polynomial)**이라 부른다. 이를 일반화하여, 실변수가 아닌 함수에 대해서도 n개의 변수 $x_1, x_2, \ldots, x_n$를 가지는 함수가 이 변수들을 임의의 $\sigma \in \mathbb{S}_n$에 대하여 $x_{1^\sigma}, x_{2^\sigma}, \ldots, x_{n^\sigma}$로 치환하더라도 함숫값이 변하지 않을 때 이를 **대칭함수(symmetric function)**라 부른다. 예를 들면, 2변수 함수 $4x_1^2x_2^2 + x_1^3x_2 + x_1x_2^3 + (x_1 + x_2)^4$와 $x_1^3 + x_2^3 - 4$는 대칭함수이다. 앞의 것은 동차(homogeneous)다항식이지만 뒤의 것은 동차(homogeneous)다항식이 아니다. $x_1x_2x_3 - 2x_1x_2 - 2x_1x_3 - 2x_2x_3$는 3변수 대칭함수이다. 하지만 2변수 다항식 $x_1 - x_2$와 3변수 함수 $x_1^4x_2^2x_3 + x_1x_2^4x_3^2 + x_1^2x_2x_3^4$는 대칭함수가 아니다.

(1) (일변수 다항식을 이용하여 근의 대칭함수 만들기) n차 monic 다항식 $P = P(x)$가 (중근을 허용하여) n개의 근 $x_1, x_2, \ldots, x_n$을 가진다고 하자. 즉,

$$P(x) = x^n + a_{n-1}x^{n-1} + \cdots + a_1x + a_0 = (x - x_1)(x - x_2)\cdots(x - x_n) \quad (6.9)$$

[9] 본 절은 독립적인 내용으로 독자들은 대충 읽어도 좋다.
[10] 기호 x_{j^σ}는 5쪽 각주 참조.

이라 하자. 이를 전개하고 계수를 비교하면, 계수 a_{n-k}는 근 $x_1, x_2, \ldots, x_n$의 대칭함수로서 k차 동차다항식이다. (여기서는 근 $x_1, x_2, \ldots, x_n$을 n개의 서로 다른 변수로 가정한다.) 즉,

$$
\begin{aligned}
a_n &= 1 \text{ (monic 다항식이므로 정의로 받아들인다.)} \\
a_{n-1} &= -x_1 - x_2 - \cdots - x_n \\
a_{n-2} &= x_1x_2 + x_1x_3 + \cdots + x_2x_3 + \cdots + x_{n-1}x_n = \sum_{1 \le i < j \le n} x_i x_j \\
&\cdots \\
a_{n-k} &= (-1)^k \sum_{1 \le i_1 < i_2 < \cdots < i_k \le n} x_{i_1} x_{i_2} \cdots x_{i_k} \\
&\cdots \\
a_0 &= (-1)^n x_1 x_2 \cdots x_n.
\end{aligned}
$$

여기서 부호를 무시한 오른쪽 다항식, 즉

$$
e_k(x_1, x_2, \ldots, x_n) := (-1)^k a_{n-k} = \sum_{1 \le i_1 < i_2 < \cdots < i_k \le n} x_{i_1} x_{i_2} \cdots x_{i_k}
$$

를 차수 k의 **elementary 대칭 다항식**이라 부른다. 즉, $k \ge 0$에 대하여 $e_k(x_1, x_2, \ldots, x_n)$는 k개의 서로 다른 근들의 모든 가능한 곱들의 합으로,

$$
\begin{aligned}
e_0(x_1, x_2, \ldots, x_n) &= 1, \quad (a_n = 1\text{이라는 정의에 의하여}) \\
e_1(x_1, x_2, \ldots, x_n) &= x_1 + x_2 + \cdots + x_n, \\
e_2(x_1, x_2, \ldots, x_n) &= \sum_{i<j} x_i x_j, \\
&\vdots
\end{aligned}
$$

$$e_n(x_1, x_2, \ldots, x_n) = x_1 x_2 \cdots x_n,$$

$$e_k(x_1, x_2, \ldots, x_n) = 0, \quad k > n\text{일 때}$$

이다. 따라서, $e_k := e_k(x_1, x_2, \ldots, x_n)$로 두면

$$(x-x_1)(x-x_2)\cdots(x-x_n) = x^n - e_1 x^{n-1} + \cdots + (-1)^{n-1} e_{n-1} x + (-1)^n e_n \tag{6.10}$$

를 얻게 된다. 예를 들어, $n = 4$이면

$$e_1(x_1, x_2, x_3, x_4) = x_1 + x_2 + x_3 + x_4,$$

$$e_2(x_1, x_2, x_3, x_4) = x_1x_2 + x_1x_3 + x_1x_4 + x_2x_3 + x_2x_4 + x_3x_4,$$

$$e_3(x_1, x_2, x_3, x_4) = x_1x_2x_3 + x_1x_2x_4 + x_1x_3x_4 + x_2x_3x_4,$$

$$e_4(x_1, x_2, x_3, x_4) = x_1x_2x_3x_4,$$

$$e_5(x_1, x_2, x_3, x_4) = 0.$$

(2) n개의 변수 $x_1, x_2, \ldots, x_n$을 가지는 대칭 다항식중 k차의 power sum p_k, $k = 0, 1, 2, \ldots$은

$$p_k(x_1, x_2, \ldots, x_n) = \sum_{i=1}^{n} x_i^k, \quad k = 0, 1, 2, \ldots$$

로 정의된다. 초기의 power sum은

$$\begin{aligned}
p_0(x_1, x_2, \ldots, x_n) &= n \\
p_1(x_1, x_2, \ldots, x_n) &= x_1 + x_2 + \cdots + x_n\,, \\
p_2(x_1, x_2, \ldots, x_n) &= x_1^2 + x_2^2 + \cdots + x_n^2 \\
&\vdots
\end{aligned}$$

이다.

(3) 우리는 (a)에서 모든 자연수 $1 \leq k \leq n$에 대하여, n개의 변수를 가지는 k차 elementary 대칭 다항식은

$$e_k(x_1, x_2, \ldots, x_n) = \sum_{1 \leq j_1 < j_2 < \cdots < j_k \leq n} x_{j_1} \cdots x_{j_k}$$

로 주어짐을 보았다. 그리고 n개의 변수를 가지는 k차 elementary 대칭 다항식은 유일하게 존재한다.

A를 임의의 ring이라 하고, 변수 $x_1, x_2, \ldots, x_n$을 가지고 계수는 A에서 가지는 대칭 다항식들이 이루는 ring을 $A[x_1, x_2, \ldots, x_n]^{\mathbb{S}_n}$로 표기하자. 그러면 ring $A[x_1, x_2, \ldots, x_n]^{\mathbb{S}_n}$는 n개의 elementary 대칭 다항식 $e_k(x_1, x_2, \ldots, x_n)$, $k = 1, \ldots, n$이 이루는 다항식 ring이 된다. (단, $e_0 = 1$는 위의 ring에 속하지 않음에 유의하자.) 바꾸어 말하면,

정리 6.10 (대칭다항식의 기본정리): 임의로 주어진 대칭 다항식 $P(x_1, x_2, \ldots, x_n) \in A[x_1, x_2, \ldots, x_n]^{\mathbb{S}_n}$에 대하여 어떤 다항식 $Q \in A[y_1, y_2, \ldots, y_n]$가 유일하게 존재하여 다항식 $P(x_1, x_2, \ldots, x_n)$는 다음과 같은 표현으로 나타난다.

$$P(x_1, x_2, \ldots, x_n) = Q(e_1(x_1, x_2, \ldots, x_n), \ldots, e_n(x_1, x_2, \ldots, x_n)).$$

즉, 모든 대칭 다항식들이 이루는 ring $A[x_1, x_2, \ldots, x_n]^{\mathbb{S}_n}$와 다항식 ring $A[y_1, y_2, \ldots, y_n]$는 동형함수 $e_k(x_1, x_2, \ldots, x_n) \mapsto y_k$에 의하여 서로 동형이다.

위 정리의 증명을 시도해 보아라[11].

[11]거의 모든 대수학 책에서 증명을 찾을 수 있다. 예: Serge Lang, Algebra. 3rd edition. Graduate Texts in Mathematics, 211. Springer-Verlag, New York, 2002.

증명: (sketch) 모든 대칭(symmetric) 다항식은 동차다항식의 합으로 분할이 가능하고 이때 분할된 동차다항식도 대칭함수임에 유의하자. 따라서 우리는 정리를 동차인 대칭 다항식에 대하여 증명하면 충분하다. 주어진 대칭(symmetric) 동차 다항식에 대하여 변수의 개수 n과, n이 주어질 때 n개의 변수를 가지는 동차 다항식의 차수 d에 대한 이중적 수학적 귀납법을 이용하여 정리를 증명해 보자.

$n = 1$인 경우: 즉 한 개의 변수를 가지는 모든 다항식은 당연히 대칭이기 때문에 $n = 1$인 경우는 자명하다. 이제 $m < n$인 m개의 변수를 가지는 모든 대칭 다항식에서, 그리고 n개의 변수를 가지고 차수가 $< d$인 모든 대칭 다항식에 대하여 정리가 성립한다고 가정하자.

이제 대칭 다항식 $P \in A[x_1, x_2, \ldots, x_n]^{\mathbb{S}_n}$를 d차의 동차 다항식이라 하자. $x_n = 0$를 취하면 $P(x_1, \ldots, x_{n-1}, 0)$는 $(n-1)$개의 변수를 가지는 동차다항식이 되어, 귀납법 가정에 의하여 차수가 $\leq d$인 다항식 $Q_1(y_1, \ldots, y_{n-1})$이 존재하여

$$P(x_1, \ldots, x_{n-1}, 0) = Q_1(e_1(x_1, \ldots, x_{n-1}), \ldots, e_{n-1}(x_1, \ldots, x_{n-1}))$$

이 된다. 여기서, $e_1(x_1, \ldots, x_{n-1})$는 대칭다항식 $e_1(x_1, \ldots, x_{n-1}, x_n)$에서 $x_n = 0$를 취한 것과 일치함에 유의하자. 이제 새로운 다항식

$$P_1(x_1, \ldots, x_{n-1}, x_n) := P(x_1, \ldots, x_{n-1}, x_n) - Q_1(e_1, \ldots, e_{n-1})$$

는 n개의 변수를 가지고 차수가 $\leq d$인 대칭다항식이고

$$P_1(x_1, \ldots, x_{n-1}, 0) = 0$$

를 만족한다. 이는 대칭다항식 P_1이 변수 x_n에 의하여 나누어지고, 따라서 대칭성의 성질에 의하여 모든 변수 x_j에 의하여 나누어질 수 있어서 $x_1 x_2 \cdots x_n$을

factor로 가짐을 보여준다. 즉,

$$\begin{aligned} P_1(x_1, \ldots, x_{n-1}, x_n) &= (x_1 x_2 \cdots x_n) P_2(x_1, \ldots, x_{n-1}, x_n) \\ &= e_n(x_1, x_2, \ldots, x_n) P_2(x_1, \ldots, x_{n-1}, x_n) \end{aligned}$$

인 대칭함수 $P_2(x_1, \ldots, x_{n-1}, x_n)$이 존재한다. 이는 n개의 변수를 가지지만 차수는 $\leq d - n < n$이다. 다시 귀납법 가정에 의하여,

$$P_2(x_1, \ldots, x_{n-1}, x_n) = Q_2(e_1, \ldots, e_n)$$

로 표현하는 다항식 Q_2가 존재한다. 따라서

$$\begin{aligned} P(x_1, \ldots, x_{n-1}, x_n) &= P_1(x_1, \ldots, x_{n-1}, x_n) + Q_1(e_1, \ldots, e_{n-1}) \\ &= e_n P_2(x_1, \ldots, x_{n-1}, x_n) + Q_1(e_1, \ldots, e_{n-1}) \\ &= e_n Q_2(e_1, \ldots, e_n) + Q_1(e_1, \ldots, e_{n-1}) \end{aligned}$$

이고 증명이 종료된다. 사실은 표현의 유일성도 귀납법을 이용하여 같은 방법으로 증명이 가능하다. 또한, 다항식 표현의 유일성에 의하여 $A[x_1, x_2, \ldots, x_n]^{\mathbb{S}_n}$는 $A[y_1, y_2, \ldots, y_n]$와 동형(isomorphic)이 된다. □

Newton의 항등식은 elementary 대칭 다항식과 power sum 대칭 다항식의 관계를 보여주는 관계식이다. 실제로 **Newton의 항등식**은, 모든 $k \geq 1$에 대하여

$$ke_k(x_1, x_2, \ldots, x_n) = \sum_{i=1}^{k} (-1)^{i-1} e_{k-i}(x_1, x_2, \ldots, x_n) p_i(x_1, x_2, \ldots, x_n)$$

로 주어진다. Newton 항등식의 초기식들을 보면,

$$\begin{aligned}
e_1(x_1,\ldots,x_n) &= p_1(x_1,\ldots,x_n),\\
2e_2(x_1,\ldots,x_n) &= e_1(x_1,\ldots,x_n)p_1(x_1,\ldots,x_n) - p_2(x_1,\ldots,x_n),\\
3e_3(x_1,\ldots,x_n) &= e_2(x_1,\ldots,x_n)p_1(x_1,\ldots,x_n)\\
&\quad - e_1(x_1,\ldots,x_n)p_2(x_1,\ldots,x_n) + p_3(x_1,\ldots,x_n),\\
4e_4(x_1,\ldots,x_n) &= e_3(x_1,\ldots,x_n)p_1(x_1,\ldots,x_n)\\
&\quad - e_2(x_1,\ldots,x_n)p_2(x_1,\ldots,x_n)\\
&\quad + e_1(x_1,\ldots,x_n)p_3(x_1,\ldots,x_n) - p_4(x_1,\ldots,x_n)
\end{aligned}$$

등이다. 이들 식을 살펴보면 다항식 e_k는 다항식 $e_1,\ldots,e_{k-1}$과 다항식 $p_1,\ldots,$ p_k에 의한 점화식으로 표현됨을 알 수 있다. 한편, 이는 power sum 대칭 다항식 p_k도 다항식 $p_1,\ldots,p_{k-1}$과 다항식 $e_1,\ldots,e_k$에 의한 점화식으로 표현될 수 있음을 보여준다. 예를 들면,

$$\begin{aligned}
p_1 &= e_1,\\
p_2 &= e_1p_1 - 2e_2,\\
p_3 &= e_1p_2 - e_2p_1 + 3e_3,\\
p_4 &= e_1p_3 - e_2p_2 + e_3p_1 - 4e_4,\\
&\ \vdots
\end{aligned}$$

이다. 여기서 편의상 함수 $e_j(x_1,\ldots,x_n), p_j(x_1,\ldots,x_n)$를 줄여 각각 e_j, p_j로 표기하였다. 더욱이 Newton의 항등식을 반복적으로 이용하여 모든 elementary 대칭 다항식을 power sum 대칭 다항식으로, 또한 모든 power sum 대칭 다항식을

elementary 대칭 다항식으로 표현이 가능하다. 아래를 보여라.

$$\begin{aligned}
e_1 &= p_1, \\
e_2 &= \frac{1}{2}p_1^2 - \frac{1}{2}p_2 &&= \frac{1}{2}(p_1^2 - p_2), \\
e_3 &= \frac{1}{6}p_1^3 - \frac{1}{2}p_1p_2 + \frac{1}{3}p_3 &&= \frac{1}{6}(p_1^3 - 3p_1p_2 + 2p_3), \\
e_4 &= \frac{1}{24}p_1^4 - \frac{1}{4}p_1^2p_2 + \frac{1}{8}p_2^2 + \frac{1}{3}p_1p_3 - \frac{1}{4}p_4 &&= \frac{1}{24}(p_1^4 - 6p_1^2p_2 \\
& &&\quad + 3p_2^2 + 8p_1p_3 - 6p_4)
\end{aligned}$$

등이고,

$$\begin{aligned}
p_1 &= e_1, \\
p_2 &= e_1^2 - 2e_2, \\
p_3 &= e_1^3 - 3e_2e_1 + 3e_3, \\
p_4 &= e_1^4 - 4e_2e_1^2 + 4e_3e_1 + 2e_2^2 - 4e_4, \\
p_5 &= e_1^5 - 5e_2e_1^3 + 5e_2^2e_1 + 5e_3e_1^2 - 5e_3e_2 - 5e_4e_1 + 5e_5, \\
p_6 &= e_1^6 - 6e_2e_1^4 + 9e_2^2e_1^2 + 6e_3e_1^3 - 2e_2^3 - 12e_3e_2e_1 - 6e_4e_1^2 + 3e_3^2 \\
&\quad + 6e_4e_2 + 6e_1e_5 - 6e_6
\end{aligned}$$

이다.

Newton의 항등식을 행렬론에 응용하기 위하여, $n \times n$ 행렬 A가 (중복도를 고려하여) n개의 고유치 x_i를 가진다고 하자. 그러면 이의 특성다항식(characteristic polynomial)의 계수는 고유치 x_i의 elementary 대칭다항식의 결합으로 표현이 가능하다. 더욱이 모든 양의 정수 k에 대하여 power A^k의 특성다항식의 계수는 이의 고유치 x_i^k의 elementary 대칭다항식의 결합으로 표현이 가능하다. 한편으로

trace $\mathrm{tr}(A^k)$는 A의 고유치 x_i의 k 번째 power sum p_k이다. 이제 Newton의 항등식은 A^k의 trace와 A의 특성다항식의 계수사이에 관계식을 보여준다. 즉, A의 특성다항식을 A^k의 trace로부터 구할 수 있음을 보여준다.

Newton 항등식의 증명: k개의 변수를 가지는 elementary 대칭다항식을 정의하는 항등식

$$\prod_{i=1}^{k}(x - x_i) = \sum_{i=0}^{k}(-1)^{k-i}e_{k-i}(x_1, \ldots, x_k)x^i$$

에서 $x = x_j$를 대입하면

$$0 = \sum_{i=0}^{k}(-1)^{k-i}e_{k-i}(x_1, \ldots, x_k){x_j}^i \quad \text{for } 1 \le j \le k$$

를 얻는다. 이를 모든 j에 따라 합하면,

$$0 = (-1)^k ke_k(x_1, \ldots, x_k) + \sum_{i=1}^{k}(-1)^{k-i}e_{k-i}(x_1, \ldots, x_k)p_i(x_1, \ldots, x_k) \quad (6.11)$$

이고, 이는 곧 k 번째 Newton의 항등식이다. 우리는 모든 자연수 k에 대하여 k개의 변수를 가지는 k 번째 Newton의 항등식이 성립함을 보였다. 이를 이용하여 모든 나머지 Newton의 항등식을 보일 수 있다. 예를 들어 식 (6.11)에서 $x_k = 0$로 두면 $(k-1)$개의 변수를 가지는 k 번째 Newton의 항등식을 얻게 된다. 일반적으로 $n < k$개의 변수를 k 번째 Newton 항등식은 $k - n$ 변수를 0으로 취하면 가능하다.

이제 $n > k$개의 변수를 k 번째 Newton 항등식은 식 (6.11)의 양변에서 추가적인 항들을 가지게 된다. 우선 $n = k + 1$인 경우를 생각해 보자. $(k+1)$개의 변수 $x_1, x_2, \ldots, x_{k+1}$에서 한 개의 변수 x_j를 제외한 나머지 k개의 변수에 대한 k 번째 Newton의 항등식 (6.11)을 각 j에 대하여 모두 합하면, $(k+1)$개의 변수

를 가지는 k 번째 Newton의 항등식이 됨을 알 수 있다. (독자들은 앞에서 주어진 Newton 항등식의 초기식에서 $n = 3, k = 2$일 때, 직접 확인해 보기를 바란다.) 일반적으로, $n > k$개의 변수를 가지는 k 번째 Newton 항등식은 n개의 변수 중 k개의 변수를 택하여 만들어지는 Newton 항등식 (6.11)을 모두 합하여 유도할 수 있다. □

대칭다항식의 기본정리와 Newton의 항등식을 종합하여 다음의 따름정리를 얻을 수 있다: n개의 변수를 가지는 모든 대칭다항식은 power sum $p_k(x_1, x_2, \ldots, x_n)$, $k = 1, 2, \ldots$들의 일차결합으로도 나타낼 수 있음을 보여준다.

따름정리 6.11 (대칭다항식의 기본정리 2): n개의 변수를 가지고 유리수를 계수로 가지는 대칭다항식들이 이루는 ring은 power sum p_i를 변수로하는 polynomial ring $\mathbb{Q}[p_1, \ldots, p_n]$와 동형이다.

우선 모든 대칭다항식이 power sum 대칭다항식의 일차결합으로 나타나지만 계수가 항상 정수가 되는 것은 아니다. 예를 들어, $n = 2$이면 대칭다항식 $P(x_1, x_2) = x_1^2 x_2 + x_1 x_2^2 + x_1 x_2$는

$$P(x_1, x_2) = \frac{p_1^3 - p_1 p_2}{2} + \frac{p_1^2 - p_2}{2}$$

로 표현이 가능하고 이는 정수가 아닌 유리수를 계수로 가진다. 정리에 따르면, p_1과 p_2에 의한 $P(x_1, x_2)$의 이러한 표현은 유일하다. 따라서 P는 정수를 계수로 가지는 ring $\mathbb{Z}[p_1, \ldots, p_n]$에 속할 수 없다. 한편 elementary 대칭다항식 e_k를 power sum 대칭다항식의 일차결합으로 표현할 때도 반드시 정수계수를 가지는 것은 아니다. 예를 들면,

$$e_2 = \sum_{1 \le i < j \le n} x_i x_j = \frac{p_1^2 - p_2}{2}$$

이다.

6.6 연습문제

(1) 양의 실수 $a, b, c > 0$에 대하여

$$f(x) = ae^{-\frac{(x-b)^2}{2c^2}}$$

와 같은 모양의 함수를 **Gauss 함수**라 부른다. Gauss 함수의 그래프는 $x = b$에서 최댓값 a를 가지며, c의 값이 작을수록 폭이 좁아지는 (그림 6.1과 유사한) '종(bell) 모양'의 대칭성을 가진다. 그리고 이의 적분은

$$\int_{-\infty}^{\infty} ae^{-\frac{(x-b)^2}{2c^2}}\,dx = ac \cdot \sqrt{2\pi}$$

이다. 이들을 보여라. 따라서 이 적분값이 1일 필요충분조건은 $a = 1/(c \cdot \sqrt{2\pi})$이고, 이 경우에 주어진 Gauss 함수는 평균이 b, 분산이 c^2인 확률밀도함수가 된다. 그리고 이 밀도함수 $f(x) = d\mu(x)$에 대하여 n 번째 moment의 수열

$$\mu'_n = \int_{-\infty}^{\infty} x^n f(x)dx, \quad n = 0, 1, 2, \ldots$$

를 구하여라.

(2) 2차원 Gauss 함수

$$f(x, y) = Ae^{-\left(\frac{(x-x_0)^2}{2\sigma_x^2} + \frac{(y-y_0)^2}{2\sigma_y^2}\right)}$$

를 생각해 보자. 이의 그래프에서 A는 증폭(amplitude)을 나타내는 상수, (x_0, y_0)는 중심, σ_x, σ_y는 x, y축으로의 폭을 결정한다. 일반적으로 2차원 elliptical Gauss 함수는

$$f(x, y) = Ae^{-\left(a(x-x_0)^2 + 2b(x-x_0)(y-y_0) + c(y-y_0)^2\right)}$$

로 나타나고, 이때 행렬

$$\begin{bmatrix} a & b \\ b & c \end{bmatrix}$$

는 positive-definite이다. 즉 양의 고유치를 가진다. 적분

$$\int_{-\infty}^{\infty}\int_{-\infty}^{\infty} Ae^{-\left(\frac{(x-x_0)^2}{2\sigma_x^2}+\frac{(y-y_0)^2}{2\sigma_y^2}\right)}dxdy = 1$$

인 경우를 찾아보아라.

(3) 일변수 확률변수 X에 대하여 $\mu = E(X) = \langle x \rangle$는 기댓값,

$$\sigma^2 = \mathrm{var}(X) = E[(X-\mu)^2]$$

는 분산이다. 공분산(covariance, 共分散)이란 두 확률변수 X, Y가 변화하는 양상을 측정하는 척도로 $\mathrm{cov}(X, Y)$로 표시되고 계산식은 다음과 같다.

$$\mathrm{cov}(X,Y) = E[(X - E[X])(Y - E[Y])]$$

연산기호 X의 큰 값과 Y의 큰 값이 대응하거나 X의 작은 값과 Y의 작은 값이 대응하면 공분산이 커진다. X의 큰 값과 Y의 작은 값이 대응하거나 X의 작은 값과 Y의 큰 값이 대응하면 공분산이 작아진다. 이를 2차이상의 공간으로 확장해보자. 이를 위하여 확률변수(random variable) X_i로 이루어진 행 벡터

$$\mathbf{X} = \begin{bmatrix} X_1 \\ \vdots \\ X_n \end{bmatrix}$$

을 생각하자. 이에 대하여 covariance 행렬 C 는 (i, j)-entry에 공분산(covariance)

$$C_{ij} = \mathrm{cov}(X_i, X_j) = E[(X_i - \mu_i)(X_j - \mu_j)]$$

를 가지는 행렬이다. 여기서, $\mu_i = E(X_i)$는 X_i의 기댓값이다. 즉,

$$C = \begin{bmatrix} \mathrm{cov}(X_1, X_1) & \mathrm{cov}(X_1, X_2) & \cdots & \mathrm{cov}(X_1, X_n) \\ \mathrm{cov}(X_2, X_1) & \mathrm{cov}(X_2, X_2) & \cdots & \mathrm{cov}(X_2, X_n) \\ \vdots & \vdots & \ddots & \vdots \\ \mathrm{cov}(X_n, X_1) & \mathrm{cov}(X_n, X_2) & \cdots & \mathrm{cov}(X_n, X_n) \end{bmatrix}$$

또는 줄여,

$$C = E[(\mathbf{X} - E[\mathbf{X}])\,(\mathbf{X} - E[\mathbf{X}])^\top]$$

로 표기한다. 이의 역행렬 C^{-1}를 **inverse covariance 행렬** 또는 **concentration 행렬**이라 부른다. covariance 행렬은 대칭행렬이고 항상 positive semidefinite하다. 이를 보여라.

(4) 식 (6.4)에 주어진 밀도함수를 가지는 일반 Gauss 측도공간 $\mathbb{R}^{2n-1}$ 상에서

$$\langle x_1 + x_2x_3 \quad x_2 + x_3x_4 \quad x_3 + x_4x_5 \quad \cdots \quad x_{2n-1} + x_1x_2 \rangle$$

를 구하여라. 일반화된 Gauss 측도공간 $\mathbb{R}^{2n}$ 상에서 위의 적분은 어떻게 되는가?

7

Map 채색문제(colouring problem)

7.1 Map과 채색

평면 (혹은 구면상)상에 세계지도를 그려보자. 국가간의 구분을 명확히 하기 위하여 인접하는 (국경선을 공유하는) 두 국가간의 영토에는 서로 다른 색을 칠하기로 하자. 이와 같은 방법으로 지도에 색칠하는 것을 **지도채색 (map coloring; 地圖彩色)**이라 부른다. 세계지도는 시대의 흐름을 따른 국가분쟁 등에 의하여 항상 새로운 형태의 지도로 바뀔 수 있다. 몇 개의 색을 가지고 있으면 지구상에, 혹은 평면상에 나타날 수 있는 모든 가능한 지도에 대하여 지도채색이 가능할까? 그 최소수를 구하여라. 조합적으로 표현하면, 지구상의 지도는 구면의 복체라고 할 수 있다. 바꿔 말하면, 구면상으로의 그래프 매장이다. 이때 꼭짓점은 세 국가 이상이 공유하는 국경선 상의 점, 변은 두 국가 사이에 놓여있는 국경선, 영역은 각 국가의 영토로 대응된다.

지구상의 지도를 일반화 하여 2차원 곡면 S상의 지도를 생각해보자. **곡면 S상의 지도**란 2차원 복체로서 곡면 S와 위상동형인 것, 즉 곡면 S상으로의 그래프 매장이다. 여기서도, 영역은 한 국가의 영토, 변은 두 국가사이의 국경선이 된다. 이제, 구면상의 지도채색 문제를 2차원 곡면상의 지도 채색문제로 일반화 할 수 있다. 즉, "주어진 2차원 곡면 S (토러스, 사영평면 등)상의 어떤 지도에 대해서도 지도채색을 가능하게 하는 색의 최소수는 무엇인가?" 이 최소수를 구하는 문제를 **지도채색문제(map coloring problem)**라 부른다. 편의상 그 최소수를 chr(S)라 표기하고, 곡면 S의 **채색수(chromatic number; 彩色數)**라 부른다. 이 표기를 이용하면, 지도채색문제란 주어진 2차원 곡면 S의 채색수 chr(S)를 구하는 문제이다.

1890년 Heawood는 구면 S^2를 제외한 모든 곡면 S에 대하여 다음과 같은 부등식(**Heawood 부등식**이라 칭함)을 얻었다(정리 7.4 참조).

$$\mathrm{chr}(S) \le \left\lfloor \frac{7+\sqrt{49-24\chi(S)}}{2} \right\rfloor .^{1}$$

임의의 곡면 (방향을 줄 수 없는(nonorientable) 곡면까지 포함) S에 대해서, 위 부등식의 오른쪽 항의 수를 **Heawood 수**라 칭하고 $\mathcal{H}(S)$로 표기하자. 즉, 임의의 곡면 S에 대해서

$$\mathcal{H}(S) = \left\lfloor \frac{7+\sqrt{49-24\chi(S)}}{2} \right\rfloor$$

이다. 그래서, Heawood 부등식은 chr(S) $\le \mathcal{H}(S)$로 표현된다. 이후 많은 수학자들은 Heawood 부등식이 실제로는 등식이 되리라(즉, chr(S) $= \mathcal{H}(S)$)는 예측하에 연구를 계속하였으며, 이를 **Heawood 예상문제(conjecture)**라 불렀다. Heawood 예상문제는 많은 학자들의 연구에 이어 1968년에 Ringel과 Youngs에 의한 완전그래프 K_n의 종수 계산의 연구를 통하여 해결되었으며, Klein 병을 제외한 모든 곡면에서 등식이 성립함을 알게 되었다(물론, 이때 구면 S^2는 제외되었으며, 구면의 채색문제는 4색문제로 그 후에도 연구가 계속된다). Klein 병 K에 대해서는 chr(K) $= 6, \mathcal{H}(K) = 7$로 예외적인 경우가 된다.

한편 구면의 Euler 표수는 2이며, 따라서 Heawood수는 4이다. 그러나 구면

---

[1]어떤 실수 x에 대하여, $\lfloor x \rfloor$는 x이하인 최대의 정수이다. 예, $\lfloor 2.5 \rfloor = 2$.

	구면	사영평면 P^2	토러스 T	Klein 병 K	$3P^2$	$2T$	$4P^2$	$\cdots$
χ	2	1	0	0	-1	-2	-2	$\cdots$
$\mathcal{H}$	4	6	7	7	7	8	8	$\cdots$

표 7.1 Heawood 수 $\mathcal{H}(S)$

의 채색수가 4라는 것을 증명하는 데 Heawood 부등식의 증명 방법을 사용할 수 가 없었다(정리 7.4의 증명을 참고). 2차원 곡면 중 가장 간단한 형태로 보여지는 구면의 채색수는 가장 늦게 구하여졌고, 그 채색수는 4이다. 이를 **4색정리(Four color theorem)**라 부른다. 4색정리는 Appel과 Haken에 의하여 1976년에 증명되어졌는데 여기서는 다루지 않기로 한다. 증명은 너무나 길고 복잡하며, 증명의 일부도 컴퓨터의 계산을 이용하고 있다. 지금도 많은 수학자들이 새로운 증명을 시도하고 있다. 관심 있는 독자는 참고문헌 [RSST97]이나 [SK77]을 참고하기 바란다.

본 장에서는, Heawood 문제의 해결에 대하여 알아보려고 한다. 기본적으로 사용되는 도구는 곡면의 Euler 표수와 완전그래프의 매장이론이다.

7.2 Map의 채색과 곡면의 채색

먼저 지도채색의 정의를 명확히 하자.

정의 7.1 집합 $\{1, 2, \ldots, k\}$를 색의 집합이라고 하자. 곡면상의 지도 $\mathcal{M}$의 영역 집합에서 집합 $\{1, 2, \ldots, k\}$로 대응시키는 함수로서 변을 공유하는 두 영역에 대하여 서로 다른 값을 대응시키는 함수를 $\mathcal{M}$의 **k-채색법**이라 한다. 그리고, $\mathcal{M}$이 k-채색법을 가질 수 있는 k의 최소수를 $\mathrm{chr}(\mathcal{M})$으로 표기하고, 이를 $\mathcal{M}$의 **채색수**라 부른다.

지도 $\mathcal{M}$은 적어도 하나의 $\mathrm{chr}(\mathcal{M})$-채색법을 가지나 $(\mathrm{chr}(\mathcal{M}) - 1)$-채색법은

가지지 않는다. 이 표기법을 따르면, 주어진 곡면 S의 채색수 chr(S)는 다음과 같이 표현된다.

$$\text{chr}(S) = \max\{\text{chr}(\mathcal{M}) \,:\, \mathcal{M}\text{은 } S\text{상의 지도}\}.$$

Heawood 문제의 해결을 위하여 먼저 다음 예제를 생각해 보자.

예제 7.1 그림 7.1(a)의 지도 $\mathcal{M}$의 채색을 위하여 필요한 색의 최소수는 얼마인가?

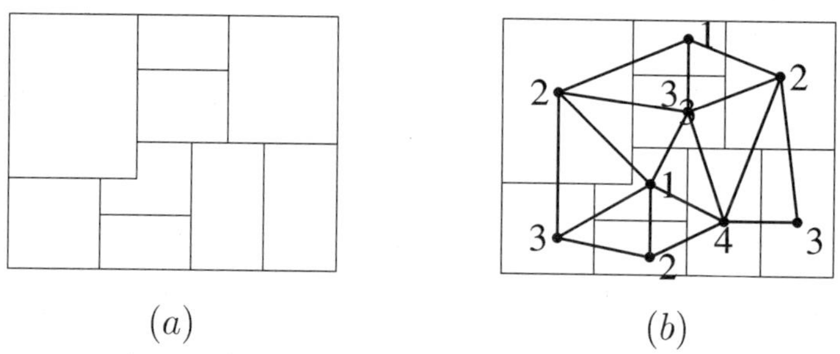

그림 7.1 (a) 평면상의 지도 $\mathcal{M}$ (b) 그래프 $G_{\mathcal{M}}$

풀이: 이 문제의 해결을 위하여 그림 7.1(a)에서 각 국가의 중심(수도)에 꼭짓점을 대응시키고, 국경선을 공유하는 두 국가의 중심에 대응되는 꼭짓점 사이를 변으로 연결하여 얻어지는 그래프 $G_{\mathcal{M}}$을 생각하자 (그림 7.1(b) 참조). 그러면, 지도 $\mathcal{M}$의 지도채색은 새로 구성된 그래프 $G_{\mathcal{M}}$에 변으로 연결된 두 꼭짓점에 서로 다른 색을 가지도록 각 꼭짓점을 채색하는 문제와 같아진다. 따라서, 구하고자 하는 최소의 색의 수는 그림 7.1(b)에서와 같이 4가 된다(이를 보여라). 실제로 주어진 지도 $\mathcal{M}$과 새로 구성된 그래프 $G_{\mathcal{M}}$에 의한 새로운 지도 $\mathcal{M}'$은 서로 dual 관계에 있다. □

곡면상의 지도 $\mathcal{M}$의 채색법과 같이 그래프의 채색법을 다음과 같이 정의한다.

정의 7.2 그래프 G의 꼭짓점 집합에서 k원소의 집합 $\{1, 2, \ldots, k\}$로 대응시키는 함수로서 변으로 연결된 두 꼭짓점에 대하여 서로 다른 값을 대응시키는 함수를 그래프 G의 k-**채색법**이라 정의하고, 집합 $\{1, 2, \ldots, k\}$를 색의 집합으로 부른다. 그리고, G가 k-채색법을 가질 수 있는 k의 최소수를 chr(G)로 표기하고, 이를 G의 **채색수**라 부른다.

그래프 G는 적어도 하나의 chr(G)-채색법을 가지나 (chr(G) $-$ 1)-채색법은 가지지 않는다. 이 표현을 사용하면, 예제 7.1은 주어진 지도 $\mathcal{M}$의 영역의 채색수는 $\mathcal{M}$의 dual 지도 $\mathcal{M}'$의 꼭짓점의 채색수와 같다는 것을 보여준다.

주의: (1) 그래프 G에서 두 꼭짓점 사이의 중복연결을 단순연결로 바꾸어도 G의 채색법에는 영향을 주지 않는다.
(2) 곡면상에 주어진 지도 $\mathcal{M}$과 그래프 $G_{\mathcal{M}}$의 대응관계와 (1)로부터 다음 사실을 알 수 있다. 어떤 지도 $\mathcal{M}$의 한 꼭짓점에서 만나는 변의 수가 2 이하이면, 그 중 한 변을 그 곡면내에서 한 점으로 줄여서 얻은 지도와 원래 지도의 채색수는 동일하다. 따라서, 곡면의 채색수를 알기 위해서는 각 꼭짓점에서 만나는 변의 수가 3 이상인 지도만 생각하면 충분하다. 지금부터 모든 지도는 꼭짓점에서 만나는 변의 수가 3이상인 단순그래프로 구성된 것만 생각하기로 한다.

이제, 곡면 S상의 지도 $\mathcal{M}$에 대하여 예제 7.1의 방법에 따라서 구성된 그래프 $G_{\mathcal{M}}$을 생각하자. 이때, 지도 $\mathcal{M}$의 각 영역은 $G_{\mathcal{M}}$의 꼭짓점에 대응되고, 인접하는 영역에 대응되는 꼭짓점 사이는 변으로 연결된다. 즉, 그래프 $G_{\mathcal{M}}$은 곡면 S상에 지도 $\mathcal{M}$의 dual 매장을 만든다. 이제, 곡면 S의 채색수는 S에 매장 가능한 그래프의 (꼭짓점) 채색수로도 설명이 가능하다. 지구나 곡면상의 한 국가의 영역은 2-cell이 아닐 수도 있다. 따라서 채색문제에서의 그래프 매장은 반드시 2-cell 매장일 필요는 없다.

정리 **7.1** 주어진 곡면 S의 채색수는

$$\mathrm{chr}(S) = \max\{\mathrm{chr}(G) \ : \ G\text{는 } S\text{에 매장가능한 단순그래프}\}$$

이다.

주의: 정리 7.1로부터 주어진 곡면 S의 채색수 $\mathrm{chr}(S)$는 S에 매장 가능한 어떠한 그래프 G의 채색수 $\mathrm{chr}(G)$보다도 크거나 같음을 알 수 있다.

7.3 곡면 채색수의 上界 – Heawood 上界

Heawood 부등식을 증명하기 위하여 우선 다음 기호를 소개한다.

곡면(방향을 줄 수 없는(nonorientable) 곡면까지 포함) S상에 매장된 그래프 G에 대하여, f_G를 영역의 수, e_G를 변의 수, v_G를 꼭짓점의 수라고 하자. 그리고 G의 꼭짓점의 평균차수를 a_G로 표기하자. 즉, $a_G = \frac{2e_G}{v_G}$. 때로는 표기에 혼동을 주지 않으면 이 수들을 f, e, v, a로 각각 줄여서 표기한다.

곡면 S가 고정될 때 S로 매장 가능한 (모든 단순) 그래프의 평균 차수는 다음과 같은 상계(上界; upper bound)를 가진다.

보조정리 **7.2** 세 개 이상의 꼭짓점을 가지는 그래프 G가 곡면 S에 매장될 수 (2-cell 이든 아니든) 있다면,

$$a_G = \frac{2e}{v} \leq 6\left(1 - \frac{\chi(S)}{v}\right)$$

이다.

증명: 우선 그래프 G의 매장 $G \to S$이 2-cell 매장이 아니라고 해 보자. 그러면 매장 $G \to S$에 의하여 정의된 지도 $\mathcal{M}$의 영역 가운데 평면의 열린 원판과 위상적으로 같지 않는 것이 존재한다. 이 영역은 울타리에 있는 꼭짓점 가운데 적어도 두 개가 있어서 그 두 꼭짓점을 잇는 영역내의 선을 따라 가위로 잘라 내어도 이 영역이 완전히 두 조각 나지 않는 것이 존재한다. 이 시행을 할 수 없을 때까지 계속 반복하면, 최종적으로 남는 것은 평면의 열린 원판과 위상적으로 같은 도형을 얻는다. 가위로 잘라낸 선 만큼 지도 $\mathcal{M}$에 변을 추가하여 새로운 지도 $\mathcal{M}'$를 얻게 되고 이는 변이 추가된 그래프의 2-cell 매장이 된다. 이때, $v = v'$, $e \le e'$, $f = f'$이고 Euler 정리에 의하여,

$$\chi(S) = v' - e' + f' \le v - e + f$$

이다. 이제 관계식 $3f \le 2e$를 이용하면, $v - \frac{1}{3}e \ge v - e + f \ge \chi(S)$이고, 따라서

$$a = \frac{2e}{v} \le 6\left(1 - \frac{\chi(S)}{v}\right)$$

이다. □

이제 $h(S) = \frac{7+\sqrt{49-24\chi(S)}}{2}$로 쓰자. 즉, $\lfloor h(S) \rfloor = \mathcal{H}(S)$. 그러면 $h(S)$는 이차식 $x^2 - 7x + 6\chi(S) = 0$의 근이다. 따라서 등식

$$6 - \frac{6\chi(S)}{h(S)} = h(S) - 1 \tag{7.1}$$

을 만족하고, 이로부터 평균차수 a의 새로운 상계를 얻을 수 있다. 이는 뒤에 Heawood 부등식을 증명하는 데 결정적 역할을 하게 된다.

보조정리 **7.3** 연결그래프 G가 $\chi(S) \leq 0$인 곡면 S로 (즉, 구면과 사영평면이 아닌 곡면으로) 매장이 가능하고 $h(S) \leq v$이면,

$$a_G \leq h(S) - 1$$

이다.

증명: (경우 1) 먼저, 매장 $G \to S$가 2-cell 매장이라고 하자. 보조정리 7.2에 의해, ($\chi(S) \leq 0$이므로)

$$a \leq 6 - \frac{6\chi(S)}{v} \leq 6 - \frac{6\chi(S)}{h(S)} = h(S) - 1$$

이다.

(경우 2) 이제, 매장 $G \to S$가 2-cell 매장이 아닌 경우를 생각해 보자. 보조정리 7.2의 증명과 같이 2-cell이 아닌 영역에 변을 추가함에 따라 새로운 2-cell 매장 $G' \to S$를 얻게 된다. 이때, $v_G = v_{G'}$, $e_G \leq e_{G'}$이므로 $a_G \leq a_{G'}$가 되고 (경우 1)에 의하여 $a_{G'} \leq h(S) - 1$이다. □

이제 Heawood 부등식을 증명해 보자.

정리 **7.4** [Heawood, 1890] $\chi(S) \leq 1$인 곡면 S에 대하여 (즉, 구면 S^2를 제외한 모든 곡면에 대하여)

$$\text{chr}(S) \leq \left\lfloor \frac{7 + \sqrt{49 - 24\chi(S)}}{2} \right\rfloor$$

이다.

증명: 곡면 S가 사영평면 P^2인 경우는 다음의 예제 7.2에서 다루기로 하고 여기서는 $\chi(S) \leq 0$인 경우만 생각하기로 하자. 곡면 S에 매장 가능한 모든 그래프 G에 대하여 $\mathbf{chr}(G) \leq \mathcal{H}(S)$를 보이면 충분하다. 그래프 G의 꼭짓점의 수 v에 대한 수학적 귀납법을 이용해 보자. 만약 $v \leq \mathcal{H}(S)$라면 $\mathbf{chr}(G) \leq \mathcal{H}(S)$는 당연하다. $v > \mathcal{H}(S)$라고 하고, 또한 꼭짓점의 수가 v보다 작고 S로 매장 가능한 모든 그래프 H에 대하여 $\mathbf{chr}(H) \leq \mathcal{H}(S)$라 가정하자. 이제, v개의 꼭짓점을 가지는 그래프 G에 대하여 G가 연결이 아니라면 각 연결성분의 채색수는, 귀납법 가정에 의하여 $\mathcal{H}(S)$이하이다. 따라서,

$$\mathbf{chr}(G) = \max\{\mathbf{chr}(C) \; : \; C\text{는 } G\text{의 성분}\} \leq \mathcal{H}(S).$$

그래프 G가 연결이라면 보조정리 7.3에 의하여 차수가 $\mathcal{H}(S) - 1$ 이하인 꼭짓점 x가 존재한다. 이제, 그래프 G에서 꼭짓점 x와 x에 연결된 모든 변을 제거한 그래프 $G - x$를 생각해 보자. 귀납법 가정에 의해, $\mathbf{chr}(G - x) \leq \mathcal{H}(S)$이다. 또한 $\mathbf{deg}(x) \leq \mathcal{H}(S) - 1$이므로, $\mathcal{H}(S)$개의 색 중에는 꼭짓점 x를 채색할 여분의 색이 남아 있고 따라서 $\mathbf{chr}(G) \leq \mathcal{H}(S)$이다. □

종수가 적은 곡면의 채색수를 구하는 몇 가지 예를 들어보자.

예제 7.2 사영평면 P^2와 토러스 T에서 $\mathbf{chr}(P^2) = 6$이고 $\mathbf{chr}(T) = 7$이다.

풀이: Euler 표수는 $\chi(P^2) = 1$이므로 보조정리 7.2에 의하여 P^2상의 모든 지도에서는 꼭짓점의 평균차수가 6미만이다. 이제 $\mathbf{chr}(P^2) \leq 6$임은 정리 7.4의 증명에서와 같이 P^2에 매장 가능한 그래프 G의 꼭짓점의 수 v에 대한 수학적 귀납법으로 증명이 가능하다. 한편, 완전그래프 K_6가 P^2에 매장 되므로(그림 7.2 참조), $6 = \mathbf{chr}(K_6) \leq \mathbf{chr}(P^2)$이다. 따라서 $\mathbf{chr}(P^2) = 6$이다.

같은 방법에 의하면, 토러스 T상의 모든 지도에서는 꼭짓점의 평균차수가 6이하이어서 $\text{chr}(T) \le 7$을 만족하고, 완전그래프 K_7이 T에 매장 되므로(그림 7.2의 아래 그림 참조), T의 채색수가 7임을 보일 수 있다(한편 이의 dual 매장은 7개의 육각형이 서로서로 인접해 있고 각 꼭짓점의 valency는 3인 매장으로 그림 7.3과 같다).

두 경우 모두 보조정리 7.2를 이용하여 $\text{chr}(S)$의 상계를 구하고 적절한 완전그래프의 매장을 구성하여 주어진 상계가 $\text{chr}(S)$임을 보였다. □

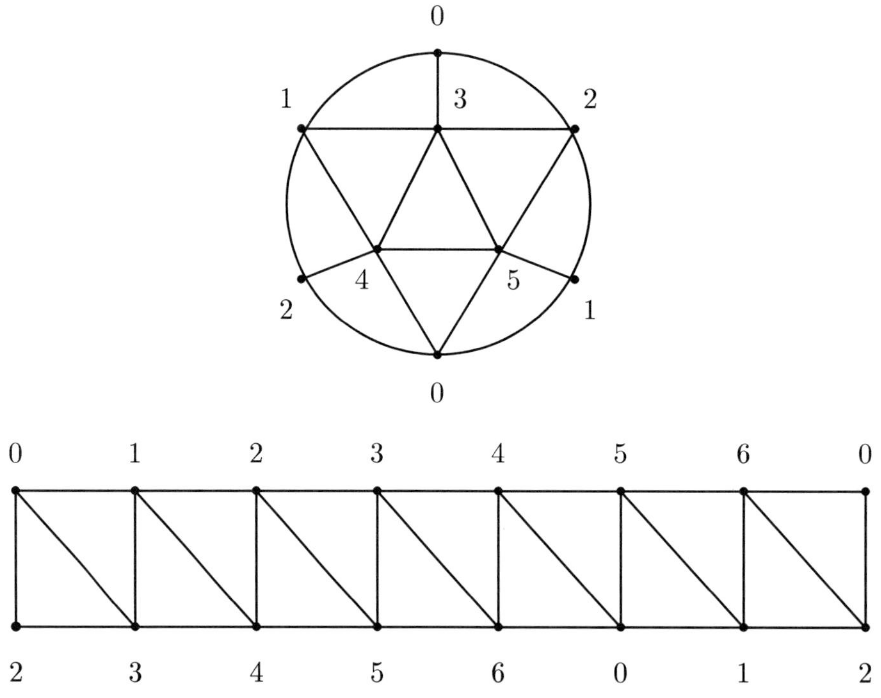

그림 7.2 완전그래프 K_6와 K_7의 곡면 P^2와 T로의 매장

예제 7.3 Klein 병 K에서는 $\text{chr}(K) = 6$이다.

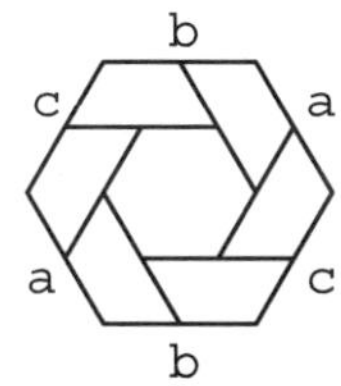

그림 7.3 최소매장 $K_7 \hookrightarrow$ 토러스의 dual 매장

풀이: Klein 병은 토러스와 같이 Euler 표수가 0이다. 따라서, Klein 병 위의 모든 지도에서는 꼭짓점의 평균차수가 6이하이고 $\text{chr}(K) \leq 7$을 만족한다. 그러나, 완전그래프 K_7이 K에 매장되지 않으므로 K의 채색수가 7인지 아닌지의 여부를 알 수 없다. 그러나, K_6가 K에 매장되므로, $6 \leq \text{chr}(K)$이고 따라서 $6 \leq \text{chr}(K) \leq 7$을 만족한다. $\text{chr}(K) = 6$이라는 사실은 Franklin에 의하여 증명되었다([Fr34] 참조). 이의 증명은 생략한다. □

주의: (1) S가 방향을 줄 수 있는 곡면이면,

$$\mathcal{H}(S) = \left\lfloor \frac{7+\sqrt{49-24\chi(S)}}{2} \right\rfloor = \left\lfloor \frac{7+\sqrt{1+48g}}{2} \right\rfloor.$$

S가 방향을 줄 수 없는(nonorientable) 곡면이면,

$$\mathcal{H}(S) = \left\lfloor \frac{7+\sqrt{49-24\chi(S)}}{2} \right\rfloor = \left\lfloor \frac{7+\sqrt{1+24g}}{2} \right\rfloor.$$

(2) Heawood 수 $\mathcal{H}(S)$에 $\chi(S) = 2$를 대입하면 구면 S_0에 대하여 $\text{chr}(S^2) \leq 4$를 얻는다. 그러나, 이 부등식은 사실임이 밝혀졌지만, Heawood의 상계를 이용하여 얻어지는 것은 아니다.

정리 **7.5** [Heawood, 1890] 구면의 채색수는 5이하이다. 즉, $\text{chr}(S^2) \leq 5$.

증명: 구면에 매장될 수 있는 모든 그래프 G에 대해서 chr$(G) \leq 5$임은 G의 꼭짓점의 개수 v에 대한 수학적 귀납법을 이용하여 증명 가능하다. 먼저 $v \leq 5$인 경우는 자명하다. 이제 $v = k - 1$인 구면에 매장 가능한 모든 그래프의 채색수는 5이하라고 가정하고, G를 $v = k$이고 구면에 매장 가능한 그래프라 하자. 그래프 G가 연결이 아니면 각 성분의 채색수는, 귀납법 가정에 의하여 5이하이고

$$\text{chr}(G) = \max\{\text{chr}(C) : C\text{는 } G\text{의 성분}\} \leq 5$$

이다. 이제 연결그래프 G는 보조정리 7.2에 의하여 차수가 5이하인 꼭짓점 x를 적어도 한 개 갖는다. 구면상에 매장된 G에 대하여 그래프 $G - x$는 꼭짓점의 수가 $k - 1$이므로, 귀납법 가정에 의해 chr$(G - x) \leq 5$이다. 즉, $G - x$의 5-채색법이 존재한다. 집합 $\{1, 2, 3, 4, 5\}$를 $G - x$의 5-채색법에 사용된 색의 집합이라 하자. 만약 이 5가지 색 중에서 x에 인접한 꼭짓점들의 채색에 사용되지 않은 색이 있다면, x를 그 색으로 채색하여 G의 5-채색법을 얻을 수 있다. 따라서 이제 x의 차수를 5라 가정하고 1부터 5까지의 모든 색이 x에 인접한 꼭짓점의 채색에 사용되었다고 하자. 일단 x에 인접한 꼭짓점을 구면상에 매장된 모양에서 시계방향 순서대로 y_1, y_2, y_3, y_4, y_5이라 하고 각 y_i는 색 i로 채색되었다고 하자. 그리고 H를 꼭짓점이 색 1과 3으로 채색된 $G - x$의 유도된 부분 그래프(induced subgraph)$-H$의 꼭짓점의 집합은 색 1과 3으로 채색된 $G - x$의 꼭짓점 집합이고, H의 두 꼭짓점이 $G - x$에서 인접해 있을 때마다 H에서도 인접하는 그래프$-$라 하자. 그러면 다음의 두 가지 경우로 나누어진다.

첫째, y_1과 y_3가 H에서 다른 연결성분에 속하는 경우: y_1이 속한 성분의 채색을 1은 3으로 3은 1로 모두 바꾸면 새로운 $G - x$의 5-채색법을 얻을 수 있다. 더욱이 y_1과 y_3의 색은 3으로 같아진다. 이제 x를 색 1로 채색하면 G의 5-채색법을 얻을 수 있다.

둘째, y_1과 y_3가 H에서 같은 연결성분에 속하는 경우: 이 경우 $G-x$에서 1과 3으로만 채색된 y_1과 y_3을 맺는 서로 다른 꼭짓점으로 이루어진 길(path)이 존재하고, 이 길과 y_1, x, y_3를 연결하면 G에서의 순환길(cycle) C를 얻는다. 이 순환길 C는 구면 상에서 y_2와 $\{y_4, y_5\}$를 서로 다른 영역에 포함하는 폐곡선이므로, Jordan 폐곡선 정리에 의하여 y_2와 y_4를 맺는 어떤 절선도 반드시 C와 만난다. 다시 말해서, 구면 상에 매장된 그래프로서 y_2와 y_4를 맺는 G의 어떤 길도 반드시 C상의 꼭짓점을 지난다. 따라서, H'를 꼭짓점이 색 2와 4로 채색된 $G-x$의 유도된 부분 그래프라 하면, y_2와 y_4는 H'의 서로 다른 성분에 속하게 된다. 이제 첫 번째의 경우와 같이 이 중 한 연결성분의 채색을 바꿈으로서 G의 5-채색법을 얻을 수 있다. □

7.4 곡면 채색수의 下界 – 완전그래프의 종수

완전그래프 K_n이 곡면 S에 매장되면 $\mathrm{chr}(S) \geq n$이다. 이 절에서는 완전그래프의 종수를 구하고 이를 이용하여 Heawood 문제의 해를 구하려고 한다.

주어진 그래프 G에 대하여 $\gamma(G)$를 G가 매장될 수 있고 방향을 줄 수 있는 곡면의 종수 중 최솟값으로 정의하고 (이를 그래프 G의 최소 genus (minimum genus)라고 부른다.), 같은 방법으로 $\bar{\gamma}(G)$를 G가 매장될 수 있으나 방향은 줄 수 없는(nonorientable) 곡면의 종수 중 최솟값으로 정의하자. 편의상 G가 구면에 매장 가능하다면 $\bar{\gamma}(G) = 0$로 정의한다. 또한 그래프 G의 종수가 $\gamma(G)$인 곡면 $S_{\gamma(G)}$로의 매장 $G \hookrightarrow S_{\gamma(G)}$를 방향을 줄 수 있는 경우의 G의 **최소매장(minimal embedding; 最小埋藏)**이라 부른다. 마찬가지로 $G \hookrightarrow N_{\bar{\gamma}(G)}$를 방향을 줄 수 없는 경우의 G의 최소매장이라고 하자.

예제 **7.4** 정리 3.4와 그림 3.19에 의하여, $\gamma(K_4) = \bar{\gamma}(K_4) = 0$; $\gamma(K_{3,2}) = \bar{\gamma}(K_{3,2}) = 0$; $\gamma(K_5) = \gamma(K_6) = \gamma(K_7) = 1$; $\bar{\gamma}(K_5) = \bar{\gamma}(K_6) = 1$; $\gamma(K_{3,3}) = \bar{\gamma}(K_{3,3}) = 1$을 알 수 있다. 계산은 쉽지 않지만 $\bar{\gamma}(K_7)$은 3으로 알려져 있다.

일반적으로 그래프 G의 최소매장 $\gamma(G)$와 $\bar{\gamma}(G)$의 계산은 쉽지 않고 아직도 연구의 대상이다. 다음 정리는 완전그래프 K_n에 대하여 이의 결과를 보여준다.

정리 **7.6** 모든 $n \geq 3$에 대하여,

$$\gamma(K_n) = \left\lceil \frac{(n-3)(n-4)}{12} \right\rceil \text{ 이고 } \bar{\gamma}(K_n) = \begin{cases} \left\lceil \dfrac{(n-3)(n-4)}{6} \right\rceil & n \neq 7 \\ 3 & n = 7 \end{cases}$$

이다[2].

증명: 먼저 K_n이 방향을 줄 수 있는 곡면 $S_{\gamma(K_n)}$에 매장되어 있다고 생각하자. 그러면, Euler 표수식과 관계식 $2e \geq 3f$를 이용하여 부등식

$$n - \frac{n(n-1)}{6} \geq 2 - 2\gamma(K_n)$$

를 얻는다. 이 식과 $\gamma(K_n)$이 정수라는 사실로부터

$$\gamma(K_n) \geq \left\lceil \frac{(n-3)(n-4)}{12} \right\rceil$$

을 얻는다. 또한 K_n이 방향을 줄 수 없는(nonorientable) 곡면 $N_{\bar{\gamma}(K_n)}$에 매장되어 있다면 같은 방법에 의하여 부등식

$$\bar{\gamma}(K_n) \geq \left\lceil \frac{(n-3)(n-4)}{6} \right\rceil$$

[2] 어떤 실수 x에 대하여, $\lceil x \rceil$는 x 이상인 최소의 정수이다. 예, $\lceil 2.5 \rceil = 3$

를 얻을 수 있다.

이제, 이 증명을 마치려면 $\bar{\gamma}(K_7) = 3$과 이것을 제외한 나머지 경우에는 반대 방향의 부등식을 증명하여야 한다. 이는 부등식 우변의 정수를 종수로 갖는 곡면으로 K_n의 매장을 구성함으로 가능하다. 이 구성은 $n(\text{mod } 12)$의 12가지 세부 경우로 나누어서 가능하며 그래프의 피복(covering)이론 등을 포함하여 상당히 많은 지면을 필요로 한다. 상세한 증명에 관심 있는 독자는 책 ([GT01], [Ri70])을 참고하기 바라며 여기서 마친다. □

주의: 정리 7.6은 완전그래프 K_n의 삼각매장을 구성하면 이는 식 $2e = 3f$를 만족하고 이를 이용하여 쉽게 증명할 수 있다. 실제로 이의 완전한 증명은 K_n의 삼각매장을 구성함으로 보여진다.

정리 7.7 구면을 제외한 방향을 줄 수 있는 임의의 곡면 S에 대하여

$$\text{chr}(S) = \mathcal{H}(S) = \left\lfloor \frac{7 + \sqrt{49 - 24\chi(S)}}{2} \right\rfloor$$

이다.

증명: 곡면 S가 $\chi(S) \leq 0$이고 방향을 줄 수 있다고 가정하자. 이때, 다음 부등식

$$\gamma(K_m) = \left\lceil \frac{(m-3)(m-4)}{12} \right\rceil \leq \frac{2 - \chi(S)}{2} = \gamma(S)$$

를 만족하는 정수 m 중 그 최대수를 n으로 두자. 그러면, K_n은 S에 매장된다. 따라서 $n \leq \text{chr}(S)$이다. 한편,

$$\left\lceil \frac{(n-3)(n-4)}{12} \right\rceil \leq \frac{2 - \chi(S)}{2} < \left\lceil \frac{(n-2)(n-3)}{12} \right\rceil$$

이므로,

$$2-2\left\lceil\frac{(n-2)(n-3)}{12}\right\rceil < \chi(S) \le 2-2\left\lceil\frac{(n-3)(n-4)}{12}\right\rceil$$

이다. 이 식으로부터, $n \le \mathcal{H}(S) < n+1$를 얻는다. 이제, Heawood 부등식 $\mathrm{chr}(S) \le \mathcal{H}(S)$를 이용하면 $\mathrm{chr}(S) = n = \mathcal{H}(S)$를 얻는다. □

위와 같은 방법에 의하여 방향을 줄 수 없는(nonorientable) 곡면에 대해서도 다음 결과를 얻을 수 있다. $\chi(S) = 0$인 경우는 다른 증명 방법을 사용해야 한다.

정리 7.8 방향을 줄 수 없는 임의의 곡면 S에 대하여, $\chi(S) \ne 0$ 이면

$$\mathrm{chr}(S) = \mathcal{H}(S) = \left\lfloor\frac{7+\sqrt{49-24\chi(S)}}{2}\right\rfloor$$

이고, $\chi(S) = 0$ 이면 $\chi(S) = \mathcal{H}(S) - 1 = 6$ 이다.

주의: 정리 7.7와 7.8를 종합하면, 곡면의 채색수는 Klein 병 N_2를 제외하고는 Heawood의 수와 같음을 알 수 있다. 더욱이, 이 정리들의 증명과정에서, 곡면의 채색수는 그 곡면에 매장될 수 있는 완전그래프들 중 꼭짓점의 수가 가장 큰것에 의하여 결정됨을 알 수 있다. 즉, 곡면의 채색수는 그 곡면에 매장될 수 있는 완전그래프들 중 꼭짓점의 수가 가장 큰 것의 채색수와 같음을 알 수 있다.

7.5 연습문제

(1) 꼭짓점들의 수가 $2n$인 그래프 가운데 채색수가 2이면서 변의 수가 가장 많은 것은 무엇인가? 이 그래프의 변의 수는 얼마인가?

(2) 어느 한 변을 제거하여도 채색수가 감소하는 지도를 *채색임계지*도라고 정의하자. 그러면, 모든 채색임계지도 $\mathcal{M}$에 대하여

$$\delta_f(\mathcal{M}) \geq \text{chr}(\mathcal{M}) - 1$$

임을 보여라. 단, $\delta_f(\mathcal{M})$는 지도 $\mathcal{M}$의 영역들의 변의 수의 최솟값이다.

(3) 모든 채색임계지도 $\mathcal{M}$에 대하여

$$(\text{chr}(\mathcal{M}) - 1)v_{\mathcal{M}} \leq 2e_{\mathcal{M}}$$

임을 보여라.

(4) 꼭짓점들의 차수가 5이거나 6이고, 차수가 5인 꼭짓점의 수가 차수가 6인 꼭짓점의 수보다 적은 그래프는 평면에 매장될 수 없음을 보여라.

(5) 완전그래프 K_n이 어느곡면에 매장되어 모든 영역이 삼각형이면 n을 12로 나눈 나머지는 $0, 3, 4$ 또는 7 가운데 하나임을 보여라.

(6) 모든 곡면 S에 대하여, S에 매장될 수 없는 그래프를 구성하여라.

(7) Klein병 상의 채색임계지도로서 그 채색수가 7인 것은 각 영역이 육각형임을 보여라.

(8) Klein병 상에는 각 면이 육각형이고, 영역의 수가 7인 지도가 있을 수 없음을 보여라.

(9) Klein병 상에는 채색수가 7인 지도가 있을 수 없음을 보여라.

(10) 음이 아닌 정수 r에 대하여 $N_r \leq 6(r+1)$임을 보여라.

(11) 채색수가 1이면서 평면에 매장 불가능한 지도가 존재하는가? 채색수가 2 또는 3일 때는 어떠한가?

(12) 완전그래프 K_n과 Petersen 그래프의 채색수를 구하여라.

(13) 그래프 G가 적어도 한 개의 변을 갖는다고 하자. $\text{chr}(G) = 2$라는 것과 G가 이분 그래프라는 것은 동치임을 보여라.

(14) 순환길 C_n에 대하여 $\text{chr}(C_n)$을 구하여라.

(15) 적어도 두 개 이상의 꼭짓점을 갖는 그래프가 구면(평면)에 매장 가능하다고 하자. 이 그래프는 차수가 5이하인 꼭짓점을 두 개 이상 가짐을 보여라.

참고문헌

[BW79] N.L. Biggs, A.H. White, Permutation Groups and Combinatorial Structures, Cambridge University Press, Cambridge 1979.

[Fr34] P. Franklin, A six color problem, J. Math. Phys. 16 (1934), 363-369.

[GT01] J.L. Gross, T.W. Tucker, Topological graph theory, Dover Publ. Inc., New York 2001.

[Ha02] A. Hatcher, Algebraic Topology, Cambridge University Press, Cambridge, 2002.

[KL07] 곽진호, 이재운, 아름다움을 만날 수 있는 수학 ≪조합적 곡면위상론≫, 제3판 경문사, 서울 2007.

[Ko80] C. Kosniowski, A first course in algebraic topology, Cambridge University Press Cambridge 1980

[LZ03] S.K. Lando, A.K. Zvonkin, Graphs on Surfaces and their Applications, Springer-Verlag, New York 2003.

[Le00] J.M. Lee, Introduction to Topological Manifolds, Springer-Verlag, New York 2000

[Ma89] W.S. Massey, Algebraic Topology: An Introduction, Springer-Verlag, New York 1989

[Mo77] E.E. Moise. Geometric Topology in Dimensions 2 and 3. Springer-Verlag, New York, 1977

[Ri70] G. Ringel, Map color theorem, Springer-Verlag Berlin (1970).

[RSST97] N. Robertson, D. Sanders, P. Seymour, R. Thomas. The four-colour theorem. J. Combin. Theory Ser. B 70 (1997), 2-44.

[SK77] T.L. Saaty and P.C. Kainen, The four-color problem, McGraw-Hill, Inc.New York (1977).

[St93] J. Stillwell. Classical Topology and Combinatorial Group Theory. Springer-Verlag, New York, second edition 1993.

[Th77] W.P. Thurston, Three-dimensional geometry and topology, volume 1. Princeton Univ. Press, Princeton 1977.

[Wh01] A.T. White, Graphs of Groups on surfaces, Introductions and Models, Elsevier, New York 2001.

찾아보기

■ 저자 약력

곽진호

경북대학교 수학과 이학사
미국 인디애나대학교 이학박사
전, 경북대학교 수학과 교수
전, 미국 미시건대학교 수학과 개원교수
전, 영국 케임브리지대학교 수학과 객원교수
전, 미국 컬럼비아대학교 전산과 객원교수
전, 중국 청화대학교 수학과 객원교수
전, 포항공과대학교 학생처장, 교무처장, 한국과학재단 지정 전산수학 연구센터 소장
현재 한국과학기술한림원 정회원
현재 포항공과대학교 수학과 교수

이재운

경북대학교 수학과 이학사
경북대학교 수학과 이학석사·박사
전, 캐나다 워털루대학교 조합론 및 최적화과 객원교수
현재 영남대학교 이과대학 수학과 교수

Map의 헤아림을 중심으로 한

計數적 위상 그래프론

지은이 곽진호·이재운
펴낸이 박문규
펴낸곳 KM 경문사
펴낸날 2011년 3월 5일 1판 1쇄
등 록 1979년 11월 9일 제9-9호
주 소 121-818, 서울특별시 마포구 동교동 184-17
전 화 (02)332-2004 팩스 (02)336-5193
이메일 kyungmoon@kyungmoon.com

값 18,000원

ISBN 978-89-6105-440-9